清华社"视频大讲堂"大系

CAD/CAM/CAE技术视频大讲堂

天正建筑 T20 V7.0 建筑设计从入门到精通

CAD/CAM/CAE 技术联盟　编著

U0283028

清华大学出版社

北　京

内 容 简 介

本书以天正建筑 T20 V7.0 软件为设计平台,讲解了绘制基本建筑单元、平面图、立面图、剖面图等图样的高级技能,全面介绍天正建筑 T20 V7.0 的设计方法。

本书内容翔实、案例丰富。全书共 16 章,包括天正建筑 T20 V7.0 的界面和系统设置,轴网、柱子、墙体、门窗、房间和屋顶、楼梯及其他设施、文字表格、尺寸标注、符号标注、立面和剖面,以及绘制平面图、立面图和剖面图等内容。最后综合运用前面讲解的知识,介绍商住楼图样的完整绘制过程。

本书附送了多功能电子资料包,包含全书讲解实例和练习实例的源文件及素材,并制作了全程实例同步讲解视频。

本书可作为建筑设计、建筑规划、建筑施工、房地产等领域设计师和工程技术人员的实用指导用书,以及初、中级职业学校和高等院校师生的学习参考教材。

图书在版编目(CIP)数据

天正建筑 T20 V7.0 建筑设计从入门到精通 / CAD/CAM/CAE 技术联盟编著. —北京:清华大学出版社,2022.3(2024.8重印)
(清华社"视频大讲堂"大系 CAD/CAM/CAE 技术视频大讲堂)
ISBN 978-7-302-59815-2

I. ①天… II. ①C… III. ①建筑设计-计算机辅助设计-应用软件②T20 V7.0 IV. ①TU201.4

中国版本图书馆 CIP 数据核字(2022)第 000136 号

责任编辑:贾小红
封面设计:鑫途文化
版式设计:文森时代
责任校对:马军令
责任印制:丛怀宇

出版发行:清华大学出版社
　　　网　　　址:https://www.tup.com.cn,https://www.wqxuetang.com
　　　地　　　址:北京清华大学学研大厦 A 座　　　　　　　邮　　编:100084
　　　社 总 机:010-83470000　　　　　　　　　　　　　邮　　购:010-62786544
　　　投稿与读者服务:010-62776969,c-service@tup.tsinghua.edu.cn
　　　质量反馈:010-62772015,zhiliang@tup.tsinghua.edu.cn
印 装 者:大厂回族自治县彩虹印刷有限公司
开　　本:203mm×260mm　　　　　印　　张:21　　　　字　　数:634 千字
版　　次:2022 年 5 月第 1 版　　　　　　　　　　　　　印　　次:2024 年 8 月第 2 次印刷
定　　价:89.80 元

产品编号:064047-01

前言
Preface

天正建筑是由北京天正工程软件有限公司开发的专门用于建筑图绘制的参数化软件，该软件符合我国建筑设计人员的操作习惯，贴近建筑图绘制的实际，并且有很高的自动化程度，因此在国内广泛应用。在实际操作过程中，只需输入几个参数尺寸，软件就能自动生成平面图中的轴网、柱子、墙体、门窗、楼梯、阳台等，并可以绘制和生成立面图和剖面图等建筑图样。天正建筑采用二维图形描述与三维空间表现一体化的方式，在绘制平面图的过程中，已经表现了三维的建筑物形式，可以更加直观地表达建筑物。天正建筑提供的操作方式简单、易于掌握，可以让用户方便地完成建筑图的设计。

一、本书的编写目的和特色

本书以天正建筑 T20 V7.0 为介绍对象，从绘制实际施工图出发，先分别介绍操作命令，在相关的操作命令中附有操作的实例，然后使用命令进行图样设计，最后通过综合实例讲解天正命令的使用方法和技巧。

具体而言，本书具有以下特色。

1. 作者权威

本书的编者都是在高校从事计算机图形教学研究多年的一线人员，他们具有丰富的教学实践经验与教材编写经验，有一些执笔作者是国内天正建筑软件图书出版界的知名作者，前期出版的一些相关书籍经过市场检验很受读者欢迎。多年的教学工作使他们能够准确地把握学生的心理与实际需求，本书是作者总结多年的设计经验以及教学的心得体会，历时多年精心准备，力求全面、细致地展现天正建筑软件在建筑设计应用领域的各种功能和使用方法。

2. 内容宽泛

就本书而言，我们的目的是编写一本对工科各专业具有普适性的基础应用学习用书。我们在本书中对知识点的讲解做到尽量全面，在一本书中包括对天正建筑软件常用的全部功能的讲解，内容涵盖轴网、柱子、墙体、门窗、房间和屋顶、楼梯和其他设施等知识。对每个知识点而言，我们不求过于艰深，只要求读者掌握一般建筑设计的知识。因此在语言上尽量做到浅显易懂，言简意赅。

3. 实例丰富

本书的实例种类非常丰富。从数量上说，本书结合大量的建筑设计实例详细讲解天正建筑软件的知识要点，全书包含 181 个上机练习实例，让读者在学习案例的过程中潜移默化地掌握天正建筑软件的操作技巧。

4. 提升技能

本书从全面提升天正建筑设计能力的角度出发，结合大量的案例来讲解如何利用天正建筑软件进行建筑设计，让读者懂得利用计算机软件辅助设计并能够独立地完成各种建筑设计。

本书中有很多实例本身就是工程设计项目案例，经过作者精心提炼和改编，不仅保证读者能够学好知识点，更重要的是能帮助读者掌握实际的操作技能，同时培养工程设计的实践能力。

二、本书的配套资源

本书配套资源可通过扫描二维码下载，其中提供了极为丰富的学习配套资源，以便读者在最短的时间为学会并精通这门技术。

1. 181 集大型高清多媒体教学视频

为了方便读者学习，本书针对实例专门制作了 181 集视频演示，读者可以先看视频，像看电影一样轻松愉悦地学习本书内容。

2. 全书实例的源文件

本书附带了很多实例，配套资源中包含实例的源文件和个别素材，读者可以在安装天正建筑软件以后，打开并使用它们。

三、关于本书的服务

1. 天正建筑 T20 V7.0 安装软件的获取

按照本书如果的实例进行操作练习，以及使用天正建筑 T20 V7.0 进行绘图，需要事先在计算机上安装天正建筑 T20 V7.0 软件，可以登录天正建筑官方网站联系购买正版软件，或者使用其试用版。另外，当地电脑城、软件经销商一般有售。

2. 关于本书技术支持或有关本书信息的发布

读者如果遇到有关本书的技术问题，可以扫描封底"文泉云盘"二维码查看是否已发布相关勘误/解疑文档，如果没有，可在下方寻找加入学习群的方式，与我们联系，我们将尽快回复。

3. 关于手机在线学习

扫描书后二维码，可在手机中观看对应的教学视频，充分利用碎片化时间，提升学习效果。需要强调的是，书中给出的只是实例的重点步骤，实例的详细操作过程还需通过观看视频来仔细领会。

四、关于作者

本书由 CAD/CAM/CAE 技术联盟组织编写。CAD/CAM/CAE 技术联盟是一个 CAD/CAM/CAE 技术研讨、工程开发、培训咨询和图书创作的工程技术人员协作联盟，包含 20 多位专职和众多兼职 CAD/CAM/CAE 工程技术专家。CAD/CAM/CAE 技术联盟负责人由 Autodesk 中国认证考试中心首席专家担任，全面负责 Autodesk 中国官方认证考试大纲制定、题库建设、技术咨询和师资力量培训工作，成员精通 Autodesk 系列软件。其创作的很多图书成为国内具有引导性的旗帜作品，在国内相关专业方向图书创作领域具有举足轻重的地位。

另外，在本书的写作过程中，策划编辑贾小红和艾子琪女士给予了我们很大的帮助和支持，并提出了很多中肯的建议，在此表示感谢。同时，还要感谢清华大学出版社的编审人员为本书的出版所付出的辛勤劳动。本书的成功出版是大家共同努力的结果，谢谢所有给予支持和帮助的人们。

编　者

文泉云盘

目 录

Contents

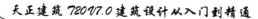

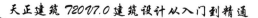

天正建筑软件基本功能简介

本章导读

天正建筑软件是国内很流行的专用软件，可以用来绘制建筑平面图、立面图、剖面图和标注建筑尺寸。在绘制建筑图纸方面，使用天正建筑软件比单纯使用 AutoCAD 等通用制图软件要快很多。本章主要介绍天正建筑软件的界面和系统设置。

学习要点

- ☑ 界面介绍
- ☑ 系统设置

1.1 界面介绍

双击天正建筑软件的图标，启动软件，其系统界面如图 1-1 所示。

在系统界面中可以看到，天正建筑软件比 AutoCAD 通用软件多了天正图标菜单。天正建筑软件主要使用两种操作方式。

（1）命令对话区：这是最基本的操作方式，输入菜单命令的拼音首字母就可以调用相应命令。在命令对话区中输入命令后按 Enter 键，显示指示下一步操作的提示，在提示中输入执行命令所需的参数即可。

（2）工具条：在天正图标菜单中，单击菜单命令左侧的三角形，可调出下一级图标菜单。单击命令按钮即可执行命令。

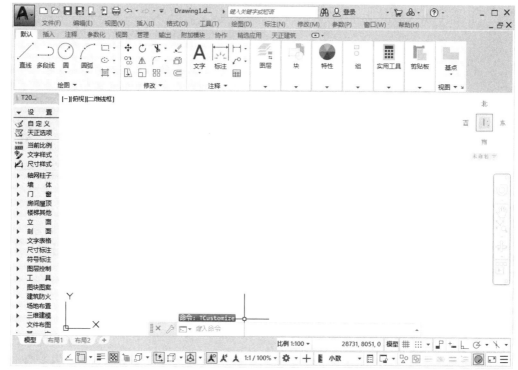

图 1-1　系统界面

1.2　系 统 设 置

天正建筑软件为用户提供了初始设置功能，可以通过对话框进行设置，分别为"天正选项"对话框、"天正自定义"对话框和系统参数设置，系统参数可以参考相关的 AutoCAD 书籍进行设置，本书不再介绍，下面介绍有关天正的参数。

1.2.1　选项

选择"天正选项"命令可显示与天正全局有关的参数，命令执行方式如下。

☑　命令行：toptions

☑　屏幕菜单："设置"→"天正选项"

选择菜单命令后，弹出"天正选项"对话框，包括"基本设定"、"加粗填充"和"高级选项"选项卡。

在"基本设定"选项卡中可以进行图形设置、符号设置，基本涵盖了绘图过程中常用的初始命令参数，如图 1-2 所示。

在"加粗填充"选项卡中主要进行材料的填充设置，包括填充图案、填充方式、填充颜色和加粗线宽等，如图 1-3 所示。系统为对象提供了标准和详图两个级别，满足图样的不同类型填充和加粗详细程度不同的要求。

图 1-2 "基本设定"选项卡

图 1-3 "加粗填充"选项卡

"高级选项"选项卡是控制天正建筑全局变量的用户自定义参数的设置界面，如图 1-4 所示。除了尺寸样式需专门设置外，这里定义的参数保存在初始参数文件中，不仅用于当前图形，对新建的文件也起作用。高级选项和选项是结合使用的，例如在高级选项中设置了多种尺寸标注样式，在当前图形选项中，可根据当前单位和标注要求选择其中几种用于制图。

图 1-4 "高级选项"选项卡

1.2.2 自定义

选择"自定义"命令可启动"天正自定义"对话框，用户可在其中设置交互界面效果，命令执行方式如下。

☑ 命令行：ZDY

☑ 屏幕菜单："设置"→"自定义"

选择菜单命令后，弹出"天正自定义"对话框，包括"屏幕菜单"、"操作配置"、"基本界面"、"工具条"和"快捷键"选项卡。

在"屏幕菜单"选项卡中可以选择屏幕的控制功能，提高工作效率，如图 1-5 所示。

在"操作配置"选项卡中可以设置是否启用天正右键快捷菜单，没有选中对象（即空选）时右键菜单的弹出方式有 3 种：右键、Ctrl+右键、慢击右键（长按并松开右键后弹出右键快捷菜单），

Note

如图 1-6 所示。单击右键具有 Enter 键功能，又可以满足使用天正右键快捷菜单的需求。

图 1-5 "屏幕菜单"选项卡

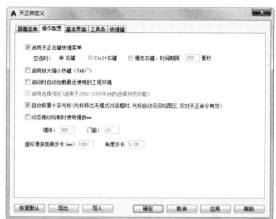

图 1-6 "操作配置"选项卡

"基本界面"选项卡包括"界面设置"和"在位编辑"两部分内容，如图 1-7 所示。"界面设置"可用于设置图形名称切换功能,该功能是指用户在打开多个 DWG 文件时，在绘图窗口上方对应每个 DWG 文件提供一个图形名称选项卡,供用户在已打开的多个 DWG 文件之间快速切换。"在位编辑"则可设置在编辑文字和符号尺寸标注中的文字对象时,在文字原位显示的文本编辑框的字体颜色、字体高度和背景颜色等。

图 1-7 "基本界面"选项卡

在"工具条"选项卡中，可以选择需要的按钮拖动到浮动状态的工具栏中，方便工具栏命令的调用，提高作图速度，如图 1-8 所示。

在"快捷键"选项卡中定义某个数字或者字母键，随后就可以使用该键调用相应的天正命令，如图 1-9 所示。

图 1-8 "工具条"选项卡

图 1-9 "快捷键"选项卡

天正建筑软件的默认快捷键如表 1-1 所示。

表 1-1　天正建筑软件的默认快捷键

快　捷　键	说　　明
F1	AutoCAD帮助文件的切换键
F2	屏幕的图形显示与文本显示的切换键
F3	对象捕捉开关
F6	状态行的绝对坐标与相对坐标的切换键
F7	屏幕的栅格点显示状态的切换键
F8	屏幕的光标正交状态的切换键
F9	屏幕的光标捕捉（光标模数)的开关键
F11	对象追踪的开关键
F12	动态输入开关*
Ctrl ＋ ＋	屏幕菜单的开关
Ctrl ＋ －	文档标签的开关
Ctrl ＋ ~	工程管理界面的开关

注：2006以上版本的F12键用于切换动态输入，天正新提供显示墙基线用于捕捉的状态行按钮。

第2章

轴网

本章导读

轴线是建筑物各组成部分的定位中心线，是图形定位的基准线，网状分布的轴线称为轴网。在绘制建筑图时，一般先画出建筑物的轴网。

通过本章的学习，读者可掌握轴网的创建、编辑和标注以及轴号的编辑等知识。

学习要点

- ☑ 轴网的创建
- ☑ 轴网的编辑
- ☑ 轴网的标注
- ☑ 轴号的编辑

2.1 轴网的创建

轴线是建筑物各组成部分的定位中心线，是图形定位的基准线，网状分布的轴线称为轴网。轴网涉及开间和进深两个概念，开间是指纵向相邻轴线之间的距离，进深是指横向相邻轴线之间的距离。在绘制建筑图时，一般先画出建筑物的轴网。下面介绍轴网的创建方式。

2.1.1 绘制直线轴网

"直线轴网"功能用于生成正交轴网、斜交轴网和单向轴网，执行方式如下。

- ☑ 命令行：HZZW
- ☑ 屏幕菜单："轴网柱子"→"绘制轴网"

打开"绘制轴网"对话框，单击"直线轴网"选项卡，如图 2-1 所示。

右侧轴
网数据

删除轴网

图 2-1 "直线轴网"选项卡

视频讲解

2.1.2 上机练习——正交轴网

↳ 练习目标

正交轴网是指构成轴网的两组轴线的夹角是 90°。绘制的正交轴网图如图 2-2 所示。

↳ 设计思路

打开"绘制轴网"对话框,单击"直线轴网"选项卡,设置上下开间和左右进深,绘制轴网。

↳ 操作步骤

1.打开"绘制轴网"对话框,单击"直线轴网"选项卡,如图 2-1 所示。

主要选项说明如下。

图 2-2 正交轴网图

- ☑ 键入:输入轴网数据,每个数据之间用空格隔开。
- ☑ 间距:开间或进深的尺寸数据,单击右侧输入轴网数据,也可以直接输入。
- ☑ 上开:在轴网上方进行轴网标注的房间开间尺寸。
- ☑ 下开:在轴网下方进行轴网标注的房间开间尺寸。
- ☑ 左进:在轴网左侧进行轴网标注的房间进深尺寸。
- ☑ 右进:在轴网右侧进行轴网标注的房间进深尺寸。
- ☑ 个数:相应轴间距数据的重复次数。
- ☑ 轴网夹角:设置开间与进深轴线之间的夹角数据,其中 90° 为正交轴网,其他为斜交轴网。
- ☑ 删除轴网:将不需要的轴网进行批量删除。

2.设置"轴网夹角"为 90° (默认值),即为正交轴网。

3.选中"下开"单选按钮(默认已选中)。

4.输入下开间值。在"个数"列表中输入需要重复的次数。

下开间 2*6000 4500 6000

Note

视频讲解

5. 输入上开间值。在"个数"列表中输入需要重复的次数。

上开间 2700 7500 3000 2100 4800

6. 输入左进深值。在"个数"列表中输入需要重复的次数。

左进深 6000 2100 6000

7. 输入右进深值。在"个数"列表中输入需要重复的次数。

右进深 3900 5400 3600

8. 在选项卡中输入所有尺寸数据后单击，确定轴线的插入位置，命令行显示如下。

请选择插入点 [旋转 90 度(A) /切换插入点(T) /左右翻转(S) /上下翻转(D) /改转角(R)]:选择轴网基点位置

9. 保存图形。

命令：SAVEAS ☑ （将绘制完成的图形以"正交轴网.dwg"为文件名保存在指定的路径中）

2.1.3　上机练习——斜交轴网

✎ 练习目标

斜交轴网是指构成轴网的两组轴线夹角不为 90°。绘制的斜交轴网图如图 2-3 所示。

✎ 设计思路

打开"绘制轴网"对话框，单击"直线轴网"选项卡，设置轴网夹角、上下开间和左右进深，绘制斜交轴网。

✎ 操作步骤

1. 打开"绘制轴网"对话框，单击"直线轴网"选项卡，如图 2-1 所示。

2. 设置"轴网夹角"为 60°，即为斜交轴网。

3. 输入下开间值。在"个数"列表中输入需要重复的次数。

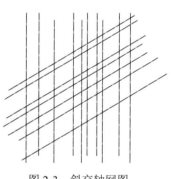

图 2-3　斜交轴网图

下开间 2*6000 4500 6000

4. 输入上开间值。在"个数"列表中输入需要重复的次数。

上开间 2700 7500 3000 2100 4800

5. 输入左进深值。在"个数"列表中输入需要重复的次数。

左进深 6000 2100 6000

6. 输入右进深值。在"个数"列表中输入需要重复的次数。

右进深 3900 5400 3600

7. 在选项卡中输入所有尺寸数据后单击，确定轴线的插入位置，命令行显示如下。

请选择插入点 [旋转 90 度(A) /切换插入点(T) /左右翻转(S) /上下翻转(D) /改转角(R)]:

8．保存图形。

命令：SAVEAS✓　（将绘制完成的图形以"斜交轴网.dwg"为文件名保存在指定的路径中）

2.1.4　上机练习——单向轴网

↳ 练习目标

单向轴网为由相互平行的轴线组成的轴网。绘制的单向轴网图如图 2-4 所示。

↳ 设计思路

打开"绘制轴网"对话框，单击"直线轴网"选项卡，设置下开间和轴网夹角，绘制轴网。

视频讲解

↳ 操作步骤

1．打开"绘制轴网"对话框，单击"直线轴网"选项卡，如图 2-1 所示。

2．设置"轴网夹角"为 90°，即为正交轴网。

3．输入下开间值。在"个数"列表中输入需要重复的次数。

图 2-4　单向轴网图

下开间 2*6000 4500 6000

4．在选项卡中输入所有尺寸数据后指定轴线的长度并确定轴网的插入点，命令行显示如下。

单向轴线长度<22500>:15000
请选择插入点[旋转 90 度(A)/切换插入点(T)/左右翻转(S)/上下翻转(D)/改转角(R)]:

5．保存图形。

命令：SAVEAS✓　（将绘制完成的图形以"单向轴网.dwg"为文件名保存在指定的路径中）

2.1.5　绘制弧线轴网

弧线轴网是由弧线和径向直线组成的定位轴线，执行方式如下。

☑　命令行：HZZW

☑　屏幕菜单："轴网柱子"→"绘制轴网"

打开"绘制轴网"对话框，单击"弧线轴网"选项卡，如图 2-5 所示。

2.1.6　上机练习——弧线轴网

↳ 练习目标

绘制的弧线轴网图如图 2-6 所示。

↳ 设计思路

打开"绘制轴网"对话框，单击"弧线轴网"选项卡，设置夹角和进深，绘制轴网。

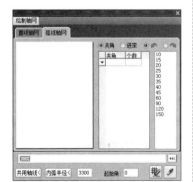

图 2-5　"弧线轴网"选项卡

视频讲解

Note

📎 操作步骤

1. 打开"绘制轴网"对话框，单击"弧线轴网"选项卡，如图2-5所示。
主要选项说明如下。

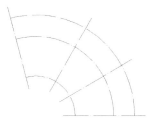

☑ 键入：输入轴网数据，每个数据之间用空格隔开。

☑ 夹角（此处指单选按钮）：由起始角起算，按旋转方向排列的轴
线开间序列，单位为°。

☑ 进深：在轴网径向，由圆心起算，到外圆的轴线尺寸序列，单位
为 mm。

图 2-6　弧线轴网图

☑ 夹角：开间轴线之间的夹角数据，单击右侧输入数据，也可以直
接输入。

☑ 个数：相应轴间距数据的重复次数，单击右侧输入轴网数据，也可以直接输入。

☑ 内弧半径<：由圆心起算的最内侧环向轴线半径，可以从图上获得，也可以直接输入。

☑ 起始角：x 轴正方向到起始径向轴线的夹角（由旋转方向定）。

☑ 逆时针：径向轴线的旋转方向。

☑ 顺时针：径向轴线的旋转方向。

☑ 共用轴线<：在与其他轴网共用一根径向轴线时，从图上指定该径向轴线，单击时通过拖动
圆轴网确定与其他轴网连接的方向。

2. 选中"夹角"单选按钮（默认已选中）。

3. 输入夹角值。在"个数"列表中输入需要重复的次数。

　夹角 30　30　45

4. 输入进深值。在"个数"列表中输入需要重复的次数。

　进深 3300 1800

5. 在选项卡中输入所有尺寸数据后在空白位置处单击，指定轴网的插入点，命令行显示如下。

　请选择插入点 [旋转90度(A)/切换插入点(T)/左右翻转(S)/上下翻转(D)/改转角(R)]：

6. 保存图形

　命令：SAVEAS✓　（将绘制完成的图形以"圆弧轴网.dwg"为文件名保存在指定的路径中）

2.1.7　墙生轴网

"墙生轴网"功能可由墙体生成轴网，执行方式如下。

☑ 命令行：QSZW

☑ 屏幕菜单："轴网柱子"→"墙生轴网"

命令行显示如下。

　请选取要从中生成轴网的墙体：

可在由天正绘制的墙体的基础上自动生成轴网。

2.1.8　上机练习——墙生轴网

视频讲解

❧　练习目标

　　绘制的墙生轴网图如图 2-7 所示。

❧　设计思路

　　使用"绘制墙体"命令绘制墙体，再使用"墙生轴网"命令生成轴网。

❧　操作步骤

　　1．使用"绘制墙体"命令绘制墙体，或者打开"源文件"中的"墙体"图形，绘制如图 2-8 所示的墙体图。

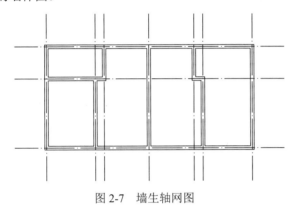

图 2-7　墙生轴网图

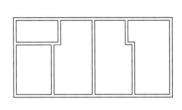

图 2-8　墙体图

　　2．使用"墙生轴网"命令，生成轴网，命令行显示如下。

请选取要从中生成轴网的墙体：
指定对角点：
请选取要从中生成轴网的墙体：

　　3．保存图形。

命令：SAVEAS✓　（将绘制完成的图形以"墙生轴网.dwg"为文件名保存在指定的路径中）

2.2　轴网的编辑

编辑轴网会用到"添加轴线""轴线裁剪""轴改线型"等命令。

2.2.1　添加轴线

　　"添加轴线"功能是参考已有的轴线来添加平行的轴线，执行方式如下。

　　☑　命令行：TJZX

　　☑　屏幕菜单："轴网柱子"→"添加轴线"

2.2.2 上机练习——添加轴线

☝ **练习目标**

添加轴线效果如图 2-9 所示。

☝ **设计思路**

选择"添加轴线"命令，添加轴线。

☝ **操作步骤**

1. 打开"源文件"中的"添加轴线原图"图形，选择"轴网柱子"→"添加轴线"命令，打开"添加轴线"对话框，如图 2-10 所示，选中"双侧轴号"和"重排轴号"，命令行显示如下。

> 选择参考轴线 <退出>:选 A
> 距参考轴线的距离<退出>：1200（偏移方向为 B 方向）

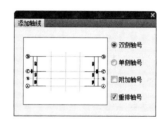

图 2-9 添加轴线   图 2-10 "添加轴线"对话框

2. 选择"添加轴线"命令，打开"添加轴线"对话框，如图 2-10 所示，选中"双侧轴号"和"重排轴号"，命令行显示如下。

> 选择参考轴线 <退出>:选 C
> 距参考轴线的距离<退出>：1200（偏移方向为 D 方向）

3. 选择"添加轴线"命令，打开"添加轴线"对话框，如图 2-10 所示，选中"双侧轴号"和"重排轴号"，命令行显示如下。

> 选择参考轴线 <退出>:选 C
> 距参考轴线的距离<退出>：1200（偏移方向为 E 方向）

4. 保存图形。

> 命令：SAVEAS✓   （将绘制完成的图形以"添加轴线.dwg"为文件名保存在指定的路径中）

2.2.3 轴线裁剪

使用"轴线裁剪"命令可以很好地控制轴线的长度，也可以应用 AutoCAD 中的相关命令进行操作，实际画图过程中相互配合使用的较多。执行方式如下。

☑ 命令行：ZXCJ

☑ 屏幕菜单："轴网柱子"→"轴线裁剪"

选择"轴线裁剪"命令后,命令行显示如下。

矩形的第一个角点或 [多边形裁剪(P)/轴线取齐(F)]<退出>:F

输入 F 显示轴线取齐功能的命令,命令行显示如下。

请输入裁剪线的起点或选择一裁剪线:单击取齐的裁剪线起点
请输入裁剪线的终点：单击取齐的裁剪线终点
请输入一点以确定裁剪的是哪一边:单击轴线被裁剪的一侧结束裁剪

输入 P 显示多边形裁剪功能的命令,命令行显示如下。

矩形的第一个角点或 [多边形裁剪(P)/轴线取齐(F)]<退出>:P
多边形的第一点<退出>:选择多边线的第一点
下一点或 [回退(U)]<退出>:选择多边线的第二点
下一点或 [回退(U)]<退出>:选择多边线的第三点
下一点或 [回退(U)]<封闭>:选择多边线的第四点
下一点或 [回退(U)]<封闭>:……
下一点或 [回退(U)]<封闭>:按 Enter 键自动封闭该多边形结束裁剪

系统默认为矩形裁剪,可直接给出矩形的对角线完成操作,命令行显示如下。

矩形的第一个角点或 [多边形裁剪(P)/轴线取齐(F)]<退出>:给出矩形的第一角点
另一个角点<退出>:选取另一角点即完成矩形裁剪

2.2.4 上机练习——轴线裁剪

↻ 练习目标

轴线剪裁效果如图 2-11 所示。

↻ 设计思路

选择"轴线裁剪"命令,依次选择矩形的两个角点,修剪轴线。

↻ 操作步骤

1. 打开"源文件"中的"添加裁剪原图"图形,选择"轴线裁剪"命令,指定需要裁剪的区域,进行裁剪。命令行显示如下。

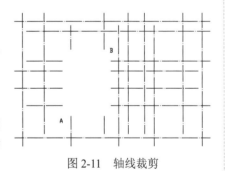

图 2-11　轴线裁剪

矩形的第一个角点或 [多边形裁剪(P)/轴线取齐(F)]<退出>:选 A
另一个角点<退出>:选 B

结果如图 2-11 所示。

2. 保存图形。

命令：SAVEAS✓　（将绘制完成的图形以"轴线裁剪.dwg"为文件名保存在指定的路径中）

2.2.5 轴改线型

使用"轴改线型"命令可将轴网命令中生成的默认线型由实线改为点画线，实现线型的转换。执行方式如下。

- ☑ 命令行：ZGXX
- ☑ 屏幕菜单："轴网柱子"→"轴改线型"

选择菜单命令后，图中轴线按照比例显示为点画线或实线。轴改线型操作也可以通过在 AutoCAD 命令中修改轴线所在图层的线型来实现。在实际作图中，先用实线表示轴线，出图时将轴线转换为点画线。

2.2.6 上机练习——轴改线型

✎ **练习目标**

线型改变前如图 2-12 所示，线型改变后如图 2-13 所示。

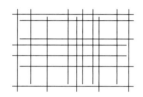 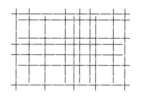

图 2-12 线型改变前   图 2-13 线型改变后

✎ **设计思路**

使用"轴改线型"命令，修改线型。

✎ **操作步骤**

1. 打开"源文件"中的"轴改线型原图"图形，选择"轴改线型"命令，将轴线线型由实线转化为点画线。命令行显示如下。

命令：ZGXX

2. 保存图形。

命令：SAVEAS↙ （将绘制完成的图形以"轴改线型.dwg"为文件名保存在指定的路径中）

2.3 轴网的标注

本节主要讲解轴网标注中的轴号、进深和开间等标注功能。

轴网标注常使用"轴网标注""逐点轴标"等命令。

2.3.1 轴网标注

轴网标注功能是通过指定两点标注轴网的尺寸和轴号，执行方式如下。

☑ 命令行：ZWBZ

☑ 屏幕菜单："轴网柱子"→"轴网标注"

选择"轴网柱子"→"轴网标注"命令后，弹出"轴网标注"对话框，如图 2-14 所示。

图 2-14 "轴网标注"对话框

Note

该对话框中的"单侧标注""双侧标注""对侧标注"为标注的方式，"共用轴号"为与前段轴网标注的连接形式。命令行显示如下。

请选择起始轴线<退出>:选择起始轴线
请选择终止轴线<退出>:选择终止轴线
是否为按逆时针方向排序编号?[是(Y)/否(N)]<Y>:N
请选择不需要标注的轴线:按 Enter 键
请选择起始轴线<退出>:按 Enter 键退出

2.3.2 上机练习——轴网标注

🖎 练习目标

轴网标注效果如图 2-15 所示。

🖎 设计思路

打开"轴网标注"对话框，设置相关参数后进行轴网的标注。

视频讲解

🖎 操作步骤

1. 打开"源文件"中的"轴网标注原图"图形，选择"轴网标注"命令，弹出"轴网标注"对话框，单击"多轴标注"选项卡，如图 2-16 所示。

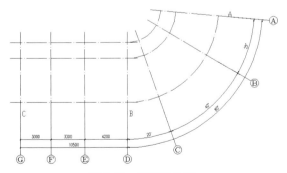

图 2-15 轴网标注图

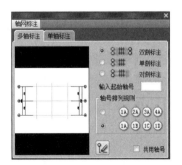

图 2-16 "多轴标注"选项卡

2．在"输入起始轴号"文本框中输入 A。

3．选中"单侧标注"单选按钮。

4．命令行显示如下。

请选择起始轴线<退出>:选择起始轴线 A
请选择终止轴线<退出>:选择终止轴线 B
是否为按逆时针方向排序编号?[是(Y)/否(N)]<Y>: N
请选择不需要标注的轴线: 按 Enter 键
请选择起始轴线<退出>:按 Enter 键退出

完成圆弧轴网标注。

5．选择"轴网标注"命令，打开"轴网标注"对话框。

6．在"输入起始轴号"文本框中输入 D。

7．选中"共用轴号"复选框。

8．命令行显示如下。

请选择起始轴线<退出>:选择共用轴线 B
请选择终止轴线<退出>:选择终止轴线 C
请选择不需要标注的轴线: 按 Enter 键
请选择起始轴线<退出>:按 Enter 键退出

完成直线轴网标注。

9．保存图形。

命令：SAVEAS✓ （将绘制完成的图形以"轴网标注.dwg"为文件名保存在指定的路径中）

2.3.3　单轴标注

单轴标注命令用于标注指定的轴线的轴号，该命令标注的轴号是一个单独的对象，不参与轴号和尺寸重排，不适用于一般的平面图轴网，适用于立面、剖面、房间详图中标注单独轴号。执行方式如下。

☑　命令行：DZBZ
☑　屏幕菜单："轴网柱子"→"单轴标注"

选择"单轴标注"命令后，出现"单轴标注"选项卡，如图 2-17 所示。命令行显示如下。

图 2-17　"单轴标注"选项卡

选择待标注的轴线或[手工绘制(D)] <退出>:

在"起始轴号"文本框中输入起始轴号。

单轴标注命令是连续执行的命令，可以继续标注多条轴线。

2.3.4　上机练习——单轴标注

✍ 练习目标

单轴标注效果如图 2-18 所示。

视频讲解

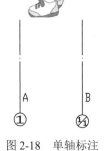

☺ **设计思路**

利用"源文件"中的"单轴标注原图"图形,选择"单轴标注"命令,进行单轴轴网的标注。

☺ **操作步骤**

1. 打开"源文件"中的"单轴标注原图"图形,选择"单轴标注"命令,在"输入轴号"文本框中输入轴号 1,标注轴号。命令行显示如下。

图 2-18 单轴标注

> 选择待标注的轴线或[手工绘制(D)] <退出>:选其中一条轴线 A

在"输入轴号"文本框中输入轴号 1/1,标注轴号。命令行显示如下。

> 选择待标注的轴线或[手工绘制(D)] <退出>:选另一条轴线 B

2. 保存图形。

> 命令:SAVEAS✓ (将绘制完成的图形以"单轴标注.dwg"为文件名保存在指定的路径中)

2.4 轴号的编辑

本节主要讲解轴号编辑中的添补、删除、一轴多号、轴号隐现和主附轴号转换功能。

2.4.1 添补轴号

"添补轴号"命令用于在轴网中为新添加的轴线添加轴号,新添加的轴号与原有轴号进行关联。执行方式如下。

☑ 命令行:TBZH
☑ 屏幕菜单:"轴网柱子"→"添补轴号"

选择"添补轴号"命令后,打开"添补轴号"对话框,如图 2-19 所示。

命令行显示如下。

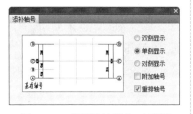

图 2-19 "添补轴号"对话框

> 请选择轴号对象<退出>:选择与新轴号相连邻的轴号
> 请选择新轴号的位置或 [参考点(R)]<退出>:取新增轴号一侧,同时输入间距

2.4.2 上机练习——添补轴号

☺ **练习目标**

添补轴号的效果如图 2-20 所示。

☺ **设计思路**

利用"源文件"中的"添补轴号原图"图形,选择"添补轴号"命令,添加轴号 8。

☺ **操作步骤**

1. 打开"源文件"中的"添补轴号原图"图形,选择"添

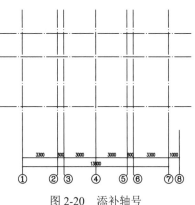

图 2-20 添补轴号

补轴号"命令，打开"添补轴号"对话框，选中"单侧显示"和"重排轴号"，如图2-19所示，添补轴号8，命令行显示如下。

请选择轴号对象<退出>:选择轴号7
请选择新轴号的位置或 [参考点(R)]<退出>:@1000<0

完成添补轴号8，效果如图2-20所示。
2．保存图形。

命令：SAVEAS✓ （将绘制完成的图形以"添补轴号.dwg"为文件名保存在指定的路径中）

2.4.3 删除轴号

删除轴号命令用于删除不需要的轴号，支持一次删除多个轴号。执行方式如下。
☑ 命令行：SCZH
☑ 屏幕菜单："轴网柱子"→"删除轴号"
选择"删除轴号"命令后，命令行显示如下。

请框选轴号对象<退出>:选择待删除轴号的一角点
请框选轴号对象<退出>:选择待删除轴号的一角点
是否重排轴号?[是(Y)/否(N)]<Y>:

2.4.4 上机练习——删除轴号

↻ 练习目标
删除轴号的效果如图2-21所示。

↻ 设计思路
利用"源文件"中的"删除轴号原图"图形，选择"删除轴号"命令，删除轴号5和轴号6。

↻ 操作步骤

1．打开"源文件"中的"删除轴号原图"图形，选择"删除轴号"命令，删除轴号5和轴号6，命令行显示如下。

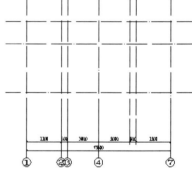

图2-21 删除轴号

请框选轴号对象<退出>:选5轴左下侧
请框选轴号对象<退出>:选6轴右上侧
是否重排轴号?[是(Y)/否(N)]<Y>:
本例选择不重排轴号的执行方式，因此输入N。

2．保存图形。

命令：SAVEAS✓ （将绘制完成的图形以"删除轴号.dwg"为文件名保存在指定的路径中）

2.4.5 一轴多号

"一轴多号"命令用于平面图中同一部分由多个分区公用的情况，利用多个轴号共用一根轴线可以节省图面、减少工作量，本命令将已有轴号作为源轴号进行多排复制。执行方式如下。

☑　命令行：YZDH

☑　快捷菜单："轴号系统" → "一轴多号"

选择"一轴多号"命令后，打开"一轴多号"对话框，如图 2-22 所示。命令行显示如下。

> 请选择已有轴号<退出>：
>
> 请选择已有轴号：

图 2-22　"一轴多号"对话框

2.4.6　上机练习——一轴多号

⌇ 练习目标

一轴多号效果如图 2-23 所示。

⌇ 设计思路

利用"源文件"中的"一轴多号原图"图形，单击轴号系统，利用"一轴多号"命令，添加多个轴号。

⌇ 操作步骤

1．打开"源文件"中的"一轴多号原图"图形，右击轴号系统，在弹出的快捷菜单中选择"一轴多号"命令，打开"一轴多号"对话框，如图 2-22 所示，选中"单侧创建"单选按钮，设置"复制排数"为 1，在单侧复制一排轴号。命令行显示如下。

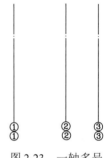

图 2-23　一轴多号

> 请选择已有轴号<退出>：
>
> 请选择已有轴号：1、2、3

结果如图 2-23 所示。

2．保存图形。

> 命令：SAVEAS✓　（将绘制完成的图形以"一轴多号.dwg"为文件名保存在指定的路径中）

2.4.7　轴号隐现

"轴号隐现"命令用于在平面轴网中控制单个或多个轴号的隐藏与显示。执行方式如下。

☑　命令行：ZHYX

☑　屏幕菜单："轴网柱子" → "轴号隐现"

选择"轴号隐现"命令后，打开"轴号隐现"对话框，如图 2-24 所示。命令行显示如下。

图 2-24　"轴号隐现"对话框

> 命令：TShowLabel
>
> 请选择需要隐藏/显示的轴号<退出>>：（框选要隐藏的或显示的轴号）
>
> 请选择需要隐藏/显示的轴号<退出>：按 Enter 键

视频讲解

2.4.8 上机练习——轴号隐现

✎ **练习目标**

轴号隐现效果如图 2-25 所示。

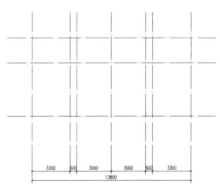

图 2-25 轴号隐现

✎ **设计思路**

利用"源文件"中的"轴号隐现原图"图形，选择"轴号隐现"命令，将轴号隐藏。

✎ **操作步骤**

1．打开"源文件"中的"轴号隐现原图"图形，选择"轴号隐现"命令，打开"轴号隐现"对话框，如图 2-24 所示，选中"隐藏轴号"单选按钮，隐藏轴号，命令行显示如下。

```
命令：TShowLabel
请选择需要隐藏的轴号<退出>：（框选要隐藏轴线）
请选择需要隐藏的轴号<退出>：按 Enter 键
```

2．保存图形。

```
命令：SAVEAS✓  （将绘制完成的图形以"轴号隐现.dwg"为文件名保存在指定的路径中）
```

2.4.9 主附转换

"主附转换"命令用于在平面图中将主轴号转换为附加轴号或者将附加轴号转换回主轴号，本命令对轴号编排方向的所有轴号进行重排。执行方式如下。

☑ 命令行：ZFZH

☑ 屏幕菜单："轴网柱子"→"主附转换"

选择"主附转换"命令，打开"主附转换"对话框，如图 2-26 所示。命令行显示如下。

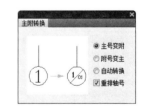

图 2-26 "主附转换"对话框

```
命令：TChAxisNo
请选择需要主附转换的轴号<退出>：
```

2.4.10 上机练习——主附转换

视 频 讲 解

❧ 练习目标

主附转换效果如图 2-27 所示。

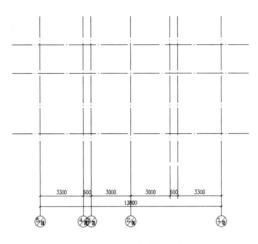

图 2-27 主附转换图

❧ 设计思路

利用"源文件"中的"主附转换原图"图形，选择需转换的轴号，选择"主附转换"命令，进行轴号的主附转换。

❧ 操作步骤

1. 打开"源文件"中的"主附转换原图"图形，选择"主附转换"命令，打开"主附转换"对话框，如图 2-26 所示。选中"主号变附"和"重排轴号"，将所有的主轴号转换为附加轴号并将轴号重排，命令行显示如下。

```
命令：TChAxisNo
请选择需要主附转换的轴号<退出>：（框选所有的主轴号）
请选择需要主附转换的轴号<退出>：
```

2. 保存图形。

```
命令：SAVEAS↙    （将绘制完成的图形以"主附转换.dwg"为文件名保存在指定的路径中）
```

第 *3* 章

柱子

本章导读

　　柱子在建筑设计中主要起到结构支撑作用，有些时候柱子也用于纯粹的装饰。标准柱用底标高、柱高和柱截面参数描述其在三维空间的位置和形状，构造柱用于砖混结构，只有截面形状而没有三维数据的描述，用于施工图。

　　通过本章的学习使读者掌握柱子的创建和编辑。

学习要点

　　☑　柱子的创建
　　☑　柱子的编辑

3.1　柱子的创建

　　柱子是建筑物中起主要支承作用的结构构件，天正建筑 T2 V7.0 中包括标准柱、角柱、构造柱、异形柱和柱齐墙边等功能。

3.1.1　标准柱

　　"标准柱"命令用来在轴线的交点处或任意位置插入矩形、圆形、正三角形、正五边形、正六边形、正八边形、正十二边形断面柱。执行方式如下。

　　☑　命令行：BZZ
　　☑　屏幕菜单："轴网柱子"→"标准柱"
　　选择"标准柱"命令，打开"标准柱"对话框，如图 3-1 所示。

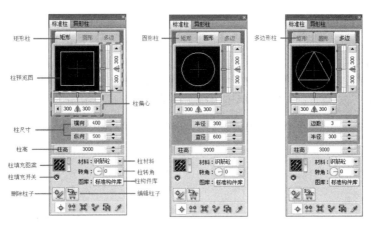

图 3-1　"标准柱"对话框

3.1.2　上机练习——绘制标准柱

❧ **练习目标**

练习绘制标准柱，效果如图 3-2 所示。

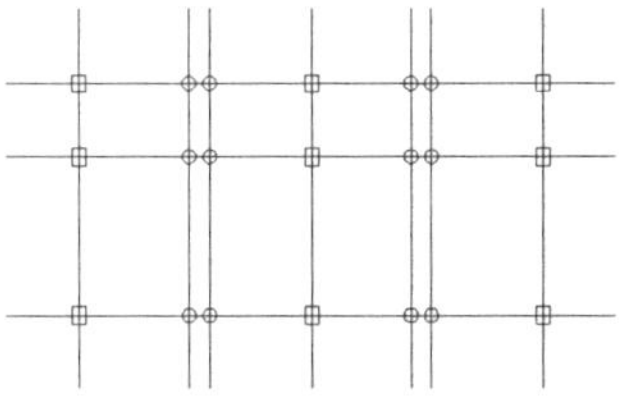

❧ **设计思路**

利用"标准柱"对话框，设置相关的参数，在轴网上布置标准柱。

❧ **操作步骤**

1. 打开"源文件"中的"标准柱原图"图形，选择"标准柱"命令，打开"标准柱"对话框，如图 3-1 所示。

图 3-2　标准柱图

对话框中主要选项的说明如下。

- ☑ 形状：设定柱子的截面，有矩形、圆形、正三角形、正五边形、正六边形、正八边形、正十二边形。
- ☑ 柱偏心：设置插入柱光标的位置，可以直接输入偏移尺寸，也可以拖动红色指针改变偏移尺寸数，还可以单击左右两侧的小三角改变偏移尺寸数。
- ☑ 柱尺寸：直接输入数据即可，随柱子的形状不同参数有所不同。
- ☑ 材料：可在下拉列表中获得柱子的材料，包括砖、石材、钢筋砼和金属等。
- ☑ 标准构件库：天正提供的标准构件库，可以对柱子进行编辑工作。
- ☑ 柱填充开关及柱填充图案：当开关开启时 ✅，柱填充图案可用；当开关关闭时 ❌，柱填充图案不可用。
- ☑ 删除柱子：用于批量删除图中所选择范围内的柱对象。
- ☑ 编辑柱子：用于筛选图中所选范围内的当前类型的柱对象。
- ☑ 点选插入柱子 ⊕：捕捉轴线交点插入柱子。没有轴线交点时，在所选位置插入柱子。
- ☑ 沿着一根轴线布置柱子 ⚏：沿着一根轴线布置柱子，位置在所选轴线与其他轴线相交点处。
- ☑ 指定的矩形区域内的轴线交点插入柱子 ⚏：在指定矩形区域内的轴线交点处插入柱子。
- ☑ 替换图中已插入的柱子 ✅：替换图中已插入的柱子，以当前参数柱子替换图上已有的柱子，可单个替换或以框选方式成批替换。

2. 在"材料"中选择"钢筋砼"。

3. 在"形状"中选择"矩形"。

4. 在柱尺寸区域，设置"横向"为400，"纵向"为500，"柱高"为3000。

5. 在"转角"中选择0。

6. 在插入方式中单击"点选插入柱子"按钮 ⊕，布置柱子。

7. 参数设定完毕后，在绘图区域单击，布置柱子。命令行显示如下。

点取位置或［转 90 度(A)/左右翻(S)/上下翻(D)/对齐(F)/改转角(R)/改基点(T)/参考点(G)］
<退出>:捕捉轴线交点插入柱子，没有轴线交点时即为在所选点位置插入柱子

8. 将不同形状的柱子按照不同的插入方式进行操作，在插入方式中单击"沿着一根轴线布置柱子"按钮 ⚏，布置柱子。命令行显示如下。

请选择一轴线<退出>:沿着一根轴线布置柱子，位置在所选轴线与其他轴线相交点处

在插入方式中单击"指定的矩形区域内的轴线交点插入柱子"按钮 ⚎，布置柱子。命令行显示如下。

第一个角点<退出>:框选的一个角点
另一个角点<退出>:框选的另一个对角点

命令执行完毕后效果如图3-2所示。

9. 保存图形。

命令：SAVEAS↙　（将绘制完成的图形以"标准柱.dwg"为文件名保存在指定的路径中）

3.1.3　上机练习——替换已插入柱

⌇ 练习目标

将3.1.2节中的柱子截面进行替换，效果如图3-3所示。

⌇ 设计思路

在轴网上利用"标准柱"对话框，设置相关的参数，在插入方式中选择"替换图中已插入的柱子"，替换标准柱。

⌇ 操作步骤

1. 打开"源文件"中的"替换已插入柱原图"图形，选择"标准柱"命令，打开"标准柱"对话框。

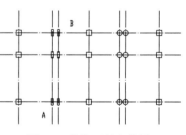

图3-3　替换已插入柱图

2. 在"材料"中选择"钢筋砼"。

3. 在"形状"中选择"矩形"。

4. 在"柱尺寸"区域，设置"横向"为200，"纵向"为600，"柱高"为3000。

5. 在"转角"中选择0。

6. 在插入方式中单击"替换图中已插入的柱子"按钮 ⚐。

7. 参数设定完毕后，在绘图区域单击激活，命令行显示如下。

选择被替换的柱子:可单选也可以框选需要替换的柱子

在区域A-B中，命令执行完毕后效果如图3-3所示。

8．保存图形。

命令：SAVEAS↙　（将绘制完成的图形以"替换已插入柱.dwg"为文件名保存在指定的路径中）

3.1.4　角柱

"角柱"命令用来在墙角插入形状与墙角一致的柱子，可改变柱子各肢的长度和宽度，并且能自动适应墙角的形状。执行方式如下。

☑　命令行：JZ
☑　屏幕菜单："轴网柱子"→"角柱"

选择"角柱"命令后，命令行显示如下。

请选择墙角或　[参考点(R)]<退出>:选择需要加角柱的墙角

选择墙角后，显示"转角柱参数"对话框，如图3-4所示。根据所选择的参数插入所定义的角柱。

图 3-4　"转角柱参数"对话框

3.1.5　上机练习——角柱

✎　练习目标

绘制角柱，如图3-5所示。

✎　设计思路

打开"源文件"中的"角柱原图"图形，选择"角柱"命令，设置相关的参数，绘制角柱。

✎　操作步骤

1．打开"源文件"中的"角柱原图"图形，选择"角柱"命令，选择墙角。命令行显示如下。

图 3-5　角柱图

请选择墙角或　[参考点(R)]<退出>:选择墙角

打开"转角柱参数"对话框，如图3-4所示。
对话框中用到的控件说明如下。

☑　材料：可在下拉列表中获得柱子的材料，包括砖、石材、钢筋砼和金属。
☑　长度：输入角柱各分肢长度，可直接输入，也可在下拉列表中选择。
☑　宽度：各分肢宽度默认等于墙宽，改变柱宽后默认为对中变化，要求偏心变化时在完成角柱插入后以夹点方式进行修改。
☑　取点 X<：其中 X 为 A、B、C、D 各分肢，按钮的颜色对应墙上的分肢，确定柱分肢在墙上的长度。

2. 单击"取点 A<"按钮,在"长度 A"中选择 400,在"宽度 A"中选择默认 240。

3. 单击"取点 B<"按钮,在"长度 B"中选择 500,在"宽度 B"中选择默认 240。

4. 单击"取点 C <"按钮,在"长度 C"中选择 600,在"宽度 C"中选择默认 240。

5. 单击"确定"按钮,完成效果如图 3-5 所示。

6. 保存图形。

> 命令:SAVEAS↙ (将绘制完成的图形以"角柱.dwg"为文件名保存在指定的路径中)

3.1.6 构造柱

"构造柱"命令可以在墙角和墙内插入构造柱。以所选择的墙角形状为基准,输入构造柱的具体尺寸,指出对齐方向。由于生成的为二维尺寸,仅用于二维施工图中。执行方式如下。

☑ 命令行:GZZ

☑ 屏幕菜单:"轴网柱子"→"构造柱"

选择"构造柱"命令后,命令行显示如下。

> 请选择墙角或 [参考点(R)]<退出>:选择需要加构造柱的墙角:

选择墙角后,显示"构造柱参数"对话框,如图 3-6 所示。
根据所选择的参数插入所定义的构造柱。

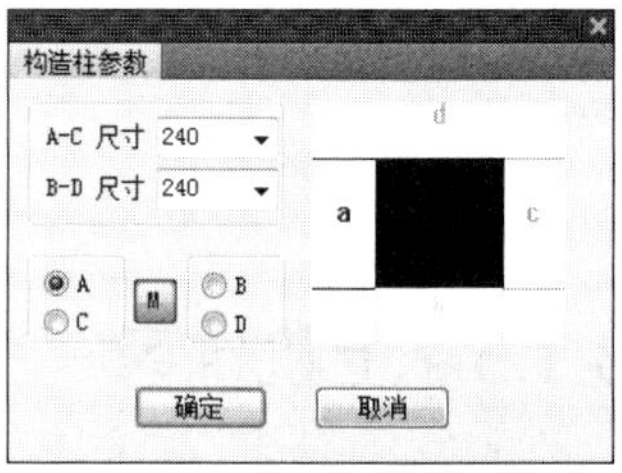

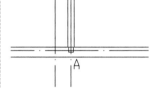

图 3-6 "构造柱参数"对话框

3.1.7 上机练习——构造柱

🖐 练习目标

绘制构造柱,如图 3-7 所示。

🖐 设计思路

打开"源文件"中的"构造柱原图"图形,选择"构造柱"命令,设置相关的参数,绘制构造柱。

图 3-7 构造柱图

🖐 操作步骤

1. 打开"源文件"中的"构造柱原图"图形,选择"构造柱"命令,再选择墙角,布置构造柱。命令行显示如下。

> 请选择墙角或 [参考点(R)]<退出>:选 A

选择墙角后,打开"构造柱参数"对话框。
对话框中用到的控件说明如下。

☑ A-C 尺寸:沿着 A-C 方向的构造柱尺寸,可以直接输入尺寸,也可以在下拉列表中选择。

☑ B-D 尺寸:沿着 B-D 方向的构造柱尺寸,可以直接输入尺寸,也可以在下拉列表中选择。

☑ A/C 与 B/D:对齐边的四个互锁按钮,选择柱子靠近哪边的墙线。

☑ M:对中按钮,按钮默认为灰色。

构造柱的材料默认为钢筋混凝土。

2. 设置"A-C 尺寸"为180。

3. 设置"B-D 尺寸"为180。

4. 选中 B 单选按钮。

5. 单击"确定"按钮，完成效果如图 3-7 所示。

6. 保存图形。

命令：SAVEAS✓　（将绘制完成的图形以"构造柱.dwg"为文件名保存在指定的路径中）

3.2　柱子的编辑

3.2.1　柱子编辑

柱子编辑可以分为对象编辑和特性编辑。柱子的对象编辑可双击要编辑的柱子，打开"标准柱"对话框，如图 3-8 所示。修改参数后单击"关闭"按钮即可更改所选中的柱子。

柱子的特性编辑是运用 AutoCAD 的对象特性表，通过修改对象的专业特性来修改柱子的参数（具体参照相应的 AutoCAD 命令）。

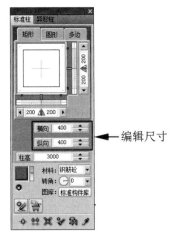

编辑尺寸

3.2.2　上机练习——柱子编辑

☞ 练习目标

练习对柱子的编辑，效果如图 3-9 所示。

☞ 设计思路

打开"源文件"中的"柱子编辑原图"图形，双击要编辑的柱子，更改标准柱。

图 3-8　"标准柱"对话框

视频讲解

☞ 操作步骤

1. 打开"源文件"中的"柱子编辑原图"图形，如图 3-10 所示。

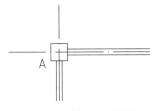

图 3-9　编辑后的柱图

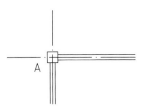

图 3-10　柱子编辑原图

2. 双击要编辑的柱子 A，打开"标准柱"对话框。

3. 在"横向"中选择 700，在"纵向"中选择 700，按 Enter 键。

4. 单击"关闭"按钮即可更改所选中的柱子，结果如图 3-9 所示。

5. 保存图形。

命令：SAVEAS✓　（将绘制完成的图形以"柱子编辑.dwg"为文件名保存在指定的路径中）

3.2.3　柱齐墙边

"柱齐墙边"命令用来移动柱子边与墙边线对齐，可以选择多个柱子与墙边对齐。执行方式如下。

☑ 命令行：ZQQB

☑ 屏幕菜单："轴网柱子"→"柱齐墙边"

选择"柱齐墙边"命令后，命令行显示如下。

> 请点取墙边<退出>:选择与柱子对齐的墙边位置
> 选择对齐方式相同的多个柱子<退出>:选择柱子，可多选
> 选择对齐方式相同的多个柱子<退出>:
> 请点取柱边<退出>:选择柱子的对齐边
> 请点取墙边<退出>:重新选择与柱子对齐的墙边，或按 Enter 键退出

3.2.4 上机练习——柱齐墙边

🖐 练习目标

柱齐墙边效果如图 3-11 所示。

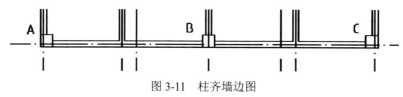

图 3-11 柱齐墙边图

🖐 设计思路

打开"源文件"中的"柱齐墙边原图"图形，选择"柱齐墙边"命令，调整柱子的位置。

🖐 操作步骤

1. 打开"源文件"中的"柱齐墙边原图"图形，选择"柱齐墙边"命令，将柱与墙边对齐，命令行显示如下。

> 请点取墙边<退出>:选 A 侧的墙
> 选择对齐方式相同的多个柱子<退出>:A
> 选择对齐方式相同的多个柱子<退出>: B
> 选择对齐方式相同的多个柱子<退出>:C
> 请点取柱边<退出>:A 下侧的柱子边

以上命令执行后，结果如图 3-11 所示。

2. 保存图形。

> 命令：SAVEAS↙   （将绘制完成的图形以"柱齐墙边.dwg"为文件名保存在指定的路径中）

第 **4** 章

墙体

本章导读

墙体是建筑物最重要的组成部分。本章主要介绍墙体的创建、墙体的编辑、墙体编辑工具、墙体立面工具以及墙体内外识别工具的使用。通过本章的学习，读者不仅要掌握墙体的创建和编辑方法，还要掌握墙体编辑工具、立面工具和内外识别工具的使用方法。

学习要点

- ☑ 墙体的创建
- ☑ 墙体的编辑
- ☑ 墙体编辑工具
- ☑ 墙体立面工具
- ☑ 墙体内外识别工具

4.1 墙体的创建

墙体是建筑物最重要的组成部分，在天正建筑 T20 V7.0 中可使用"绘制墙体"和"单线变墙"等命令创建墙体。本书介绍创建墙体的几种方式。

4.1.1 绘制墙体

选择"绘制墙体"命令，打开如图 4-1 所示的对话框，绘制的墙体自动处理墙体交接处的接头形式。执行方式如下。

- ☑ 命令行：HZQT
- ☑ 屏幕菜单："墙体" → "绘制墙体"

在"墙体"对话框中，可在"左宽"和"右宽"选项中选择合适的墙宽

图 4-1 "墙体"对话框

度和墙基线方向；在"墙高"中选择墙体高度；在"材料"中定义墙体材质；在"用途"中定义墙体类型；在最下方的按钮中选择绘制方式（为方便绘图，一般会选择墙体的自动捕捉方式）。

4.1.2 上机练习——绘制墙体

练习目标

绘制墙体，如图 4-2 所示。

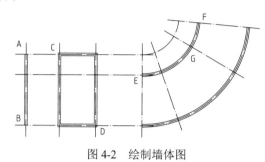

图 4-2 绘制墙体图

设计思路

打开"源文件"中的"绘制墙体原图"图形，选择"绘制墙体"命令，设置相关的参数，绘制直墙和弧墙。

操作步骤

1. 打开"源文件"中的"绘制墙体原图"图形，选择"绘制墙体"命令，打开"墙体"对话框，绘制直墙和弧墙。

对话框中主要选项说明如下。

- ☑ 墙体参数：包括左宽、右宽、左保温和右保温 4 个参数。基线左侧和右侧的宽度数值可以为正数、负数或零。若显示 ◎ 即表示绘制墙体时同时要加保温，显示 ◎ 则表示不加保温，默认值为 80。
- ☑ 墙宽组：包括相应材料的常用的墙宽数据，可以对其中的数据进行增加和删除。
- ☑ 墙高：表明墙体的高度，可直接输入高度数据或单击右侧的微调按钮调整数值。
- ☑ 底高：表明墙体的底部高度，可直接输入高度数据或单击右侧的微调按钮调整数值。
- ☑ 材料：表明墙体的材质，可在下拉列表中选定。
- ☑ 用途：表明墙体的类型，可在下拉列表中选定。
- ☑ 直墙 ▣：绘制直线墙体。
- ☑ 弧墙 ▣：绘制带弧度墙体。
- ☑ 矩形绘制 ▣：绘制矩形墙体。
- ☑ 拾取墙参数 ▱：拾取已有墙体参数。

2. 设置"左宽"为 120、"右宽"为 120。

3. 设置"墙高"为当前层高、"材料"为"砖"、"用途"为"外墙"。

4. 单击"直墙"按钮 ▣，命令行显示如下。

```
起点或 [参考点(R)] <退出>:选 A
直墙下一点或 [弧墙(A)/矩形画墙(R)/闭合(C)/回退(U)] <另一段>:选 B
直墙下一点或 [弧墙(A)/矩形画墙(R)/闭合(C)/回退(U)] <另一段>:
```

绘制结果为 A-B 的直墙。

5．单击"矩形绘制"按钮▦，命令行显示如下。

> 起点或 [参考点(R)]<退出>:选 C
> 另一个角点或 [直墙(L)/弧墙(A)]<取消>:选 D
> 起点或 [参考点(R)]<退出>:

绘制结果为 C-D 的矩形墙。

6．单击"弧墙"按钮☎，命令行显示如下。

> 起点或 [参考点(R)]<退出>:选 E
> 弧墙终点或[直墙(L)/矩形画墙(R)] <取消>:选 F
> 点取弧上任意点或 [半径(R)]<取消>:选 G
> 弧墙终点或[直墙(L)/矩形画墙(R)] <取消>:

绘制结果为 E-G-F 的弧墙，如图 4-2 所示。使用相同方法绘制剩余的弧墙。

7．保存图形。

> 命令：SAVEAS✓ （将绘制完成的图形以"绘制墙体.dwg"为文件名保存在指定的路径中）

4.1.3 等分加墙

"等分加墙"命令是在墙段的每一等分处，做与所选墙体垂直的墙体，所加墙体延伸至与指定边界相交。执行方式如下。

☑ 命令行：DFJQ
☑ 屏幕菜单："墙体"→"等分加墙"

选择"等分加墙"命令后，命令行显示如下。

> 选择等分所参照的墙段<退出>:选择要等分的墙段

打开的"等分加墙"对话框如图 4-3 所示。

图 4-3 "等分加墙"对话框

在对话框中设置相应的参数，在绘图区域内单击，进入绘图区，命令行显示如下。

> 选择作为另一边界的墙段<退出>:选择新加墙体要延伸到的墙线

4.1.4 上机练习——等分加墙

⮩ 练习目标

等分加墙效果如图 4-4 所示。

视频讲解

⤷ 设计思路

打开"源文件"中的"等分加墙原图"图形，选择"等分加墙"命令，设置相关的参数，进行等分加墙。

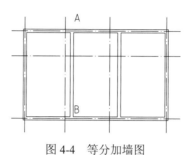

图 4-4　等分加墙图

⤷ 操作步骤

1. 打开"源文件"中的"等分加墙原图"图形，选择"等分加墙"命令，添加两段竖向墙体。命令行显示如下。

> 选择等分所参照的墙段<退出>:选 A

此时弹出如图 4-3 所示的对话框。对话框中主要选项的说明如下。

- ☑ 等分数：为墙体段数，可直接输入数值或单击右侧的微调按钮调整数值。
- ☑ 墙厚：确定新加墙体的厚度，可直接输入数值或从下拉列表中选定。
- ☑ 材料：确定新加墙体的材料构成，从右侧下拉列表中选定。
- ☑ 用途：确定新加墙体的类型，从右侧下拉列表中选定。

2. 设置"等分数"为 3、"墙厚"为 240、"材料"为"砖"、"用途"为"内墙"。命令行显示如下。

> 选择作为另一边界的墙段<退出>:选 B

命令执行完毕后效果如图 4-4 所示。

3. 保存图形。

> 命令：SAVEAS✓　　（将绘制完成的图形以"等分加墙.dwg"为文件名保存在指定的路径中）

4.1.5　单线变墙

"单线变墙"命令可以以 AutoCAD 绘制的直线、圆、圆弧为基准生成墙体，也可以基于设计好的轴网创建墙体。执行方式如下。

- ☑ 命令行：DXBQ
- ☑ 屏幕菜单："墙体" → "单线变墙"

选择"单线变墙"命令后，打开"单线变墙"对话框，如图 4-5 所示。

确定好墙体尺寸后，选中"单线变墙"单选按钮和"保留基线"复选框，如图 4-6 所示。命令行显示如下。

> 选择要变成墙体的直线、圆弧、或多段线:通过框选确定
> 选择要变成墙体的直线、圆弧、或多段线:

图 4-5 "单线变墙"对话框 1　　　　　图 4-6 "单线变墙"对话框 2

4.1.6 上机练习——单线变墙

🖑 **练习目标**

单线变墙效果如图 4-7 所示。

🖑 **设计思路**

打开"源文件"中的"单线变墙原图"图形，选择"单线变墙"命令，设置相关的参数，绘制直墙和弧墙。

🖑 **操作步骤**

视频讲解

1．打开"源文件"中的"单线变墙原图"图形，选择"单线变墙"命令后，打开"单线变墙"对话框。

对话框中主要选项的说明如下。

☑ 外侧宽：为外墙外侧距离定位线的距离，可直接输入。

☑ 内侧宽：为外墙内侧距离定位线的距离，可直接输入。

☑ 内墙宽：为内墙宽度，定位线居中，可直接输入。

☑ 高度：单线变墙的高度。

☑ 底高：单线变墙的底部高度。

☑ 材料：单线变墙的墙体材料。

☑ 轴网生墙：选中此单选按钮，表示基于轴网创建墙体，此时只选择轴线对象。

☑ 单线变墙：选中此单选按钮，表示由一条直线生成墙体。

☑ 保留基线：选中此复选框，保留单线生墙中原有基线，否则不保留一般不选中。

2．设置"外侧宽"为 240、"内侧宽"为 120、"内墙宽"为 240。

3．选中"单线变墙"单选按钮，同时取消选中"保留基线"复选框。

4．单击绘图区域，命令行显示如下。

图 4-7 单线变墙图

```
选择要变成墙体的直线、圆弧或多段线:框选 A 到 B 的区域
选择要变成墙体的直线、圆弧或多段线:
Dangerous PickSet=!
处理重线…
处理交线…
识别外墙…
选择要变成墙体的直线、圆弧、或多段线:
```

生成的墙体如图 4-7 所示。

若想在生成的墙体上生成轴网，可以采用软件中的"墙生轴网"命令，本命令很简单，具体操作方法可以参考 2.1.7 节。

5. 保存图形。

命令：SAVEAS↙　（将绘制完成的图形以"单线变墙.dwg"为文件名保存在指定的路径中）

视频讲解

4.1.7　上机练习——轴网生墙

✍ **练习目标**

轴网生墙效果如图4-8所示。

✍ **设计思路**

打开"源文件"中的"轴网生墙原图"图形，选择"单线变墙"命令，设置相关的参数，绘制直墙和弧墙。

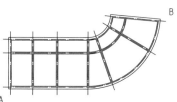

图4-8　轴网生墙图

✍ **操作步骤**

1. 打开"源文件"中的"轴网生墙原图"图形，选择"单线变墙"命令后，打开如图4-5所示的对话框。

2. 设置"外侧宽"为240、"内侧宽"为120、"内墙宽"为240。

3. 选中"轴网生墙"单选按钮。

4. 单击绘图区域，命令行显示如下。

选择要变成墙体的直线、圆弧或多段线：框选A到B区域
选择要变成墙体的直线、圆弧或多段线：处理重线…
处理交线…
识别外墙…
选择要变成墙体的直线、圆弧或多段线：

生成的墙体如图4-8所示。

5. 保存图形。

命令：SAVEAS↙　（将绘制完成的图形以"轴网生墙.dwg"为文件名保存在指定的路径中）

4.2　墙体的编辑

编辑墙体可采用TARCH或AutoCAD命令，也可以双击墙体，进入参数编辑状态。

4.2.1　倒墙角

"倒墙角"命令用于处理两段不平行墙体的端头交角，采用圆角方式。执行方式如下。

☑　命令行：DQJ

☑　屏幕菜单："墙体"→"倒墙角"

选择"倒墙角"命令后，命令行显示如下。

选择第一段墙或 [设圆角半径(R),当前=0]<退出>：设置圆角半径
请输入圆角半径<0>：输入圆角半径
选择第一段墙或 [设圆角半径(R),当前=3000]<退出>：选中墙线

选择另一段墙<退出>:选中相交另一处墙线

4.2.2 上机练习——倒墙角

✎ **练习目标**

倒墙角效果如图 4-9 所示。

✎ **设计思路**

打开"源文件"中的"倒墙角原图"图形,选择"倒墙角"命令,设置相关的参数,编辑墙体。

✎ **操作步骤**

1. 打开"源文件"中的"倒墙角原图"图形,选择"倒墙角"命令,进行圆角操作。命令行显示如下。

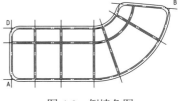

图 4-9 倒墙角图

Note
视频讲解

> 选择第一段墙或 [设圆角半径(R),当前=0]<退出>: R
> 请输入圆角半径<0>:1000
> 选择第一段墙或 [设圆角半径(R),当前=3000]<退出>:选中 A 处一墙线
> 选择另一段墙<退出>:选中 A 处另一墙线

完成 A 处倒墙角操作。

2. 同理,使用"倒墙角"命令完成 B、C、D 点操作。绘制结果为弧墙,如图 4-9 所示。

3. 保存图形。

> 命令: SAVEAS✓ (将绘制完成的图形以"倒墙角.dwg"为文件名保存在指定的路径中)

4.2.3 修墙角

"修墙角"命令用于对属性相同的墙体相交处进行清理,当运用某些编辑命令导致墙体相交部分未打断时,可以采用"修墙角"命令进行处理,天正建筑 2013 版支持批量处理墙角。执行方式如下。

☑ 命令行:XQJ
☑ 屏幕菜单:"墙体"→"修墙角"

选择"修墙角"命令后,命令行显示如下。

> 请点取第一个角点或 [参考点(R)]<退出>:请框选需要处理的墙角、柱子或墙体造型,输入第一点
> 点取另一个角点<退出>:单击对角另一点

由于命令执行方式比较简单,不再讲解指导实例进行分析。

4.2.4 边线对齐

"边线对齐"命令用于将墙边线通过指定点,偏移到指定位置,可以把同一延长线上的多段墙体同时对齐。执行方式如下。

☑ 命令行:BXDQ
☑ 屏幕菜单:"墙体"→"边线对齐"

选择"边线对齐"命令后,命令行显示如下。

请点取墙边应通过的点或 [参考点(R)]<退出>:取墙边线通过的点
请单击一段墙<退出>:选中的墙体边线为指定的通过点

如果选择的墙体偏移后基线在墙体外侧,会弹出"请您确认"对话框,询问操作是否继续,如图 4-10 所示。

图 4-10 "请您确认"对话框

4.2.5 上机练习——边线对齐

↳ 练习目标

边线对齐效果如图 4-11 所示。

↳ 设计思路

打开"源文件"中的"边线对齐原图"图形,选择"边线对齐"命令,设置相关的参数,编辑墙体。

↳ 操作步骤

1. 打开"源文件"中的"边线对齐原图"图形,选择"边线对齐"命令,编辑墙体。命令行显示如下。

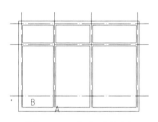

图 4-11 边线对齐图

请点取墙边应通过的点或 [参考点(R)]<退出>:选择直线 A 上的一点
请点取一段墙<退出>:选最下侧墙体 B 的最外侧边上的一点

命令执行完毕后,弹出如图 4-10 所示的"请您确认"对话框,单击"是"按钮,结果如图 4-11 所示。

2. 保存图形。

命令:SAVEAS✓ (将绘制完成的图形以"边线对齐.dwg"为文件名保存在指定的路径中)

4.2.6 净距偏移

"净距偏移"命令类似于 AutoCAD 中的偏移命令,可以复制双线墙,并自动处理墙端接头,偏移的距离为不包括墙体厚度的净距。执行方式如下。

☑ 命令行:JJPY
☑ 屏幕菜单:"墙体"→"净距偏移"

选择"净距偏移"命令后,命令行显示如下。

输入偏移距离<2000>:输入两墙之间偏移的净距(不包括墙厚)
请点取墙体一侧<退出>:单击生成新墙的方向一侧
请点取墙体一侧<退出>:按 Enter 键结束

4.2.7 上机练习——净距偏移

❧ 练习目标

净距偏移效果如图 4-12 所示。

❧ 设计思路

打开"源文件"中的"净距偏移原图"图形，选择"净距偏移"命令，设置相关的参数，绘制墙体。

❧ 操作步骤

1. 打开"源文件"中的"净距偏移原图"图形，选择"净距偏移"命令后，绘制一段墙体。命令行显示如下。

```
输入偏移距离<2000>:2000
请点取墙体一侧<退出>:选 A
请点取墙体一侧<退出>:按 Enter 键退出
```

生成的墙体 B 如图 4-12 所示，墙线之间距离为净距。

2. 保存图形。

```
命令：SAVEAS↙    （将绘制完成的图形以"净距偏移.dwg"为文件名保存在指定的路径中）
```

图 4-12 净距偏移图

4.2.8 墙柱保温

"墙柱保温"命令用于在墙体上加入或删除保温墙线，遇到门时自动断开，遇到窗时自动把窗厚度增加。执行方式如下。

☑ 命令行：QZBW

☑ 屏幕菜单："墙体"→"墙柱保温"

选择"墙柱保温"命令后，命令行显示如下。

```
指定墙、柱、墙体造型保温一侧或 [内保温(I)/外保温(E)/消保温层(D)/保温层厚(当前=80)(T)]
<退出>：
```

输入 I 提示选择外墙内侧，输入 E 提示选择外墙外侧，输入 D 提示消除现有保温层，输入 T 提示确定保温层厚度。

4.2.9 上机练习——墙柱保温

❧ 练习目标

绘制墙柱保温图，如图 4-13 所示。

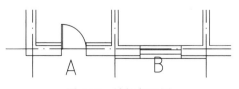

图 4-13 墙柱保温图

视频讲解

❧ 设计思路

打开"源文件"中的"墙保温层原图"图形,选择"墙柱保温"命令,设置相关的参数,添加墙体保温层。

❧ 操作步骤

1. 打开"源文件"中的"墙保温层原图"图形,选择"墙柱保温"命令后,将保温层的厚度设置为100。命令行显示如下。

```
指定墙、柱、墙体造型保温一侧或 [内保温(I)/外保温(E)/消保温层(D)/保温层厚(当前=80)(T)]
<退出>:T
    保温层厚<80>:100
```

保温层的厚度从 80 变为 100。

2. 在 A 处添加墙体的内保温,命令行显示如下。

```
指定墙、柱、墙体造型保温一侧或 [内保温(I)/外保温(E)/消保温层(D)/保温层厚(当前=
200)(T)]<退出>I
    选择外墙:选A。
```

墙体保温效果如图 4-13 中 A 处墙体所示,门侧保温层断开。

3. 在 B 处添加墙体的外保温,命令行显示如下。

```
指定墙、柱、墙体造型保温一侧或 [内保温(I)/外保温(E)/消保温层(D)/保温层厚(当前=80)(T)]
<退出>E
    选择墙体:选B
```

墙体保温效果如图 4-13 中 B 处墙体所示,窗侧保温层加宽。

4. 保存图形。

```
命令:SAVEAS✓    (将绘制完成的图形以"墙柱保温.dwg"为文件名保存在指定的路径中)
```

4.2.10 墙体造型

"墙体造型"命令用于构造平面形状局部凸出的墙体,附加在墙体上形成一体,由多段线外框生成与墙体关联的造型。执行方式如下。

☑ 命令行:QTZX
☑ 屏幕菜单:"墙体"→"墙体造型"

选择"墙体造型"命令后,命令行显示如下。

```
选择 [外凸造型(T)/内凹造型(A)]<外凸造型>:按 Enter 键默认采用外凸造型;
    墙体造型轮廓起点或 [单取图中曲线(P)/单取参考点(R)]<退出>:绘制墙体造型的轮廓线第一点或
单击已有的闭合多段线作轮廓线;
    直段下一点或 [弧段(A)/回退(U)]<结束>:造型轮廓线的第二点;
    直段下一点或 [弧段(A)/回退(U)]<结束>:造型轮廓线的第三点;
    直段下一点或 [弧段(A)/回退(U)]<结束>:造型轮廓线的第四点;
    直段下一点或 [弧段(A)/回退(U)]<结束>:按 Enter 键结束命令
```

4.2.11　上机练习——墙体造型

✎ 练习目标

墙体造型效果如图 4-14 所示。

✎ 设计思路

打开"源文件"中的"墙体造型原图"图形，选择"墙体造型"命令，设置相关的参数，编辑墙体。

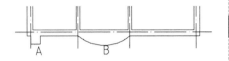

图 4-14　墙体造型图

✎ 操作步骤

1．打开"源文件"中的"墙体造型原图"图形，单击"墙体造型"命令后，命令行显示如下。

> 选择 [外凸造型(T)/内凹造型(A)]<外凸造型>：(按 Enter 键默认选择外凸造型)
> 墙体造型轮廓起点或 [点取图中曲线(P)/单取参考点(R)]<退出>：选择 A 处外墙与轴线交点
> 直段下一点或 [弧段(A)/回退(U)]<结束>：@0,-500
> 直段下一点或 [弧段(A)/回退(U)]<结束>：@600,0
> 直段下一点或 [弧段(A)/回退(U)]<结束>：@0,500
> 直段下一点或 [弧段(A)/回退(U)]<结束>：按 Enter 键结束

墙体造型效果如图 4-14 A 处墙体所示。

2．加 B 处墙体的墙体造型，单击"墙体造型"菜单命令后，命令行显示如下。

> 选择 [外凸造型(T)/内凹造型(A)]<外凸造型>：(按 Enter 键默认选择外凸造型)
> 墙体造型轮廓起点或 [点取图中曲线(P)/单取参考点(R)]<退出>：选择 B 处外墙与轴线交点
> 直段下一点或 [弧段(A)/回退(U)]<结束>：A
> 弧段下一点或 [直段(L)/回退(U)]<结束>：选择 B 处外墙与轴线另一交点
> 点取弧上一点或 [输入半径(R)]：<正交 关>选择 B 点
> 直段下一点或 [弧段(A)/回退(U)]<结束>：按 Enter 键结束

墙体造型效果如图 4-14 B 处墙体所示。

3．保存图形。

> 命令：SAVEAS✓　　(将绘制完成的图形以"墙体造型.dwg"为文件名保存在指定的路径中)

4.3　墙体编辑工具

编辑墙体时可双击墙体进入参数编辑状态，使用墙体编辑工具方便地编辑墙体。

4.3.1　改墙厚

"改墙厚"命令用于批量修改多段墙体的厚度，墙线一律改为居中。执行方式如下。

☑　命令行：GQH

☑　屏幕菜单："墙体"→"墙体工具"→"改墙厚"

选择"改墙厚"命令后，命令行显示如下。

> 选择墙体：选择要修改的墙体
> 选择墙体：按 Enter 键返回
> 新的墙宽<240>:输入墙体的新厚度，墙线居中

4.3.2 上机练习——改墙厚

改变墙体厚度后的效果如图 4-15 所示。

🖐 **设计思路**

打开"源文件"中的"改墙厚原图"图形，选择"改墙厚"命令，设置相关的参数，改变墙体的厚度。

🖐 **操作步骤**

1. 打开"源文件"中的"改墙厚原图"图形，选择"改墙厚"命令，更改墙体的厚度。命令行显示如下。

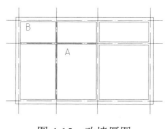

图 4-15　改墙厚图

> 选择墙体：框选 A-B
> 选择墙体：
> 新的墙宽<240>:100

绘制结果如图 4-15 所示。

2. 保存图形。

> 命令：SAVEAS✓　（将绘制完成的图形以"改墙厚.dwg"为文件名保存在指定的路径中）

4.3.3 改外墙厚

"改外墙厚"命令用于整体修改外墙厚度，在执行命令前应先识别内外。执行方式如下。

- ☑ 命令行：GWQH
- ☑ 屏幕菜单："墙体"→"墙体工具"→"改外墙厚"

选择"改外墙厚"命令后，命令行显示如下。

> 请选择外墙:框选外墙
> 内侧宽<120>:输入外墙基线到外墙内侧边线的距离
> 外侧宽<240>:输入外墙基线到外墙外侧边线的距离

4.3.4 上机练习——改外墙厚

🖐 **练习目标**

修改外墙厚度后的效果如图 4-16 所示。

🖐 **设计思路**

打开"源文件"中的"改外墙厚原图"图形，选择"改外墙厚"命令，设置相关的参数，改变外墙的厚度。

🖐 **操作步骤**

1. 打开"源文件"中的"改外墙厚原图"图形，选择"改外

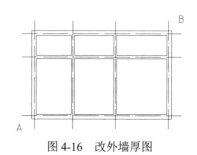

图 4-16　改外墙厚图

墙厚"命令，更改外墙的厚度。命令行显示如下。

> 请选择外墙：框选 A-B
> 内侧宽<120>:120
> 外侧宽<120>:240

绘制结果如图 4-16 所示。

2. 保存图形。

> 命令：SAVEAS✓ （将绘制完成的图形以"改外墙厚.dwg"为文件名保存在指定的路径中）

4.3.5 改高度

"改高度"命令用于修改墙中已定义的墙柱高度和底标高。此命令不仅可以改变墙高，还可以对柱、墙体造型的高度和底标高进行成批修改。执行方式如下。

- ☑　命令行：GGD
- ☑　屏幕菜单："墙体"→"墙体工具"→"改高度"

选择"改高度"命令后，命令行显示如下。

> 请选择墙体、柱子或墙体造型：选择需要修改的高度的墙体，柱子，或墙体造型
> 请选择墙体、柱子或墙体造型：按 Enter 键
> 新的高度<3000>:输入选择对象的新高度
> 新的标高<0>:输入选择对象的底面标高
> 是否维持窗墙底部间距不变？[是(Y)/否(N)]<N>:确定门窗底标高是否同时根据新标高进行改变

选项 Y 表示门窗底标高变化时相对墙底标高不变，选项 N 表示门窗底标高变化时相对墙底标高变化。

4.3.6 上机练习——改高度

↳ 练习目标

修改高度后的图形如图 4-17 所示。

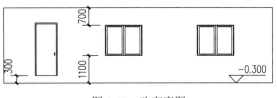

图 4-17 改高度图

↳ 设计思路

打开"源文件"中的"改高度原图"图形，选择"改高度"命令，设置相关的参数，改变墙体的高度。

↳ 操作步骤

1. 打开"源文件"中的"改高度原图"图形，如图 4-18 所示，选择"改高度"命令，将墙体的高度设置为 3000，新的标高设置为-300。命令行显示如下。

请选择墙体、柱子或墙体造型：选墙体
请选择墙体、柱子或墙体造型：
新的高度<3000>:3000
新的标高<0>:-300
是否维持窗墙底部间距不变?[是(Y)/否(N)]<N>:

命令执行完毕后效果如图 4-17 所示。

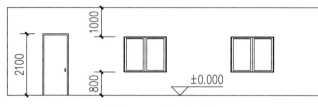

图 4-18　改高度原图

2．保存图形。

命令：SAVEAS✓　（将绘制完成的图形以"改高度.dwg"为文件名保存在指定的路径中）

4.3.7　改外墙高

"改外墙高"命令仅用于改变外墙高度，同"改高度"命令类似，执行前先做内外墙识别工作，自动忽略内墙。执行方式如下。

☑　命令行：GWQG
☑　屏幕菜单："墙体"→"墙体工具"→"改外墙高"

选择"改外墙高"命令后，命令行显示如下。

请选择外墙：按 Enter 键
新的高度<3000>:输入选择对象的新高度
新的标高<0>:输入选择对象的底面标高
是否保持墙上门窗到墙基的距离不变?[是(Y)/否(N)]<N>:确定门窗底标高是否同时根据新标高进行
改变

选项 Y 表示门窗底标高变化时相对墙底标高不变，选项 N 表示门窗底标高变化时相对墙底标高变化，操作同 4.3.5 节"改高度"，在此不再赘述。

4.3.8　平行生线

"平行生线"命令类似于 AutoCAD 中的偏移命令，用于生成以墙体和柱子边定位的辅助平行线。执行方式如下。

☑　命令行：PXSX
☑　屏幕菜单："墙体"→"墙体工具"→"平行生线"

选择"平行生线"命令后，命令行显示如下。

请点取墙边或柱子<退出>:
输入偏移距离<100>:

4.3.9　上机练习——平行生线

❥ **练习目标**

平行生线效果如图 4-19 所示。

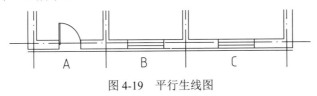

图 4-19　平行生线图

❥ **设计思路**

打开"源文件"中的"平行生线原图"图形，选择"平行生线"命令，设置相关的参数，进行平行生线的操作。

❥ **操作步骤**

1. 打开"源文件"中的"平行生线原图"图形，选择"平行生线"命令后，绘制一条水平直线。命令行显示如下。

```
请点取墙边或柱子<退出>：选 A
输入偏移距离<100>：100
请点取墙边或柱子<退出>：选 B
输入偏移距离<100>：100
请点取墙边或柱子<退出>：选 C
输入偏移距离<100>：100
```

执行命令后效果如图 4-19 所示。

2. 保存图形。

```
命令：SAVEAS↙　（将绘制完成的图形以"平行生线.dwg"为文件名保存在指定的路径中）
```

4.3.10　墙端封口

"墙端封口"命令可以让墙体端部在封口和开口两种形式之间转换。执行方式如下。

☑　命令行：QDFK

☑　屏幕菜单："墙体"→"墙体工具"→"墙端封口"

选择"墙端封口"命令后，命令行显示如下。

```
选择墙体：选择要改变墙端封口的墙体
选择墙体：
```

4.3.11　上机练习——墙端封口

❥ **练习目标**

墙端封口效果如图 4-20 所示。

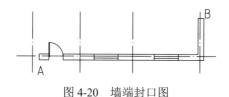

图 4-20　墙端封口图

🖎 **设计思路**

打开"源文件"中的"墙端封口原图"图形，选择"墙端封口"命令，设置相关的参数，将墙体的端部进行封口操作。

🖎 **操作步骤**

1. 打开"源文件"中的"墙端封口原图"图形，选择"墙端封口"命令后，将墙体的端部进行封口。命令行显示如下。

> 选择墙体：选 A
> 选择墙体：选 B
> 选择墙体：

墙端封口效果如图 4-20 所示。

2. 保存图形。

> 命令：SAVEAS✓　（将绘制完成的图形以"墙端封口.dwg"为文件名保存在指定的路径中）

4.4　墙体立面工具

4.4.1　墙面 UCS

"墙面 UCS"命令用来在基于所选的墙面上定义临时的 UCS 用户坐标系。执行方式如下。

☑　命令行：QMUCS
☑　屏幕菜单："墙体"→"墙体立面"→"墙面 UCS"

选择"墙面 UCS"命令后，命令行显示如下。

> 请点取墙体一侧<退出>:选择墙体外墙

生成的视图为基于新建坐标系的视图。

4.4.2　上机练习——墙面 UCS

视频讲解

🖎 **练习目标**

绘制墙面 UCS，如图 4-21 所示。

图 4-21　墙面 UCS 图

↧ **设计思路**

打开"源文件"中的"墙面 UCS 原图"图形,选择"墙面 UCS"命令,进行墙面 UCS 的设置。

↧ **操作步骤**

1. 打开"源文件"中的"墙面 UCS 原图"图形,选择"墙面 UCS"命令,生成墙面的 UCS 图。命令行显示如下。

> 请点取墙体一侧<退出>:选 A

绘制结果如图 4-21 所示。

2. 保存图形。

> 命令:SAVEAS✓ (将绘制完成的图形以"墙面 UCS.dwg"为文件名保存在指定的路径中)

4.4.3 异形立面

"异形立面"命令可以在立面显示状态下,将墙按照指定的轮廓线剪裁成非矩形的立面。执行方式如下。

- ☑ 命令行:YXLM
- ☑ 屏幕菜单:"墙体"→"墙体立面"→"异形立面"

选择"异形立面"命令后,命令行显示如下。

> 选择定制墙立面的形状的不闭合多段线<退出>:在立面视图中选择分割线
> 选择墙体:单击需要保留部分的墙体部分
> 选择墙体:

4.4.4 上机练习——异形立面

↧ **练习目标**

绘制异形立面,如图 4-22 所示。

图 4-22 异形立面图

视频讲解

↧ **设计思路**

打开"源文件"中的"异形立面原图"图形,选择"异形立面"命令,绘制异形立面。

↧ **操作步骤**

1. 打开"源文件"中的"异形立面原图"图形,选择"异形立面"命令,绘制异形立面。命令行显示如下。

> 选择定制墙立面的形状的不闭合多段线<退出>:选分割斜线
> 选择墙体:选下侧墙体
> 选择墙体:

Note

绘制结果为保留部分的墙体立面，如图 4-22 所示。

2．保存图形。

命令：SAVEAS✓ （将绘制完成的图形以"异形立面.dwg"为文件名保存在指定的路径中）

4.4.5　矩形立面

"矩形立面"命令是"异形立面"的反命令，可将异形立面墙恢复为标准的矩形立面墙。执行方式如下。

☑　命令行：JXLM
☑　屏幕菜单："墙体"→"墙体立面"→"矩形立面"

选择"矩形立面"命令后，命令行显示如下。

选择墙体：选择要恢复的异形立面墙体
选择墙体：按 Enter 键退出

4.4.6　上机练习——矩形立面

视频讲解

☞ 练习目标

绘制矩形立面，如图 4-23 所示。

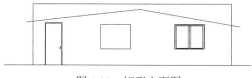

图 4-23　矩形立面图

☞ 设计思路

打开"源文件"中的"矩形立面原图"图形，选择"矩形立面"命令，绘制矩形立面。

☞ 操作步骤

1．打开"源文件"中的"矩形立面原图"图形，选择"矩形立面"命令，绘制矩形立面。命令行显示如下。

选择墙体：选择要恢复的异形立面墙体
选择墙体：

命令执行完毕后效果如图 4-23 所示。

2．保存图形。

命令：SAVEAS✓ （将绘制完成的图形以"矩形立面.dwg"为文件名保存在指定的路径中）

4.5　墙体内外识别工具

在施工图中，区分内外墙是为了更好地定义墙体类型。使用墙体内外识别工具可方便地识别内外墙。

4.5.1　识别内外

"识别内外"命令可自动识别内外墙并同时设置墙体的内外特征。执行方式如下。

☑　命令行：SBNW

☑　屏幕菜单："墙体"→"识别内外"→"识别内外"

选择"识别内外"命令后，命令行显示如下。

> 请选择一栋建筑物的所有墙体(或门窗)：框选整个建筑物墙体
> 请选择一栋建筑物的所有墙体(或门窗)：

识别出的外墙用红色的虚线示意。

4.5.2　指定内墙

"指定内墙"命令可将选择的墙体定义为内墙。执行方式如下。

☑　命令行：ZDNQ

☑　屏幕菜单："墙体"→"识别内外"→"指定内墙"

选择"指定内墙"命令后，命令行显示如下。

> 选择墙体：指定对角点：对角选择
> 选择墙体：

4.5.3　指定外墙

"指定外墙"命令可将选择的墙体定义为外墙。执行方式如下。

☑　命令行：ZDWQ

☑　屏幕菜单："墙体"→"识别内外"→"指定外墙"

选择"指定外墙"命令后，命令行显示如下。

> 请点取墙体外皮<退出>:逐段选择外墙皮

4.5.4　加亮外墙

"加亮外墙"命令可将指定的外墙体外边线用红色虚线加亮显示。执行方式如下。

☑　命令行：JLWQ

☑　屏幕菜单："墙体"→"识别内外"→"加亮外墙"

选择"加亮外墙"命令后，外墙边加亮显示。

第 **5** 章

门窗

本章导读

门窗是建筑物的重要组成部分，门窗的创建就是在墙上确定门窗的位置。一栋建筑物中有很多种门窗，怎样才能更好地在图纸上表达出来呢？本章介绍各种门窗的创建、门窗编号和门窗总表的生成以及门窗编辑和工具。

学习要点

☑ 门窗的创建   ☑ 门窗编辑和工具

☑ 门窗编号与门窗表

5.1 门窗的创建

门窗是建筑物的重要组成部分，门窗的创建就是在墙上确定门窗的位置。本节介绍门窗的几种创建方式。

5.1.1 门窗

如图 5-1 所示为"门"对话框，"门窗"命令的执行方式如下。

图 5-1 "门"对话框

☑　命令行：MC

☑　屏幕菜单："门窗"→"门窗"

选择屏幕菜单中的"门窗"→"门窗"命令，打开如图5-1所示的"门"对话框。以插入门为例，在"编号"中为所设置门选择编号；在"门高"中定义门的高度；在"门宽"中定义门的宽度；在"门槛高"中定义门的下缘到所在墙底标高的距离；在二维视图中单击，进入天正图库管理系统，选择合适的二维形式，如图5-2所示；在三维视图中单击，进入天正图库管理系统，选择合适的三维形式，如图5-3所示；单击"查表"按钮，可查看门窗编号验证表，如图5-4所示；在对话框底部单击相应按钮选择插入门的方式。

若插入窗，则显示"窗"对话框，如图5-5所示。在"编号"中为所设置窗选择编号；在"窗高"中定义窗的高度；在"窗宽"中定义窗的宽度；在"窗台高"中定义窗的下缘到所在墙底标高的距离；选中"高窗"复选框，则所插窗为高窗，用虚线表示；在二维视图中单击，进入天正图库管理系统，选择合适的二维形式；在三维视图中单击，进入天正图库管理系统，选择合适的三维形式；单击"查表"按钮，可查看门窗编号验证表；在对话框底部单击相应按钮选择插入窗的方式。

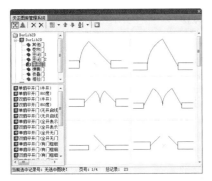

图5-2　选择二维形式

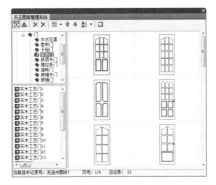

图5-3　选择三维形式

图5-4　查看门窗编号验证表

图5-5　"窗"对话框

在"窗"对话框中单击"门连窗"按钮，打开"门连窗"对话框，如图5-6所示。在"编号"中为所设置门连窗选择编号；在"门高"中定义门的高度；在"总宽"中定义门连窗的宽度；在"窗高"中定义窗的高度；在"门宽"中定义门的宽度；在"门槛高"中定义门的下缘到所在墙底标高的距离；在二维视图中单击，进入天正图库管理系统，选择合适的二维形式；在三维视图中单击，进入天正图库管理系统，选择合适的三维形式；单击"查表"按钮，可查看门窗编号验证表；在对话框底部单击相应按钮选择插入的方式。

在"门连窗"对话框中单击"子母门"按钮，打开"子母门"对话框，如图5-7所示。在"编号"

中为所设置字母门选择编号；在"总门宽"中定义子母门的总宽度；在"门高"中定义门的高度；在"门槛高"中定义门的下缘到所在墙底标高的距离；在二维视图中单击，进入天正图库管理系统，选择合适的二维形式；在三维视图中单击，进入天正图库管理系统，选择合适的三维形式；单击"查表"按钮，可查看门窗编号验证表；在对话框底部单击相应按钮选择插入的方式。

图 5-6　"门连窗"对话框

图 5-7　"子母门"对话框

在"子母门"对话框中单击"凸窗"按钮，打开"凸窗"对话框，如图 5-8 所示。在"编号"中为所设置凸窗选择编号；在"型式"下拉列表中为所设置凸窗选择型式；在"宽度 W"中定义凸窗的宽度；在"高度"中定义凸窗的高度；在"窗台高"中定义凸窗的下缘到所在墙底标高的距离；在"出挑长 A"中定义凸窗的凸出长度；在"梯形宽 B"中定义梯形凸窗的凸出宽度；选中"左侧挡板"，则所插凸窗为左侧有挡板；选中"右侧挡板"，则所插凸窗为右侧有挡板；单击"查表"按钮，可查看门窗编号验证表；在对话框底部单击相应按钮选择插入的方式。

图 5-8　"凸窗"对话框

在"凸窗"对话框中单击"插洞"按钮，打开"洞口"对话框，如图 5-9 所示。在"编号"中为所设置矩形洞选择编号；在"洞宽"中定义矩形洞的宽度；在"洞高"中定义矩形洞的高度；在"底高"中定义矩形洞的下缘到所在墙底标高的距离；单击"型式"下拉按钮可以改变矩形洞型式；单击"查表"按钮，可查看门窗编号验证表。如选择标准构件库则打开"天正构件库"对话框，如图 5-10 所示，在对话框中单击图标选择插入的方式。

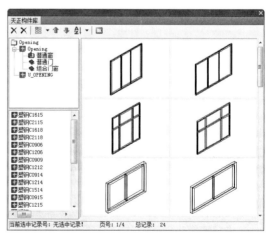

图 5-9　"洞口"对话框

图 5-10　"天正构件库"对话框

5.1.2　上机练习——插入门窗

⬡ **练习目标**

插入门窗效果如图 5-11 所示。

⬡ **设计思路**

打开"源文件"中的"插入门窗原图"图形，选择"门窗"命令，设置相关的参数，插入门窗。

⬡ **操作步骤**

1. 打开"源文件"中的"插入门窗原图"图形，选择屏幕菜单中的"门窗"→"门窗"命令，插入门窗。

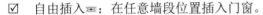

图 5-11　插入门窗图

视 频 讲 解

在打开的对话框的底部单击相应按钮，可选择插入的方式。主要插入方式说明如下。

☑ 自由插入▥：在任意墙段位置插入门窗。

☑ 沿墙顺序插入▤：沿着墙体顺序插入。

☑ 轴线等分插入▦：依据单击位置两侧轴线进行等分插入。

☑ 墙段等分插入▦：在单击的墙段上等分插入。

☑ 垛宽定距插入▤：以最近的墙边线顶点作为基准点，指定垛宽距离插入门窗。

☑ 轴线定距插入▶：以最近的轴线交点作为基准点，指定距离插入门窗。

☑ 按角度定位插入✎：在弧墙上按指定的角度插入门窗。

☑ 满墙插入▥：充满整个墙段插入门窗。

☑ 插入上层门窗▦：在同一墙段上，在已有门窗的上方插入宽度相同、高度不同的窗。

☑ 多个门窗插入♡：在已有洞口插入多个门窗。

☑ 门窗替换✐：用于批量转换、修改门窗。单击"门宽替换"按钮，打开如图 5-12 所示的对话框，在右侧出现参数过滤开关，表明目标门窗替换成由对话框中参数确定的门窗，取消选中某参数，表明目标门窗的参数不变。

图 5-12　"门窗替换"方式下的"门"对话框

2. 选择插入门，打开"门"对话框，如图 5-13 所示，在"编号"中输入 M-1，在"门高"中输入 2100，在"门宽"中输入 900，在"门槛高"中输入 0。

图 5-13　"门"对话框

3. 在二维视图中单击，进入天正图库管理系统，选择门的二维形式。

Note

4. 在三维视图中单击，进入天正图库管理系统，选择门的三维形式。

5. 在对话框中选择插入门的方式为"自由插入"。

6. 在绘图区域中单击，命令行显示如下。

> 点取门窗插入位置(Shift-左右开)<退出>:选 A 点
> 点取门窗插入位置(Shift-左右开)<退出>:

执行命令后，M-1 插入指定位置。

7. 选择插入窗，打开"窗"对话框，如图 5-14 所示，在"编号"中输入 C-1，在"窗宽"中输入 1500，在"窗高"中输入 1200，在"窗台高"中输入 800。

图 5-14 "窗"对话框

8. 在二维视图中单击，进入天正图库管理系统，选择窗的二维形式，如图 5-15 所示。

9. 在三维视图中单击，进入天正图库管理系统，选择窗的三维形式，如图 5-16 所示。

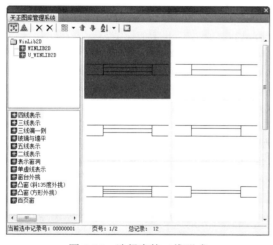

图 5-15 选择窗的二维形式

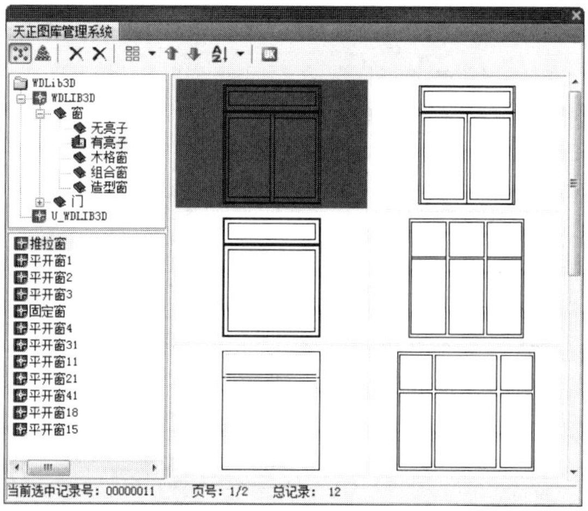

图 5-16 选择窗的三维形式

10. 在对话框中选择插入窗的方式为"轴线等分插入"。

11. 在绘图区域中单击，命令行显示如下。

> 点取门窗插入位置和开向(Shift－左右开)<退出>:选 B 点
> 指定参考轴线[S]/门窗或门窗组个数(1 ~2)<1>:1
> 点取门窗大致的位置和开向(Shift－左右开)或[多墙插入(Q)]<退出>:

执行命令后，C-1 插入指定位置。

12. 选择插入门连窗，打开"门连窗"对话框，如图 5-17 所示，在"编号"中输入 MLC-1，在"总宽"中输入 2100，在"窗高"中输入 1500，在"门宽"中输入 1400，在"门高"中输入 2300，在"门槛高"中输入 0。

13. 在门的三维视图中单击，进入天正图库管理系统，选择门的三维形式，如图 5-18 所示。

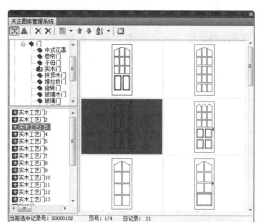

图 5-17 "门连窗"对话框 　　　　　　图 5-18 门连窗中门的三维形式

14．在窗的三维视图中单击，进入天正图库管理系统，选择窗的三维形式，如图 5-19 所示。

15．在对话框中选择插入门连窗的方式为"墙段等分插入"。

16．在绘图区域中单击，命令行显示如下。

> 点取门窗大致的位置和开向(Shift－左右开)或[多墙插入(Q)]<退出>:选 C 点
> 门窗\门窗组个数(1~2)<1>:1
> 点取门窗大致的位置和开向(Shift－左右开)或[多墙插入(Q)]<退出>:

执行命令后，MLC-1 插入指定位置。

17．选择插入凸窗，打开"凸窗"对话框，如图 5-20 所示，在"编号"中输入 TC-1，在"型式"中选择"梯形凸窗"，在"宽度 W"中输入 2400，在"高度"中输入 1500，在"窗台高"中输入 900，在"出挑长 A"中输入 600，在"梯形宽 B"中输入 900。

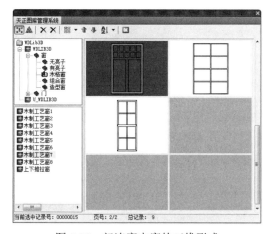

图 5-19 门连窗中窗的三维形式 　　　　　　图 5-20 "凸窗"对话框

18．在对话框中选择插入凸窗的方式为"轴线等分插入"。

19．在绘图区域中单击，命令行显示如下。

> 点取门窗大致的位置和开向(Shift－左右开)或[多墙插入(Q)]<退出>:选 D 点
> 指定参考轴线[S]/门窗或门窗组个数(1~1)<1>:1

单击门窗大致的位置和开向(Shift—左右开) 或[多墙插入(Q)]<退出>:

执行命令后，TC-1 插入指定位置。

20．选择插入弧窗，打开"弧窗"对话框，如图 5-21 所示，在"编号"中输入 HC-1，在"窗宽"中输入 1500，在"窗高"中输入 1800，在"窗台高"中输入 800。

图 5-21 "弧窗"对话框

21．在对话框中选择插入弧窗的方式为"按角度定位插入"。

22．在绘图区域中单击，命令行显示如下。

```
点取弧墙<退出>:选 E 点
门窗中心的角度<退出>:
点取弧墙<退出>:
```

执行命令后，HC-1 插入指定位置。最终效果如图 5-11 所示。

23．保存图形。

```
命令：SAVEAS↙    （将绘制完成的图形以"插入门窗.dwg"为文件名保存在指定的路径中）
```

5.1.3　组合门窗

"组合门窗"命令用于将插入的多个门窗生成同一编号的组合门窗。执行方式如下。

☑　命令行：ZHMC
☑　屏幕菜单："门窗"→"组合门窗"

选择"组合门窗"命令后，命令行显示如下。

```
选择需要组合的门窗和编号文字:用鼠标单选需要组合的门窗
选择需要组合的门窗和编号文字:用鼠标单选需要组合的门窗
选择需要组合的门窗和编号文字:
输入编号:命名组合门窗
```

5.1.4　上机练习——组合门窗

☝ 练习目标

绘制的组合门窗如图 5-22 所示。

☝ 设计思路

打开"源文件"中的"组合门窗原图"图形，选择"组合门窗"命令，绘制组合门窗。

☝ 操作步骤

1．打开"源文件"中的"组合门窗原图"图形，选择"组合门窗"命令，将门和窗进行组合。命令行显示如下。

ZHMC-1

图 5-22　组合门窗图

选择需要组合的门窗和编号文字:选 C-1
选择需要组合的门窗和编号文字:选 M-1
选择需要组合的门窗和编号文字:
输入编号:ZHMC-1

命令执行完毕后效果如图 5-22 所示。

2．保存图形。

命令：SAVEAS↙　　（将绘制完成的图形以"组合门窗.dwg"为文件名保存在指定的路径中）

5.1.5　带形窗

使用"带形窗"命令可以在一段或连续多段墙体上插入带形窗。执行方式如下。

☑　命令行：DXC
☑　屏幕菜单："门窗" → "带形窗"

选择"带形窗"命令，打开"带形窗"对话框，如图 5-23 所示，在"编号"中为所设置带形窗选择编号，在"窗户高"中定义带形窗的高度，在"窗台高"中定义带形窗的窗台高度。

选择"带形窗"命令后，命令行显示如下。

图 5-23　　"带形窗"对话框

起始点或 [参考点(R)]<退出>:选择带形窗的起点
终止点或 [参考点(R)]<退出>:选择带形窗的终点
选择带形窗经过的墙:选择带形窗所在的墙段
选择带形窗经过的墙:选择带形窗所在的墙段
选择带形窗经过的墙:选择带形窗所在的墙段
选择带形窗经过的墙:

5.1.6　上机练习——带形窗

✎ 练习目标

绘制的带形窗如图 5-24 所示。

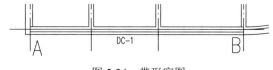

图 5-24　带形窗图

✎ 设计思路

打开"源文件"中的"带形窗原图"图形，选择"带形窗"命令，设置相关的参数，插入带形窗。

✎ 操作步骤

1．打开"源文件"中的"带形窗原图"图形，选择"带形窗"命令，打开如图 5-23 所示的对话框，在"编号"中输入 DC-1，在"窗户高"中输入 1800，在"窗台高"中输入 800。

2．单击绘图区域，命令行显示如下。

起始点或 [参考点(R)]<退出>:选 A 点

终止点或 [参考点(R)]<退出>:选 B 点
选择带形窗经过的墙:选 A-B 所经过的墙体
选择带形窗经过的墙: 选 A-B 所经过的墙体
选择带形窗经过的墙:选 A-B 所经过的墙体
选择带形窗经过的墙:

命令执行完毕后效果如图 5-24 所示。

3．保存图形。

命令：SAVEAS✓ （将绘制完成的图形以"带形窗.dwg"为文件名保存在指定的路径中）

5.1.7 转角窗

使用"转角窗"命令可以在墙角两侧插入等窗台高和窗高的相连窗子，为一个门窗编号，包括普通角窗和角凸窗两种形式。窗的起点和终点在相邻的墙段上，经过一个墙角。执行方式如下。

☑ 命令行：ZJC

☑ 屏幕菜单："门窗"→"转角窗"

选择"转角窗"命令后，打开"绘制角窗"对话框，如图 5-25 所示。这是普通角窗的形式，选中"凸窗"复选框，打开如图 5-26 所示的对话框。

图 5-25 "绘制角窗"对话框 1

图 5-26 "绘制角窗"对话框 2

输入参数数据，在绘图区域单击，命令行显示如下。

请选取墙角<退出>:选择转角窗的墙角
转角距离 1<1000>:虚线墙体上窗的长度
转角距离 2<1000>:另一段虚线墙体上窗的长度
请选取墙角<退出>:

5.1.8 上机练习——转角窗

✎ 练习目标

绘制的转角窗如图 5-27 所示。

✎ 设计思路

打开"源文件"中的"转角窗原图"图形，选择"转角窗"命令，设置相关的参数，插入转角窗。

✎ 操作步骤

1．打开"源文件"中的"转角窗原图"图形，选择"转角窗"命令，打开如图 5-25 所示的对话框，在其中选中"凸窗"复选框，打开如图 5-26 所示的对话框。

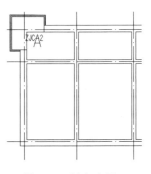

图 5-27 转角窗图

对话框中主要选项的说明如下。

- ☑　出挑长 1/出挑长 2：凸窗窗台凸出于墙面外的距离，在外墙加保温时从结构面算起。
- ☑　延伸 1/延伸 2：窗台板与檐口板分别在两侧延伸出窗洞口外的距离，常作为空调搁板、花台等。
- ☑　凸窗：选中后，单击右侧的箭头按钮可展开绘制角凸窗。
- ☑　落地凸窗：选中后，墙内侧不画窗台线。
- ☑　挡板 1/挡板 2：选中后，凸窗的侧窗改为实心的挡板，挡板的保温厚度默认按 30 绘制，是否加保温层在"天正选项"→"基本设定"→"图形设置"下定义。
- ☑　挡板厚：挡板的厚度默认为 100，选中挡板后可在这里修改其厚度。

2．设置"窗高"为 1500、"窗台高"为 800，取消选中"落地凸窗"，设置"编号"为 ZJCA2、"延伸 1"为 100、"延伸 2"为 100、"玻璃内凹"为 100。

3．单击绘图区域，命令行显示如下。

```
请选取墙角<退出>:选 A 内角点
转角距离 1<2000>:1000（变高亮）
转角距离 2<1500>:1000（变高亮）
请选取墙角<退出>:
```

生成的转角窗 ZJCA2 如图 5-27 所示。

4．保存图形。

```
命令：SAVEAS✓　（将绘制完成的图形以"转角窗.dwg"为文件名保存在指定的路径中）
```

5.2　门窗编号与门窗表

5.2.1　门窗编号

使用"门窗编号"命令可以生成门窗编号。执行方式如下。

- ☑　命令行：MCBH
- ☑　屏幕菜单："门窗"→"门窗编号"

对没有编号的门窗自动编号，选择"门窗编号"命令后，命令行显示如下。

```
请选择需要改编号的门窗的范围:框选或单选门窗编号范围
请选择需要改编号的门窗的范围:
请选择需要修改编号的样板门窗:指定样板门窗
请输入新的门窗编号(删除编号请输入 NULL)<C1512>:可以输入编号或默认
```

对已经编号的门窗重新编号，选择"门窗编号"命令后，命令行显示如下。

```
请选择需要改编号的门窗的范围:框选或单选门窗编号范围
请选择需要改编号的门窗的范围:
请输入新的门窗编号(删除编号请输入 NULL)<C1512>:可以输入编号或默认
```

5.2.2　上机练习——门窗编号

✎ **练习目标**

为门窗编号，如图 5-28 所示。

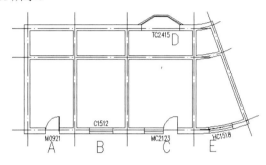

图 5-28　门窗编号图

✎ **设计思路**

打开"源文件"中的"门窗编号原图"图形，选择"门窗编号"命令，设置相关的参数，进行门窗的编号。

✎ **操作步骤**

1. 打开"源文件"中的"门窗编号原图"图形，选择"门窗编号"命令，整理门窗编号。命令行显示如下。

```
请选择需要改编号的门窗的范围:选 A
请选择需要改编号的门窗的范围:
请输入新的门窗编号或[删除编号(E)] <M0921>:
```

门窗 A 编号改变。

2. 选择"门窗编号"命令，命令行显示如下。

```
请选择需要改编号的门窗的范围:选 B
请选择需要改编号的门窗的范围:
请输入新的门窗编号或[删除编号(E)] <C1512>:
```

门窗 B 编号改变。

3. 选择"门窗编号"命令，命令行显示如下。

```
请选择需要改编号的门窗的范围:选 C
请选择需要改编号的门窗的范围:
请输入新的门窗编号或[删除编号(E)] <MC2123>:
```

门窗 C 编号改变。

4. 选择"门窗编号"命令，命令行显示如下。

```
请选择需要改编号的门窗的范围:选 D
请选择需要改编号的门窗的范围:
请输入新的门窗编或[删除编号(E)] <TC2415>:
```

门窗 D 编号改变。

5. 选择"门窗编号"命令，命令行显示如下。

> 请选择需要改编号的门窗的范围：选 E
> 请选择需要改编号的门窗的范围：
> 请输入新的门窗编号或[删除编号(E)]<HC1518>：

门窗 E 编号改变。最终绘制结果如图 5-28 所示。

6. 保存图形。

> 命令：SAVEAS✓ （将绘制完成的图形以"门窗编号.dwg"为文件名保存在指定的路径中）

5.2.3 门窗检查

执行"门窗检查"命令可显示门窗参数表格，检查当前图中门窗数据是否合理，支持对块参照和外部参照中的门窗定位观察、提取二维和三维门窗样式等。执行方式如下。

☑ 命令行：MCJC

☑ 屏幕菜单："门窗"→"门窗检查"

选择"门窗检查"命令后，打开"门窗检查"窗口，如图 5-29 所示。

系统自动按窗口"设置"中的搜索范围将当前图纸或当前工程中含有的门窗搜索出来，列在右边的表格中供用户检查，其中普通门窗洞口宽高与编号不一致，同编号的门窗中，二维或三维样式不一致，同编号的凸窗样式或者其他参数（如出挑长等）不一致，都会在表格中显示"冲突"，同时在窗口左边下部显示冲突门窗列表，用户可以选择修改冲突门窗的编号，然后单击"更新原图"按钮对图纸中的门窗编号进行实时纠正，然后单击"提取图纸"按钮重新进行检查。

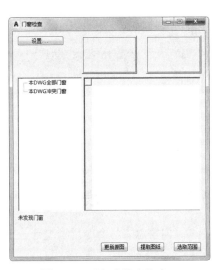

图 5-29 "门窗检查"窗口

5.2.4 门窗表

"门窗表"命令用于统计图中的门窗参数。执行方式如下。

☑ 命令行：MCB

☑ 屏幕菜单："门窗"→"门窗表"

选择"门窗表"命令后，命令行显示如下。

> 请选择门窗或[设置(S)]<退出>：框选门窗
> 请选择门窗或[设置(S)]<退出>：
> 请点取门窗表位置(左上角点)<退出>：选择门窗表插入位置

5.2.5 上机练习——门窗表

⟲ 练习目标

绘制门窗表，如图 5-30 所示。

视 频 讲 解

门窗表

类型	设计编号	洞口尺寸(mm)	数量	图集名称	页次	选用型号	备注
门	M0921	900X2100	1				
门联窗	MC2123	2100X2300	1				
窗	C1512	1500X1200	1				
凸窗	TC2415	2400X1500	1				
弧窗	HC1518	1500X1800	1				

图 5-30　门窗表图

✤ 设计思路

打开"源文件"中的"门窗表原图"图形，选择"门窗表"命令，设置相关的参数，进行门窗表的绘制。

✤ 操作步骤

1. 打开"源文件"中的"门窗表原图"图形，选择"门窗表"命令，生成门窗表。命令行显示如下。

> 请选择当前层门窗:框选门窗 A-B
> 请选择当前层门窗:
> 请点取门窗表位置(左上角点)<退出>:选择门窗表插入位置

命令执行完毕后效果如图 5-30 所示。

2. 保存图形。

> 命令：SAVEAS✓　（将绘制完成的图形以"门窗表.dwg"为文件名保存在指定的路径中）

5.2.6　门窗总表

"门窗总表"命令用于统计一个工程中多个平面图使用的门窗编号，生成门窗总表。执行方式如下。

- ☑　命令行：MCZB
- ☑　屏幕菜单："门窗"→"门窗总表"

5.3　门窗编辑和工具

5.3.1　内外翻转

使用"内外翻转"命令可将多个门窗以墙中心线为轴线进行翻转。执行方式如下。

- ☑　命令行：NWFZ
- ☑　屏幕菜单："门窗"→"内外翻转"

选择"内外翻转"命令后，命令行显示如下。

> 选择待翻转的门窗:选择需要翻转的门窗
> 选择待翻转的门窗:

5.3.2　上机练习——内外翻转

练习目标

内外翻转效果如图 5-31 所示。

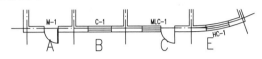

图 5-31　内外翻转图

设计思路

打开"源文件"中的"内外翻转原图"图形，选择"内外翻转"命令，设置相关的参数，进行墙体门窗的内外翻转。

操作步骤

1. 打开"源文件"中的"内外翻转原图"图形，选择"内外翻转"命令，将 A 和 C 处的门窗向外侧翻转。命令行显示如下。

> 选择待翻转的门窗：选 A
> 选择待翻转的门窗：选 C
> 选择待翻转的门窗：按 Enter 键退出

绘制结果如图 5-31 所示。

2. 保存图形。

> 命令：SAVEAS✓　　（将绘制完成的图形以"内外翻转.dwg"为文件名保存在指定的路径中）

5.3.3　左右翻转

使用"左右翻转"命令可以将多个门窗以门窗中垂线为中心线进行翻转。执行方式如下。

☑　命令行：ZYFZ
☑　屏幕菜单："门窗"→"左右翻转"

选择"左右翻转"命令后，命令行显示如下。

> 选择待翻转的门窗：选择需要翻转的门窗
> 选择待翻转的门窗：

5.3.4　上机练习——左右翻转

练习目标

左右翻转效果如图 5-32 所示。

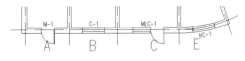

图 5-32　左右翻转图

Note

❧ 设计思路

打开"源文件"中的"左右翻转原图"图形，选择"左右翻转"命令，设置相关的参数，进行墙体门窗的左右翻转。

❧ 操作步骤

1．打开"源文件"中的"左右翻转原图"图形，选择"左右翻转"命令，将门窗 A 和 C 进行左右翻转。命令行显示如下。

> 选择待翻转的门窗：选 A
> 选择待翻转的门窗：选 C
> 选择待翻转的门窗：按 Enter 键退出

绘制结果如图 5-32 所示。

2．保存图形。

> 命令：SAVEAS✓　（将绘制完成的图形以"左右翻转.dwg"为文件名保存在指定的路径中）

5.3.5　编号复位

"编号复位"命令的功能是把用夹点编辑改变过位置的门窗编号恢复到默认位置。执行方式如下。

☑　命令行：BHFW
☑　屏幕菜单："门窗"→"门窗工具"→"编号复位"

选择"编号复位"命令后，命令行显示如下。

> 选择名称待复位的窗：选择要选的门窗
> 选择名称待复位的窗：按 Enter 键退出。

5.3.6　门窗套

"门窗套"命令用于在门窗四周加全门窗框套。执行方式如下。

☑　命令行：MCT
☑　屏幕菜单："门窗"→"门窗工具"→"门窗套"

选择"门窗套"命令后，打开"门窗套"对话框，如图 5-33 所示。

图 5-33　"门窗套"对话框

在对话框中默认选中"加门窗套"，也可以根据需要选中"消门窗套"，在"伸出墙长度 A"和"门窗套宽度 W"中选择窗套参数，单击绘图区，命令行显示如下。

> 请选择外墙上的门窗：选择要加门窗套的门窗
> 请选择外墙上的门窗：
> 点取窗套所在的一侧：指定门窗套的生成侧

5.3.7　上机练习——门窗套

✍ **练习目标**

绘制门窗套，如图 5-34 所示。

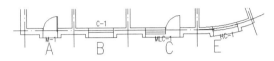

图 5-34　门窗套图

Note

视 频 讲 解

✍ **设计思路**

打开"源文件"中的"门窗套原图"图形，选择"门窗套"命令，设置相关的参数，进行墙体门窗的门窗套的绘制。

✍ **操作步骤**

1．打开"源文件"中的"门窗套原图"图形，选择"门窗套"命令，打开"门窗套"对话框，如图 5-33 所示，设置"伸出墙长度 A"为 200、"门窗套宽度 W"为 200，选中"加门窗套"单选按钮。

2．单击绘图区域，命令行显示如下。

> 请选择外墙上的门窗：选 A
> 请选择外墙上的门窗：选 B
> 请选择外墙上的门窗：选 C
> 请选择外墙上的门窗：选 E
> 请选择外墙上的门窗：
> 点取窗套所在的一侧：选 A 外侧
> 点取窗套所在的一侧：选 B 外侧
> 点取窗套所在的一侧：选 C 外侧
> 点取窗套所在的一侧：选 E 外侧

命令执行完毕后效果如图 5-34 所示。

3．保存图形。

> 命令：SAVEAS✓　（将绘制完成的图形以"门窗套.dwg"为文件名保存在指定的路径中）

5.3.8　门口线

使用"门口线"命令可以在平面图中添加门的门口线，表示门槛或门两侧地面标高不同。执行方式如下。

☑　命令行：MKX

☑　屏幕菜单："门窗"→"门窗工具"→"门口线"

选择"门口线"命令后，打开"门口线"对话框，如图 5-35 所示。命令行显示如下。

图 5-35　"门口线"对话框

> 请选择要加减门口线的门窗或[高级模式(Q)]<退出>:选择要加门口线的门
> 请选择要加减门口线的门窗或[高级模式(Q)]<退出>:

请点取门口线所在的一侧<退出>：现在生成门口线的一侧

双面加门口线时将上述命令重新执行一遍，选择方向时选择另一侧即可。对已有门口线的门执行此命令，则将删除现有的门口线。

5.3.9　上机练习——门口线

✎ **练习目标**

绘制门口线，如图 5-36 所示。

✎ **设计思路**

打开"源文件"中的"门口线原图"图形，选择"门口线"命令，设置相关的参数，为墙体门窗添加门口线。

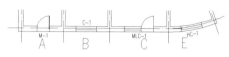

图 5-36　门口线图

✎ **操作步骤**

1．打开"源文件"中的"门口线原图"图形，选择"门口线"命令，添加门口线。命令行显示如下。

请选择要加减门口线的门窗或[高级模式(Q)]<退出>：选 A
请选择要加减门口线的门窗或[高级模式(Q)]<退出>：选 C
请点取门口线所在的一侧<退出>：选择外侧

绘制结果如图 5-36 所示。

2．保存图形。

命令：SAVEAS✓　　（将绘制完成的图形以"门口线.dwg"为文件名保存在指定的路径中）

5.3.10　加装饰套

"加装饰套"命令用于添加门窗套，可以选择各种装饰风格和参数的装饰套。装饰套描述了门窗属性的三维特征，用于室内设计中立、剖面图中的门窗部位。执行方式如下。

☑　命令行：JZST

☑　屏幕菜单："门窗"→"门窗工具"→"加装饰套"

选择"加装饰套"命令后，打开"门窗套设计"对话框，其中"门窗套"选项卡如图 5-37 所示，"窗台/檐板"选项卡，如图 5-38 所示。

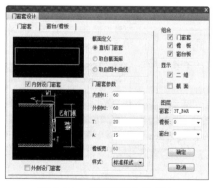

图 5-37　"门窗套"选项卡

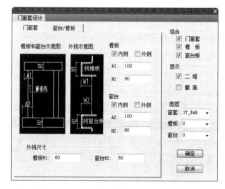

图 5-38　"窗台/檐板"选项卡

设置相关参数后，单击"确定"按钮完成操作。

5.3.11 上机练习——加装饰套

Note

视频讲解

🖑 **练习目标**

加装饰套效果如图 5-39 所示。

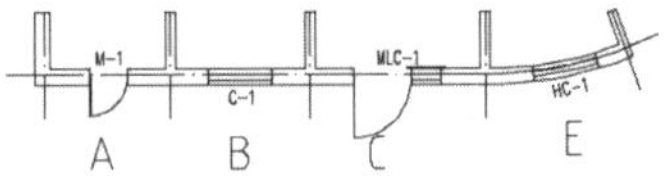

🖑 **设计思路**

打开"源文件"中的"加装饰套原图"图形，选择"加装饰套"
命令，设置相关的参数，为墙体门窗加装饰套。

图 5-39　装饰套图

🖑 **操作步骤**

1. 打开"源文件"中的"加装饰套原图"图形，选择"加装饰套"命令，打开"门窗套设计"
对话框，分别在"门窗套"和"窗台/檐板"选项卡中设置相应参数。

2. 单击"确定"按钮，进入绘图区域，命令行显示如下。

> 选择需要加门窗套的门窗：选 A
> 选择需要加门窗套的门窗：选 C
> 选择需要加门窗套的门窗：
> 点取室内一侧<退出>：选内侧
> 点取室内一侧<退出>：选内侧

绘制结果如图 5-39 所示。

3. 保存图形。

> 命令：SAVEAS✓　（将绘制完成的图形以"加装饰套.dwg"为文件名保存在指定的路径中）

第 6 章

房间和屋顶

本章导读

本章介绍搜索房间、查询面积、套内面积、面积计算等有关房间面积的操作命令，加踢脚线、房间分格、布置洁具、布置隔断、布置隔板等有关房间布置的操作命令，以及搜屋顶线、人字坡顶、任意坡顶、攒尖屋顶、加老虎窗、加雨水管等有关屋顶创建的命令。

学习要点

☑ 房间面积的创建   ☑ 屋顶的创建

☑ 房间布置

6.1 房间面积的创建

房间面积可分为建筑面积、使用面积和套内面积等。房间面积可以通过多种命令创建，下面详细介绍。

6.1.1 搜索房间

使用"搜索房间"命令可新生成或更新已有的房间信息对象，同时生成房间地面，标注位置位于房间的中心。执行方式如下。

☑ 命令行：SSFJ

☑ 屏幕菜单："房间屋顶"→"搜索房间"

选择"搜索房间"命令后，打开"搜索房间"对话框，如图 6-1 所示。

命令行显示如下。

图 6-1 "搜索房间"对话框

请选择构成一完整建筑物的所有墙体(或门窗) <退出>:选择平面图中的墙体
请选择构成一完整建筑物的所有墙体(或门窗) <退出>:
请点取建筑面积的标注位置<退出>:在建筑物外标注建筑面积

在房间名称上双击即可更改房间名称。

6.1.2　上机练习——搜索房间

✤ 练习目标

搜索房间结果如图6-2所示。

✤ 设计思路

打开"源文件"中的"搜索房间原图"图形,选择"搜索房间"命令,设置相关的参数,进行房间的搜索。

✤ 操作步骤

1. 打开"源文件"中的"搜索房间原图"图形,选择"搜索房间"命令,打开"搜索房间"对话框,如图6-1所示。对话框中主要选项的说明如下。

☑ 显示房间名称:是否标示房间名称。

☑ 标注面积:房间使用面积的标注形式,是否显示面积数值。

☑ 面积单位:是否标示面积单位,默认以 m² 为单位。

☑ 三维地面:选中该复选框,可以在标示的同时沿着房间对象边界生成三维地面。

☑ 屏蔽背景:选中该复选框,可以屏蔽房间标注下面的图案。

☑ 板厚:生成三维地面时,给出地面的厚度。

☑ 显示房间编号:房间的标识类型,选中该复选框,建筑平面图标识房间名称,其他专业图标识房间编号,也可以同时标识。

☑ 生成建筑面积:选中该复选框,在搜索生成房间的同时,计算建筑面积。

☑ 建筑面积忽略柱子:选中该复选框,建筑面积的计算规则中忽略凸出墙面的柱子与墙垛。

☑ 识别内外:选中该复选框,同时执行识别内外墙功能,用于建筑节能。

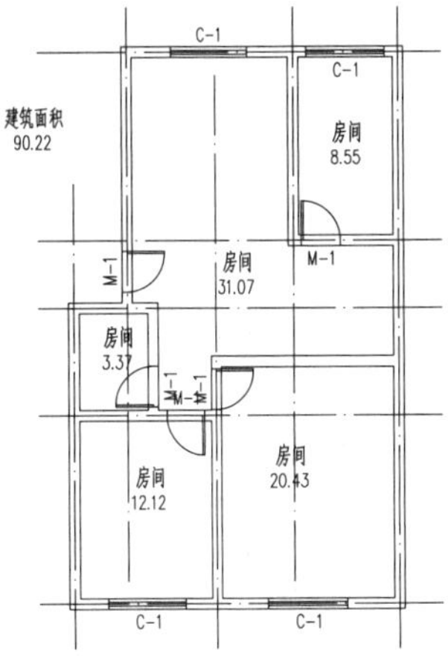

2. 单击绘图区域,命令行显示如下。

请选择构成一完整建筑物的所有墙体(或门窗)<退出>:框选建筑物
请选择构成一完整建筑物的所有墙体(或门窗)<退出>:
请点取建筑面积的标注位置<退出>:选择标注建筑面积的地方

绘制结果如图6-2所示。

3. 保存图形。

命令:SAVEAS✓ (将绘制完成的图形以"搜索房间.dwg"为文件名保存在指定的路径中)

图 6-2　搜索房间图

6.1.3　查询面积

使用"查询面积"命令可以查询由墙体组成的房间面积、阳台面积和闭合多段线面积。执行方式如下。

☑ 命令行：CXMJ

☑ 屏幕菜单："房间屋顶"→"查询面积"

选择"查询面积"命令后，打开如图 6-3 所示的对话框。

图 6-3 "查询面积"对话框

命令行显示如下。

> 请选择查询面积的范围：
> 请在屏幕上点取一点<返回>：
> 面积=31.0716 平方米

6.1.4 上机练习——查询面积

✍ 练习目标

查询面积结果如图 6-4 所示。

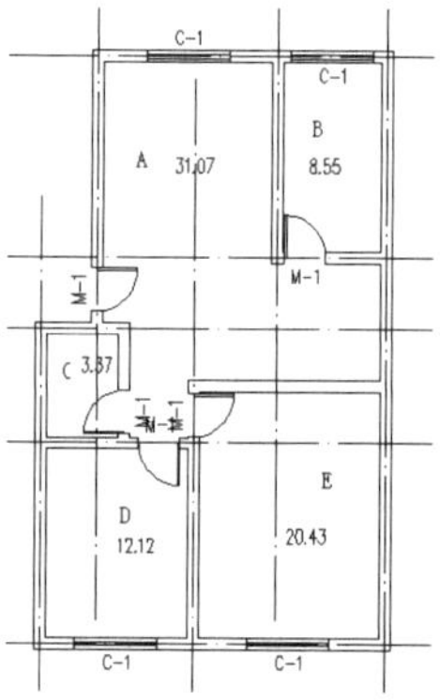

✍ 设计思路

打开"源文件"中的"查询面积原图"图形，选择"查询面积"命令，查询房间的面积。

✍ 操作步骤

1. 打开"源文件"中的"查询面积原图"图形，选择"查询面积"命令，打开"查询面积"对话框，如图 6-3 所示。"查询面积"命令的功能与"搜索房间"命令的功能相似，但使用"查询面积"命令可以动态显示房间面积。不想标注房间名称和编号时，要取消选中"生成房间对象"复选框，本例需取消选中。

2. 单击绘图区域，命令行显示如下。

图 6-4 查询面积图

> 命令：TSpArea
> 提示：空选即为全选！
> 请选择查询面积的范围：框选整个图形
> 请选择查询面积的范围：
> 请在屏幕上点取一点<返回>：选 A
> 面积=31.0716 平方米
> 请在屏幕上点取一点<返回>：选 B
> 面积=8.5536 平方米
> 请在屏幕上点取一点<返回>：选 C
> 面积=3.3696 平方米
> 请在屏幕上点取一点<返回>：选 D
> 面积=12.1176 平方米
> 请在屏幕上点取一点<返回>：选 E
> 面积=20.4336 平方米

绘制结果如图 6-4 所示。

3．保存图形。

命令：SAVEAS✓ （将绘制完成的图形以"查询面积.dwg"为文件名保存在指定的路径中）

6.1.5 套内面积

"套内面积"命令的功能是计算住宅单元的套内面积，并创建套内面积的房间对象。执行方式如下。

- ☑ 命令行：TNMJ
- ☑ 屏幕菜单："房间屋顶"→"套内面积"

选择"套内面积"命令后，打开"套内面积"对话框，如图 6-5 所示。

图 6-5 "套内面积"对话框

命令行显示如下。

请选择同属一套住宅的所有房间面积对象与阳台面积对象：

6.1.6 上机练习——套内面积

↳ 练习目标

标注套内面积后效果如图 6-6 所示。

↳ 设计思路

打开"源文件"中的"套内面积原图"图形，选择"套内面积"命令，标注套内面积。

↳ 操作步骤

1．打开"源文件"中的"套内面积原图"图形，选择"套内面积"命令，标注套内面积。命令行显示如下。

选择同属一套住宅的所有房间面积对象与阳台面积对象:框选整个图形
请点取面积标注位置<中心>:=85.41

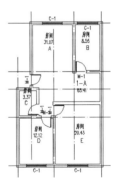

图 6-6 套内面积图

绘制结果如图 6-6 所示。

2．保存图形。

命令：SAVEAS✓ （将绘制完成的图形以"套内面积.dwg"为文件名保存在指定的路径中）

6.1.7 面积计算

"面积计算"命令用于对选择的房间的使用面积、阳台面积、建筑平面的建筑面积等数值进行合计。执行方式如下。

図 6-7　"面积计算"对话框

☑ 命令行：MJJS

☑ 屏幕菜单："房间屋顶"→"面积计算"

选择"面积计算"命令后，打开"面积计算"对话框，如图 6-7 所示。命令行显示如下。

```
选择求和的对象或[高级模式(Q)]<退出>：
请选择求和的对象：
共选中了 5 个对象，求和结果=75.55
点取面积标注位置<退出>：
```

6.1.8　上机练习——面积计算

↳ 练习目标

面积计算结果如图 6-8 所示。

↳ 设计思路

打开"源文件"中的"面积计算原图"图形，选择"面积计算"命令，进行面积的计算。

↳ 操作步骤

1．打开"源文件"中的"面积计算原图"图形，选择"面积计算"命令，打开 "面积计算"对话框，如图 6-7 所示，选中平面图，计算面积。命令行显示如下。

```
命令：T81_TPlusText
选择求和的对象或[高级模式(Q)]<退出>：
请选择求和的对象：
共选中了 5 个对象，求和结果=75.55
点取面积标注位置<退出>：
```

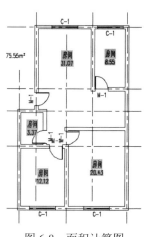

图 6-8　面积计算图

命令执行完毕后效果如图 6-8 所示。

2．保存图形。

命令：SAVEAS✓　（将绘制完成的图形以"面积计算.dwg"为文件名保存在指定的路径中）

6.2　房 间 布 置

本节主要讲解房间布置中添加踢脚线、房间分格及布置洁具、隔断和隔板等装修装饰建模。

6.2.1　加踢脚线

"加踢脚线"命令用于生成房间的踢脚线。执行方式如下。

☑ 命令行：JTJX

☑ 屏幕菜单："房间屋顶"→"房间布置"→"加踢脚线"

选择"加踢脚线"命令后，打开"踢脚线生成"对话框，如图 6-9 所示。

图 6-9 "踢脚线生成"对话框

在对话框中设置相应数据，单击"确定"按钮完成操作。

6.2.2 上机练习——加踢脚线

✍ **练习目标**

加踢脚线效果如图 6-10 所示。

✍ **设计思路**

打开"源文件"中的"加踢脚线原图"图形，选择"加踢脚线"命令，设置相关的参数，为墙体添加踢脚线。

✍ **操作步骤**

1. 打开"源文件"中的"加踢脚线原图"图形，选择"房间屋顶"→"房间布置"→"加踢脚线"命令，打开如图 6-9 所示的对话框。

对话框中主要选项的说明如下。

☑ 点取图中曲线：选中此单选按钮，单击右侧"<"进入图形中选择截面形状。

图 6-10 加踢脚线图

☑ 取自截面库：选中此单选按钮，单击右侧"…"进入踢脚线库，在库中选择需要的截面形式。

☑ 拾取房间内部点：单击右侧按钮，在绘图区房间中单击进行选择。

☑ 连接不同房间的断点：单击右侧按钮执行命令。房间门洞无门套时，应该连接踢脚线断点。

☑ 踢脚线的底标高：输入踢脚线底标高数值。在房间有高差时，在指定标高处生成踢脚线。

☑ 踢脚厚度：设置踢脚截面的厚度。

☑ 踢脚高度：设置踢脚截面的高度。

2. 选中"取自截面库"，单击右侧按钮，选择需要的截面形状。单击"拾取房间内部点"右侧的按钮，选择房间内部点。设置"踢脚线的底标高"为 0、"踢脚厚度"为 14、"踢脚高度"为 100，单击"确定"按钮完成操作。

绘制结果如图 6-10 所示。

3. 保存图形。

命令：SAVEAS✓ （将绘制完成的图形以"加踢脚线.dwg"为文件名保存在指定的路径中）

6.2.3　房间分格

"房间分格"命令用于绘制按奇数分格、偶数分格或任意分格的地面或吊顶平面。执行方式如下。
- ☑　命令行：FJFG
- ☑　屏幕菜单："房间屋顶"→"房间布置"→"房间分格"

选择"房间分格"命令后，打开"房间分格"对话框，如图6-11所示。命令行显示如下。

> 请点取要分格四边形的第一角点<退出>：选四边形的第一个角点
> 第二角点<退出>：选四边形的相邻的另一个角点
> 第三角点<退出>：选四边形的相邻的第三个角点

图6-11　"房间分格"对话框

6.2.4　上机练习——房间分格

✎　**练习目标**

　　房间分格效果如图6-12所示。

✎　**设计思路**

　　打开"源文件"中的"房间分格原图"图形，选择"房间分格"命令，设置相关的参数，为墙体添加奇数分格。

✎　**操作步骤**

　　1．打开"源文件"中的"房间分格原图"图形，选择"房间屋顶"→"房间布置"→"房间分格"命令，打开"房间分格"对话框，在"间距"中输入新的分格宽度，将房间进行奇数分格。

命令行显示如下。

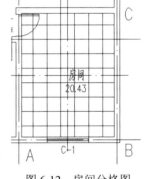

图6-12　房间分格图

> 请点取要分格四边形的第一角点<退出>：选A内角点
> 第二角点 <退出>：选B内角点
> 第三角点 <退出>：选C内角点

执行命令后，中间生成对称轴，绘制结果如图6-12所示。

2．保存图形。

> 命令：SAVEAS✓　（将绘制完成的图形以"房间分格.dwg"为文件名保存在指定的路径中）

6.2.5　布置洁具

　　使用"布置洁具"命令可以在卫生间或浴室中选择相应的洁具类型，布置卫生洁具等设施。执行方式如下。

☑ 命令行：BZJJ
☑ 屏幕菜单："房间屋顶"→"房间布置"→"布置洁具"
选择"布置洁具"命令后，打开"天正洁具"对话框，如图 6-13 所示。

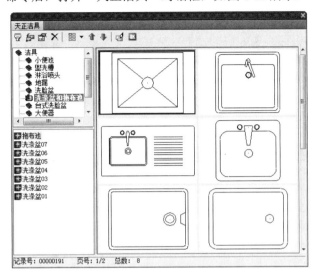

图 6-13 "天正洁具"对话框

在对话框中选择不同类型的洁具后，系统自动给出与该类型洁具相适应的布置方法。在右侧预览框中双击所需布置的卫生洁具，根据弹出的对话框和命令行在图中布置洁具。

6.2.6 上机练习——布置洁具

↳ 练习目标
布置洁具效果如图 6-14 所示。

↳ 设计思路
打开"源文件"中的"布置洁具原图"图形，选择"布置洁具"命令，设置相关的参数，添加并布置洁具。

↳ 操作步骤

1．打开"源文件"中的"布置洁具原图"图形，如图 6-15 所示。选择屏幕菜单中的"房间屋顶"→"房间布置"→"布置洁具"命令，打开"天正洁具"对话框，如图 6-13 所示。

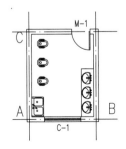

图 6-14 布置洁具图

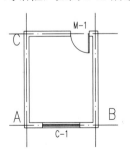

图 6-15 布置洁具原图

视频讲解

2. 单击"洗涤盆和拖布池",双击选定的洗涤盆,打开"布置洗涤盆 01"对话框,如图 6-16 所示。

在对话框中设置洗涤盆的参数。

3. 单击绘图区域,命令行显示如下。

> 请选择沿墙边线 <退出>:选墙边线 A
> 插入第一个洁具[插入基点(B)] <退出>:

绘制结果如图 6-14 所示。

4. 单击"台式洗脸盆",双击选定的台上式洗脸盆,打开"布置台上式洗脸盆 1"对话框,如图 6-17 所示。

图 6-16　"布置洗涤盆 01"对话框　　　　图 6-17　"布置台上式洗脸盆 1"对话框

在对话框中设置台上式洗脸盆的参数。

5. 单击绘图区域,命令行显示如下。

> 请选择沿墙边线 <退出>:选墙边线 B
> 插入第一个洁具[插入基点(B)] <退出>:
> 下一个<结束>:在洗脸盆增加方向上单击
> 下一个<结束>:在洗脸盆增加方向上单击
> 下一个<结束>
> 台面宽度<600>:600
> 台面长度<2300>:2300
> 请选择沿墙边线 <退出>:

绘制结果如图 6-14 所示。

6. 单击"蹲便器",双击选定的蹲便器,打开"布置蹲便器(高位水箱)"对话框,如图 6-18 所示。

图 6-18　"布置蹲便器(高位水箱)"对话框

在对话框中设置蹲便器(高位水箱)的参数。

7. 单击绘图区域,命令行显示如下。

> 请选择沿墙边线 <退出>:选墙边线 C
> 下一个<结束>:在蹲便器增加方向上单击

下一个<结束>:在蹲便器增加方向上单击

下一个<结束>:

请选择沿墙边线 <退出>:

绘制结果如图 6-14 所示。

8. 保存图形。

命令:SAVEAS↙ （将绘制完成的图形以"布置洁具.dwg"为文件名保存在指定的路径中）

6.2.7 布置隔断

"布置隔断"命令通过两点线选择已经插入的洁具，布置卫生间隔断。执行方式如下。

☑ 命令行：BZGD

☑ 屏幕菜单："房间屋顶"→"房间布置"→"布置隔断"

选择"布置隔断"命令后，命令行显示如下。

输入一直线来选洁具！

起点:单击直线起点

终点:单击直线终点

隔断间距

隔断长度<1200>:输入隔板的长度

隔断门宽<600>:输入隔板的宽度

6.2.8 上机练习——布置隔断

✎ 练习目标

布置隔断效果如图 6-19 所示。

✎ 设计思路

打开"源文件"中的"布置隔断原图"图形，选择"布置隔断"命令，设置相关的参数，为图形布置隔断。

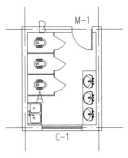

图 6-19 布置隔断图

✎ 操作步骤

1. 打开"源文件"中的"布置隔断原图"图形，选择"布置隔断"命令，布置卫生间内的隔断。选择的起点和端点要穿过需要布置隔断的所有洁具。命令行显示如下。

输入一直线来选洁具！

起点:选择靠近端墙的洁具外侧 A 点

终点:第二点选择要布置隔断的一排洁具另一端 B 点

隔断长度<1200>:1200

隔断门宽<600>:600

命令执行完毕后效果如图 6-19 所示。

2. 保存图形。

命令:SAVEAS↙ （将绘制完成的图形以"布置隔断.dwg"为文件名保存在指定的路径中）

6.2.9 布置隔板

"布置隔板"命令通过两点线选择已经插入的洁具，布置卫生间隔板，用于小便器之间。执行方式如下。

☑ 命令行：BZGB
☑ 屏幕菜单："房间屋顶"→"房间布置"→"布置隔板"

选择"布置隔板"命令后，命令行显示如下。

> 输入一直线来选洁具！
> 起点：单击直线起点
> 终点：单击直线终点
> 隔板长度<400>:输入隔板的长度

6.2.10 上机练习——布置隔板

视频讲解

↳ 练习目标

布置隔板效果如图 6-20 所示。

↳ 设计思路

打开"源文件"中的"布置隔板原图"图形，选择"布置隔板"命令，设置相关的参数，为图形布置隔板。

↳ 操作步骤

1. 打开"源文件"中的"布置隔板原图"图形，选择屏幕菜单中的"房间屋顶"→"房间布置"→"布置隔板"命令，布置房间的隔板。命令行显示如下。

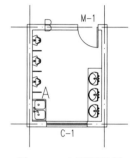

图 6-20 布置隔板图

> 输入一直线来选洁具！
> 起点：选择靠近端墙的洁具外侧 A 点
> 终点：第二点选择要布置隔断的一排洁具另一端 B 点
> 隔板长度<400>:按 Enter 键

命令执行完毕后如图 6-20 所示。

2. 保存图形。

> 命令：SAVEAS✓ （将绘制完成的图形以"布置隔板.dwg"为文件名保存在指定的路径中）

6.3 屋顶的创建

本节主要讲解屋顶的多种造型和在屋顶中添加老虎窗和雨水管的方法。

6.3.1 搜屋顶线

使用"搜屋顶线"命令可以搜索整体墙线，按照外墙的外边生成屋顶平面的轮廓线。执行方式如下。

- ☑ 命令行：SWDX
- ☑ 屏幕菜单："房间屋顶" → "搜屋顶线"

选择"搜屋顶线"命令后，命令行显示如下。

> 请选择构成一完整建筑物的所有墙体(或门窗)：框选建筑物
> 请选择构成一完整建筑物的所有墙体(或门窗)：
> 偏移外皮距离<600>：屋顶的出檐长度

6.3.2　上机练习——搜屋顶线

↳ **练习目标**

搜屋顶线效果如图 6-21 所示。

↳ **设计思路**

打开"源文件"中的"搜屋顶线原图"图形，选择"搜屋顶线"命令，搜索房间的顶线。

↳ **操作步骤**

1．打开"源文件"中的"搜屋顶线原图"图形，选择屏幕菜单中的"房间屋顶" → "搜屋顶线"命令，搜索屋顶线。命令行显示如下。

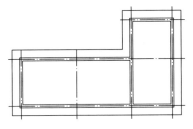

图 6-21　搜屋顶线图

> 请选择构成一完整建筑物的所有墙体(或门窗)：框选建筑物
> 请选择构成一完整建筑物的所有墙体(或门窗)：
> 偏移外皮距离<600>：

绘制结果如图 6-21 所示。

2．保存图形。

> 命令：SAVEAS↙　　（将绘制完成的图形以"搜屋顶线.dwg"为文件名保存在指定的路径中）

6.3.3　人字坡顶

使用"人字坡顶"命令可由封闭的多段线生成指定坡度角的单坡或双坡屋面对象。执行方式如下。

- ☑ 命令行：RZPD
- ☑ 屏幕菜单："房间屋顶" → "人字坡顶"

选择"人字坡顶"命令后，命令行显示如下。

> 请选择一封闭的多段线<退出>：选择封闭多段线
> 请输入屋脊线的起点<退出>：输入屋脊起点
> 请输入屋脊线的终点<退出>：输入屋脊终点

打开的"人字坡顶"对话框如图 6-22 所示。

图 6-22　"人字坡顶"对话框

在对话框中设置参数，单击"确定"按钮，完成操作。

6.3.4　上机练习——人字坡顶

✍ 练习目标

人字坡顶如图 6-23 所示。

✍ 设计思路

打开"源文件"中的"人字坡顶原图"图形，选择"搜屋顶线"和"人字坡顶"命令，绘制人字坡顶。

✍ 操作步骤

1. 打开"源文件"中的"人字坡顶原图"图形，选择屏幕菜单中的"房间屋顶"→"搜屋顶线"命令，绘制封闭的多段线，然后选择屏幕菜单中的"房间屋顶"→"人字坡顶"命令，命令行显示如下。

> 请选择一封闭的多段线<退出>:选择 A
> 请输入屋脊线的起点<退出>:选择 B
> 请输入屋脊线的终点<退出>:选择 C

2. 打开"人字坡顶"对话框，如图 6-22 所示，其中主要选项的说明如下。

☑　左坡角、右坡角：确定坡屋顶的坡度角。

☑　屋脊标高：确定屋脊的标高值。

☑　参考墙顶标高：单击该按钮后选择墙面，起算屋脊标高。

在对话框中设置参数，单击"参考墙顶标高"按钮，选择墙面，然后单击"确定"按钮，绘制结果如图 6-23 和图 6-24 所示。

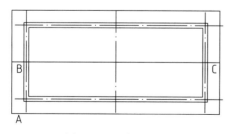

图 6-23　人字坡顶图

图 6-24　人字坡顶立体视图

3．保存图形。

命令：SAVEAS✓ （将绘制完成的图形以"人字坡顶.dwg"为文件名保存在指定的路径中）

6.3.5 任意坡顶

使用"任意坡顶"命令可由封闭的多段线生成指定坡度的坡形屋面，通过对象编辑可分别修改各坡度。执行方式如下。

- ☑ 命令行：RYPD
- ☑ 屏幕菜单："房间屋顶"→"任意坡顶"

选择"任意坡顶"命令后，命令行显示如下。

选择一封闭的多段线<退出>:选择封闭的多段线
请输入坡度角 <30>:输入屋顶坡度角
出檐长<600>:输入出檐长度

打开的"任意坡顶"对话框如图 6-25 所示。

图 6-25 "任意坡顶"对话框

6.3.6 上机练习——任意坡顶

↳ 练习目标

任意坡顶效果如图 6-26 所示。

↳ 设计思路

打开"源文件"中的"任意坡顶原图"图形，选择"任意坡顶"命令，绘制任意坡顶。

↳ 操作步骤

1．打开"源文件"中的"任意坡顶原图"图形，选择屏幕菜单中的"房间屋顶"→"任意坡顶"命令，绘制坡顶。命令行显示如下。

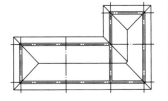

图 6-26 任意坡顶图

视频讲解

选择一封闭的多段线<退出>:选择封闭的多段线
请输入坡度角 <30>:30
出檐长<600>:600

绘制结果如图 6-26 所示。

2．保存图形。

命令：SAVEAS✓ （将绘制完成的图形以"任意坡顶.dwg"为文件名保存在指定的路径中）

6.3.7 攒尖屋顶

使用"攒尖屋顶"命令可以生成对称的正多边锥形攒尖屋顶，考虑出挑与起脊，可加宝顶与尖锥。执行方式如下。

- ☑ 命令行：CJWD
- ☑ 屏幕菜单："房间屋顶"→"攒尖屋顶"

选择"攒尖屋顶"命令后，打开"攒尖屋顶"对话框，如图 6-27 所示。

图 6-27　"攒尖屋顶"对话框

在对话框中输入相应的数值，然后单击图形中的"中点/基点"，命令行显示如下。

请输入屋顶中心位置<退出>
获得第二个点：

6.3.8 上机练习——攒尖屋顶

视频讲解

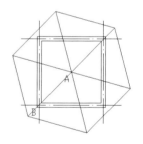

图 6-28　攒尖屋顶图

✎ 练习目标

攒尖屋顶效果如图 6-28 所示。

✎ 设计思路

打开"源文件"中的"攒尖屋顶原图"图形，选择"攒尖屋顶"命令，绘制攒尖屋顶。

✎ 操作步骤

1．打开"源文件"中的"攒尖屋顶原图"图形，选择屏幕菜单中的"房间屋顶"→"攒尖屋顶"命令，打开"攒尖屋顶"对话框，如图 6-27 所示。

对话框中主要选项的说明如下。

- ☑ 边数：屋顶正多边形的边数。
- ☑ 屋顶高：攒尖屋顶的净高度。
- ☑ 基点标高：与墙柱连接的屋顶处的标高，默认该标高为楼层标高 0。
- ☑ 半径：坡顶多边形外接圆的半径。
- ☑ 出檐长：从屋顶中心开始偏移到边界的长度，默认为 600，可以为 0。

2．在对话框中输入相应的数值，命令行显示如下。

请输入屋顶中心位置<退出>：选 A
获得第二个点：选 B

绘制结果如图 6-28 所示。

3．保存图形。

命令：SAVEAS✓　（将绘制完成的图形以"攒尖屋顶.dwg"为文件名保存在指定的路径中）

6.3.9 加老虎窗

使用"加老虎窗"命令可以在三维屋顶生成多种老虎窗形式。执行方式如下。

- ☑ 命令行：JLHC
- ☑ 屏幕菜单："房间屋顶"→"加老虎窗"

选择"加老虎窗"命令后，命令行显示如下。

> 请选择屋顶:选择需要加老虎窗的坡屋面

打开的"加老虎窗"对话框如图 6-29 所示。

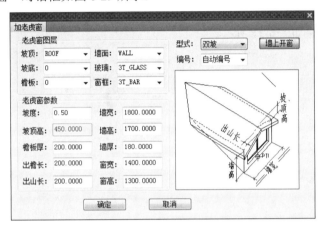

图 6-29 "加老虎窗"对话框

在对话框中输入相应的数值，单击"确定"按钮，命令行显示如下。

> 请点取插入点或 [修改参数(S)]<退出>:在坡屋面上单击插入点

6.3.10 上机练习——加老虎窗

↳ **练习目标**

加老虎窗效果如图 6-30 所示。

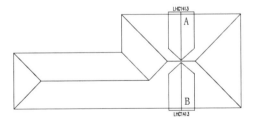

图 6-30 加老虎窗图

↳ **设计思路**

打开"源文件"中的"加老虎窗原图"图形，选择"加老虎窗"命令，绘制老虎窗。

视频讲解

Note

⅋ **操作步骤**

1．打开"源文件"中的"加老虎窗原图"图形，选择屏幕菜单中的"房间屋顶"→"加老虎窗"命令，命令行显示如下。

请选择屋顶>:选 A 所在坡面

2．打开"加老虎窗"对话框，如图 6-29 所示，设置相应数值，单击"确定"按钮，绘制老虎窗。命令行显示如下。

请点取插入点或 [修改参数(S)]<退出>:选 A
请点取插入点或 [修改参数(S)]<退出>:选 B

完成在 A 和 B 处插入老虎窗。
命令执行完毕后效果如图 6-31 所示。

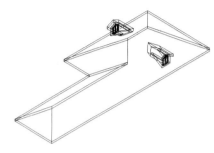

图 6-31　加老虎窗立体视图

3．保存图形。

命令：SAVEAS↙　（将绘制完成的图形以"加老虎窗.dwg"为文件名保存在指定的路径中）

6.3.11　加雨水管

使用"加雨水管"命令可以在屋顶平面图中绘制雨水管。执行方式如下。
☑　命令行：JYSG
☑　屏幕菜单："房间屋顶"→"加雨水管"
选择"加雨水管"命令后，命令行显示如下。

请给出雨水管入水洞口的起始点[参考点(R)/管径(D)/洞口宽(W)]<退出>:单击雨水管的起始点
出水口结束点[管径(D)/洞口宽(W)]<退出>:单击雨水管的结束点

6.3.12　上机练习——加雨水管

⅋ **练习目标**

加雨水管效果如图 6-32 所示。

⅋ **设计思路**

打开"源文件"中的"加雨水管原图"图形，选择"加雨水管"命令，绘制雨水管。

视频讲解

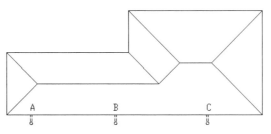

图 6-32　加雨水管图

操作步骤

1．打开"源文件"中的"加雨水管原图"图形，选择屏幕菜单中的"房间屋顶"→"加雨水管"命令，命令行显示如下。

> 请给出雨水管入水洞口的起始点[参考点(R)/管径(D)/洞口宽(W)]<退出>:选 A
> 出水口结束点[管径(D)/洞口宽(W)]<退出>:选 A 外侧一点

命令执行完毕后生成落水管 A。

2．选择屏幕菜单中的"房间屋顶"→"加雨水管"命令，命令行显示如下。

> 请给出雨水管入水洞口的起始点[参考点(R)/管径(D)/洞口宽(W)]<退出>:选 B
> 出水口结束点[管径(D)/洞口宽(W)]<退出>:选 B 外侧一点

命令执行完毕后生成落水管 B。

3．选择屏幕菜单中的"房间屋顶""加雨水管"命令，命令行显示如下。

> 请给出雨水管入水洞口的起始点[参考点(R)/管径(D)/洞口宽(W)]<退出>:选 C
> 出水口结束点[管径(D)/洞口宽(W)]<退出>:选 C 外侧一点

命令执行完毕后生成落水管 C。

4．保存图形。

> 命令：SAVEAS✓　（将绘制完成的图形以"加雨水管.dwg"为文件名保存在指定的路径中）

第 **7** 章

楼梯及其他设施

本章导读

本章介绍了各种楼梯的创建，包括直线梯段、圆弧梯段、任意梯段、添加扶手、连接扶手、双跑楼梯、多跑楼梯、电梯和自动扶梯的生成，以及其他设施的创建，包括阳台、台阶、坡道和散水的生成。

学习要点

- ☑ 各种楼梯的创建
- ☑ 其他设施的创建

7.1 各种楼梯的创建

本节主要讲解各种楼梯的创建，可在建筑图中插入多种形式的楼梯。

7.1.1 直线梯段

选择"直线梯段"命令，在打开的对话框中设置参数绘制直线梯段，用来组合复杂楼梯。执行方式如下。

- ☑ 命令行：ZXTD
- ☑ 屏幕菜单："楼梯其他" → "直线梯段"

选择"直线梯段"命令后，打开"直线梯段"对话框，如图 7-1 所示。

图 7-1　"直线梯段"对话框

在对话框中输入相应的数值，确定后，命令行显示如下。

点取位置或 [转 90 度(A)/左右翻(S)/上下翻(D)/对齐(F)/改转角(R)/改基点(T)]<退出>:选取梯段插入位置

7.1.2　上机练习——直线梯段

✎ **练习目标**

绘制的直线梯段如图 7-2 所示。

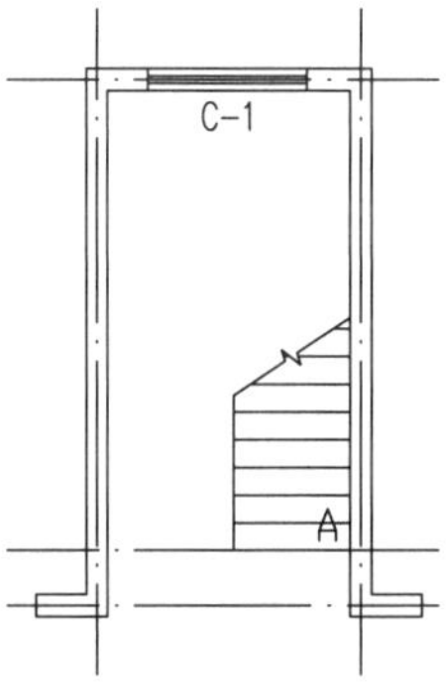

✎ **设计思路**

打开"源文件"中的"直线楼梯原图"图形，选择"直线梯段"命令，绘制直线梯段。

✎ **操作步骤**

1. 打开"源文件"中的"直线楼梯原图"图形，选择屏幕菜单中的"楼梯其他"→"直线梯段"命令，打开"直线梯段"对话框，如图 7-1 所示。

对话框中主要选项的说明如下。

- ☑ 起始高度：相对于本楼层地面起算的楼梯起始高度，梯段高以此算起。
- ☑ 梯段高度：直段楼梯的高度，等于踏步高度的总和。
- ☑ 梯段宽<：梯段宽度数值，单击该按钮，可以在图中选择两点确定梯段宽。
- ☑ 梯段长度：直段楼梯的长度，等于平面投影的梯段长度。
- ☑ 踏步高度：踏步的高度。
- ☑ 踏步宽度：踏步的宽度。
- ☑ 踏步数目：可直接输入需要的踏步数值，也可通过右侧的微调按钮进行数值的调整。
- ☑ 坡道：选择此选项，则踏步作为防滑条间距，楼梯段按坡道生成。

在本例中输入的数值如图 7-3 所示。

图 7-3　在"直线梯段"对话框中输入的数值

命令行显示如下。

点取位置或 [转 90 度(A)/左右翻(S)/上下翻(D)/对齐(F)/改转角(R)/改基点(T)]<退出>:T

视频讲解

图 7-2　直线梯段图

输入插入点或 [参考点(R)]<退出>:选梯段的右小角点
点取位置或 [转90度(A)/左右翻(S)/上下翻(D)/对齐(F)/改转角(R)/改基点(T)]<退出>：选A

绘制结果如图7-2所示。

2．保存图形。

命令：SAVEAS↙　（将绘制完成的图形以"直线梯段.dwg"为文件名保存在指定的路径中）

7.1.3　圆弧梯段

使用"圆弧梯段"命令可绘制弧形楼梯，用来组合复杂楼梯。执行方式如下。

☑　命令行：YHTD

☑　屏幕菜单："楼梯其他"→"圆弧梯段"

选择"圆弧梯段"命令后，打开"圆弧梯段"对话框，如图7-4所示。

图7-4　"圆弧梯段"对话框

在对话框中输入相应的数值，选择插入点，命令行显示如下。

点取位置或 [转90度(A)/左右翻(S)/上下翻(D)/对齐(F)/改转角(R)/改基点(T)]<退出>:单击梯段的插入位置。

7.1.4　上机练习——圆弧梯段

↳ 练习目标

绘制的圆弧梯段如图7-5所示。

↳ 设计思路

打开"源文件"中的"圆弧楼梯原图"图形，选择"圆弧梯段"命令，绘制圆弧梯段。

↳ 操作步骤

1．打开"源文件"中的"圆弧楼梯原图"图形，选择屏幕菜单中的"楼梯其他"→"圆弧梯段"命令，打开"圆弧梯段"对话框，如图7-4所示。

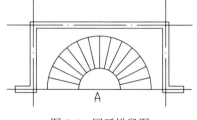

图7-5　圆弧梯段图

对话框中主要选项的说明如下。

☑　内圆半径：圆弧梯段的内圆半径。

☑　外圆半径：圆弧梯段的外圆半径。

☑　起始角：定位圆弧梯段的起始角度位置。

☑　圆心角：圆弧梯段的角度。

☑　起始高度：相对于本楼层地面起算的楼梯起始高度，梯段高以此算起。

☑　梯段宽度：圆弧梯段的宽度。

☑　梯段高度：圆弧梯段的高度，等于踏步高度的总和。

☑　踏步高度：踏步的高度。

☑　踏步数目：可直接输入需要的踏步数值，也可通过右侧的微调按钮进行数值的调整。

☑　坡道：选择此选项，则踏步作为防滑条间距，楼梯段按坡道生成。

在本例中输入的数值如图 7-4 所示，选择 A 点，命令行显示如下。

> 点取位置或 [转 90 度(A)/左右翻(S)/上下翻(D)/对齐(F)/改转角(R)/改基点(T)]<退出>:选 A

绘制结果如图 7-5 所示。

2．保存图形。

> 命令：SAVEAS✓　（将绘制完成的图形以"圆弧梯段图.dwg"为文件名保存在指定的路径中）

7.1.5　任意梯段

选择"任意梯段"命令，可以用图中直线或圆弧作为梯段边线，输入踏步参数，绘制楼梯。执行方式如下。

☑　命令行：RYTD

☑　屏幕菜单："楼梯其他"→"任意梯段"

选择"任意梯段"命令后，命令行显示如下。

> 请点取梯段左侧边线(LINE/ARC):选一侧边线
> 请点取梯段右侧边线(LINE/ARC):选另一侧边线

打开的"任意梯段"对话框如图 7-6 所示。

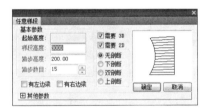

图 7-6　"任意梯段"对话框

在对话框中输入相应的数值，单击"确定"按钮，完成操作。

7.1.6　上机练习——任意梯段

↳ **练习目标**

绘制的任意梯段如图 7-7 所示。

↳ **设计思路**

打开"源文件"中的"任意梯段原图"图形，选择"任意梯段"命令，绘制梯段。

↳ **操作步骤**

1．打开"源文件"中的"任意梯段原图"图形，选择屏幕菜单中的"楼梯其他"→"任意梯段"命令，命令行显示如下。

请点取梯段左侧边线(LINE/ARC)：选 A
请点取梯段右侧边线(LINE/ARC)：选 B

打开"任意梯段"对话框，如图 7-6 所示，在对话框中输入相应的数值，单击"确定"按钮，绘制结果如图 7-7 所示。任意梯段的三维显示如图 7-8 所示。

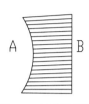

图 7-7 任意梯段图

图 7-8 任意梯段的三维显示

2．保存图形。

 命令：SAVEAS✓ （将绘制完成的图形以"任意梯段.dwg"为文件名保存在指定的路径中）

7.1.7 添加扶手

"添加扶手"命令用于沿楼梯或 PLINE 路径生成扶手。执行方式如下。

☑ 命令行：TJFS

☑ 屏幕菜单："楼梯其他"→"添加扶手"

选择"添加扶手"命令后，命令行显示如下。

 请选择梯段或作为路径的曲线(线/弧/圆/多段线)：选取梯段线
是否为该对象？[是(Y)/否(N)]<Y>：
扶手宽度<60>：输入扶手宽度
扶手顶面高度<900>：输入扶手顶面高度
扶手距边<0>：输入扶手距离梯段边距离

双击创建的扶手，打开"扶手"对话框，进入对象编辑状态，如图 7-9 所示。

图 7-9 "扶手"对话框

在对话框中输入相应的数值后单击"确定"按钮，完成操作。

7.1.8　上机练习——添加扶手

↳ **练习目标**

添加扶手效果如图 7-10 所示。

↳ **设计思路**

打开"源文件"中的"添加扶手原图"图形，选择"添加扶手"命令，添加扶手。

视 频 讲 解

↳ **操作步骤**

1．打开"源文件"中的"添加扶手原图"图形，选择屏幕菜单中的"楼梯其他"→"添加扶手"命令，命令行显示如下。

> 请选择梯段或作为路径的曲线 (线/弧/圆/多段线)：选 A
> 是否为该对象? [是 (Y) /否 (N)] <Y>：Y
> 扶手宽度<60>：60
> 扶手顶面高度<900>：900
> 扶手距边<0>：0

2．选择屏幕菜单中的"楼梯其他"→"添加扶手"命令，命令行显示如下。

> 请选择梯段或作为路径的曲线 (线/弧/圆/多段线)：选 B
> 是否为该对象? [是 (Y) /否 (N)] <Y>：Y
> 扶手宽度<60>：60
> 扶手顶面高度<900>：900
> 扶手距边<0>：0

绘制结果如图 7-10 所示。添加扶手的三维显示如图 7-11 所示。

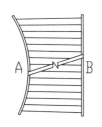

图 7-10　添加扶手图

图 7-11　添加扶手的三维显示图

3．保存图形。

> 命令：SAVEAS↙　　（将绘制完成的图形以"添加扶手.dwg"为文件名保存在指定的路径中）

7.1.9　连接扶手

"连接扶手"命令用于把两段扶手连成一段。执行方式如下。

☑　命令行：LJFS

☑　屏幕菜单："楼梯其他"→"连接扶手"

选择"连接扶手"命令后，命令行显示如下。

选择待连接的扶手(注意与顶点顺序一致)：选择第一段扶手
选择待连接的扶手(注意与顶点顺序一致)：选择另一段扶手
选择待连接的扶手(注意与顶点顺序一致)：

按 Enter 键，完成两段扶手的连接。

7.1.10 上机练习——连接扶手

↳ 练习目标

连接扶手效果如图 7-12 所示。

↳ 设计思路

打开"源文件"中的"连接扶手原图"图形，选择"连接扶手"命令，添加连接扶手。

↳ 操作步骤

1. 打开"源文件"中的"连接扶手原图"图形，选择屏幕菜单中的"楼梯其他"→"连接扶手"命令，命令行显示如下。

图 7-12 连接扶手图

选择待连接的扶手(注意与顶点顺序一致)：选择第一段扶手
选择待连接的扶手(注意与顶点顺序一致)：选择另一段扶手
选择待连接的扶手(注意与顶点顺序一致)：

绘制结果如图 7-12 所示。

2. 保存图形。

命令：SAVEAS✓ （将绘制完成的图形以"连接扶手.dwg"为文件名保存在指定的路径中）

7.1.11 双跑楼梯

选择"双跑楼梯"命令，在打开的对话框中输入梯间参数，可直接绘制双跑楼梯。执行方式如下。

☑ 命令行：SPLT
☑ 屏幕菜单："楼梯其他"→"双跑楼梯"

选择屏幕菜单命令后，打开"双跑楼梯"对话框，如图 7-13 所示。

图 7-13 "双跑楼梯"对话框

在对话框中输入相应的数值并确定后，命令行显示如下。

点取位置或 [转 90 度(A)/左右翻(S)/上下翻(D)/对齐(F)/改转角(R)/改基点(T)]<退出>:选择
插入位置完成操作

7.1.12 上机练习——双跑楼梯

视频讲解

🖎 练习目标

绘制的双跑楼梯如图 7-14 所示。

🖎 设计思路

打开"源文件"中的"双跑楼梯原图"图形，选择"双跑楼梯"命令，绘制
双跑楼梯。

🖎 操作步骤

1. 打开"源文件"中的"双跑楼梯原图"图形，选择屏幕菜单中的"楼梯
其他"→"双跑楼梯"命令，打开"双跑楼梯"对话框，如图 7-13 所示。

在对话框中输入相应的数值并确定后，命令行显示如下。

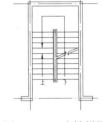

图 7-14 双跑楼梯图

点取位置或 [转 90 度(A)/左右翻(S)/上下翻(D)/对齐(F)/改转角(R)/改基点(T)]<退出>:选择
房间左上内角点

绘制结果如图 7-14 所示。双跑楼梯的三维显示如图 7-15 所示。

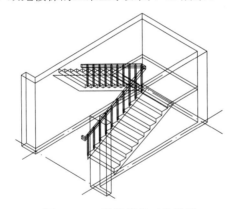

图 7-15 双跑楼梯的三维显示

2. 保存图形。

命令：SAVEAS✓ （将绘制完成的图形以"双跑楼梯.dwg"为文件名保存在指定的路径中）

7.1.13 多跑楼梯

"多跑楼梯"命令用于输入关键点，建立多跑（转角、直跑等）楼梯。执行方式如下。

☑ 命令行：DPLT

☑ 屏幕菜单："楼梯其他"→"多跑楼梯"

选择"多跑楼梯"命令后，打开"多跑楼梯"对话框，如图 7-16 所示。

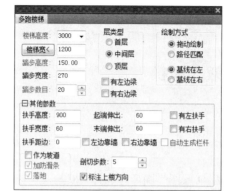

图 7-16 "多跑楼梯"对话框

在对话框中输入相应的数值并确定后，命令行显示如下。

> 输入下一点或 [路径切换到右侧(Q)]<退出>:
>
> 输入下一点或 [路径切换到右侧(Q)/撤销上一点(U)]<退出>:
>
> 输入下一点或 [绘制梯段(T)/路径切换到右侧(Q)/撤销上一点(U)]<切换到绘制梯段>:直到按
> Enter 键完成操作

7.1.14 上机练习——多跑楼梯

视频讲解

✎ **练习目标**

绘制的多跑楼梯如图 7-17 所示。

✎ **设计思路**

打开"源文件"中的"多跑楼梯原图"图形，选择"多跑楼梯"命令，设置相关的参数，绘制多跑楼梯。

✎ **操作步骤**

1．打开"源文件"中的"多跑楼梯原图"图形，选择屏幕菜单中的"楼梯其他"→"多跑楼梯"命令，打开"多跑楼梯"对话框，如图 7-16 所示。

对话框中主要选项的说明如下。

☑ 楼梯高度：等于所有踏步高度的总和，改变楼梯高度会改变踏步数量，同时可能微调踏步高度。

☑ 踏步高度：输入一个近似高度，系统将自动设置正确值，改变踏步高度将反向改变踏步数目。

☑ 踏步数目：改变踏步数目将反向改变踏步高度。

在对话框中输入相应的数值，如图 7-18 所示。

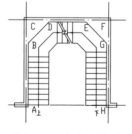

图 7-17 多跑楼梯图

图 7-18 "多跑楼梯"对话框

确定后命令行显示如下。

```
起点<退出>:选 A
输入下一点或 [路径切换到右侧(Q)]<退出>:选 B
输入下一点或 [路径切换到右侧(Q)/撤销上一点(U)]<退出>:选 D
输入下一点或 [绘制梯段(T)/路径切换到右侧(Q)/撤销上一点(U)]<切换到绘制梯段>:T
输入下一点或 [绘制平台(T)/路径切换到右侧(Q)/撤销上一点(U)]<退出>:选 E
输入下一点或 [绘制梯段(T)/路径切换到右侧(Q)/撤销上一点(U)]<切换到绘制梯段>:T
输入下一点或 [绘制平台(T)/路径切换到右侧(Q)/撤销上一点(U)]<退出>:选 G
输入下一点或 [绘制平台(T)/路径切换到右侧(Q)/撤销上一点(U)]<退出>:选 H
```

绘制结果如图 7-17 所示。多跑楼梯的三维显示如图 7-19 所示。

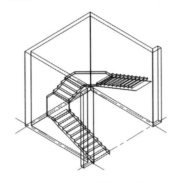

图 7-19 多跑楼梯的三维显示

2. 保存图形。

命令：SAVEAS✓ （将绘制完成的图形以"多跑楼梯.dwg"为文件名保存在指定的路径中）

7.1.15 电梯

"电梯"命令用于在电梯间井道内插入电梯门，绘制电梯简图。执行方式如下。

☑ 命令行：DT

☑ 屏幕菜单："楼梯其他"→"电梯"

选择"电梯"命令后，打开"电梯参数"对话框，如图 7-20 所示。

在对话框中输入相应的数值，在绘图区单击，命令行显示如下。

图 7-20 "电梯参数"对话框

```
请给出电梯间的一个角点或 [参考点(R)]<退出>:选择电梯间一个角点
再给出上一角点的对角点:选择电梯间相对的角点
请点取开电梯门的墙线<退出>:选择开门的墙线，可多选
请点取平衡块的所在的一侧<退出>:选择平衡块所在位置
请点取其他开电梯门的墙线<无>:
请给出电梯间的一个角点或 [参考点(R)]<退出>:
```

Note

视频讲解

7.1.16　上机练习——电梯

↳ **练习目标**

绘制的电梯如图 7-21 所示。

↳ **设计思路**

打开"源文件"中的"电梯原图"图形，选择"电梯"命令，设置相关的参数，绘制电梯。

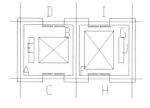

图 7-21　电梯图

↳ **操作步骤**

1．打开"源文件"中的"电梯原图"图形，选择屏幕菜单中的"楼梯其他"→"电梯"命令，打开"电梯参数"对话框，如图 7-20 所示。

对话框中主要选项的说明如下。

☑ 电梯类别：包括客梯、住宅梯、医院梯、货梯 4 种类型，每种电梯有不同的设计参数。

☑ 载重量：单击右侧下拉按钮，选择载重量。

☑ 门形式：分为中分和旁分。

☑ A.轿厢宽：输入轿厢的宽度。

☑ B.轿厢深：输入轿厢的进深。

☑ E.门宽：输入电梯的门宽。

2．在对话框中输入相应的数值，如图 7-20 所示。在绘图区域单击，命令行显示如下。

```
请给出电梯间的一个角点或 [参考点(R)]<退出>:选 A
再给出上一角点的对角点:选 B
请点取开电梯门的墙线<退出>:选 C
请点取平衡块的所在的一侧<退出>:选 E
请点取其他开电梯门的墙线<无>:选 D
请给出电梯间的一个角点或 [参考点(R)]<退出>:
```

3．选择"电梯"命令，在打开的对话框中设置需要的数值，如图 7-22 所示。

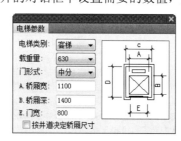

图 7-22　"电梯参数"对话框

在绘图区域单击，命令行显示如下。

```
请给出电梯间的一个角点或 [参考点(R)]<退出>:选 F
再给出上一角点的对角点:选 G
请点取开电梯门的墙线<退出>:选 H
请点取平衡块的所在的一侧<退出>:选 J
请点取其他开电梯门的墙线<无>:选 I
```

请给出电梯间的一个角点或 [参考点(R)]<退出>：

绘制电梯图结果如图 7-21 所示。

4. 保存图形。

命令：SAVEAS✓　（将绘制完成的图形以"电梯.dwg"为文件名保存在指定的路径中）

Note

7.1.17　自动扶梯

"自动扶梯"命令用于绘制单台或双台自动扶梯。执行方式如下。

☑　命令行：ZDFT

☑　屏幕菜单："楼梯其他"→"自动扶梯"

选择"自动扶梯"命令后，打开"自动扶梯"对话框，如图 7-23 所示。

图 7-23　"自动扶梯参数"对话框

在对话框中输入相应的数值，单击"确定"按钮，命令行显示如下。

点取位置或 [转 90 度(A)/左右翻(S)/上下翻(D)/对齐(F)/改转角(R)/改基点(T)]<退出>:选择插入点

7.1.18　上机练习——自动扶梯

☙ 练习目标

绘制的自动扶梯如图 7-24 所示。

☙ 设计思路

选择"自动扶梯"命令，设置相关的参数，绘制自动扶梯。

☙ 操作步骤

1. 选择"自动扶梯"命令后，打开"自动扶梯"对话框，如图 7-23 所示，其中主要选项的说明如下。

☑　楼梯高度：输入需要的楼层高度。

☑　梯段宽度：输入需要的楼梯宽度。

☑　平步距离：从自动扶梯工作点开始到踏步端线的距离，当为水平步道时，平步距离为 0。

☑　平台距离：从自动扶梯工作点开始到扶梯平台安装端线的距离，当为水平步道时，平台距离需重新设置。

☑　倾斜角度：自动扶梯的倾斜角，商品自动扶梯为 30、35，坡道为 10、12，当倾斜角为 0 时作为步道，交互界面和参数相应修改。

视频讲解

图 7-24　自动扶梯图

2．在对话框中输入相应的数值，选中"单梯"，单击"确定"按钮，命令行显示如下。

> 点取位置或 [转 90 度(A)/左右翻(S)/上下翻(D)/对齐(F)/改转角(R)/改基点(T)]<退出>:选择
> 插入点

绘制结果如图 7-24 左图所示。

3．选择"自动扶梯"命令，打开"自动扶梯"对话框，选中"双梯"，单击"确定"按钮，命令
行显示如下。

> 点取位置或 [转 90 度(A)/左右翻(S)/上下翻(D)/对齐(F)/改转角(R)/改基点(T)]<退出>:选择
> 插入点

绘制结果如图 7-24 右图所示。

4．保存图形。

> 命令：SAVEAS✓ （将绘制完成的图形以"自动扶梯.dwg"为文件名保存在指定的路径中）

7.2 其他设施的创建

本节主要讲解基于墙体创建阳台、台阶、坡道和散水等设施。

7.2.1 阳台

使用"阳台"命令可以直接绘制阳台或把预先绘制好的 PLINE 线转成阳台。执行方式如下。
- ☑ 命令行：YT
- ☑ 屏幕菜单："楼梯其他"→"阳台"

选择"阳台"命令后，有两种绘制方式。
- ☑ 任意绘制：沿着阳台边界进行绘制。命令行显示如下。

> 阳台起点<退出>:单击阳台的起点
> 直段下一点或 [弧段(A)/回退(U)]<结束>:单击阳台的角点
> 直段下一点或 [弧段(A)/回退(U)]<结束>:单击阳台的下一角点
> 直段下一点或 [弧段(A)/回退(U)]<结束>:
> 请选择邻接的墙(或门窗)和柱:选取与阳台相连的墙体或门窗
> 请点取邻接的墙(或门窗)和柱:
> 请选择邻接的墙(或门窗)和柱:
> 请点取接墙的边:

- ☑ 利用已有的 PLINE 线绘制：用于自定义的特殊形式阳台。命令行显示如下。

> 选择一曲线(LINE/ARC/PLINE):选择已有的曲线
> 请选择邻接的墙(或门窗)和柱: 选取与阳台相连的墙体或门窗
> 请选择邻接的墙(或门窗)和柱: 选取与阳台相连的墙体或门窗
> 请选择邻接的墙(或门窗)和柱:
> 请点取接墙的边:

执行两种方式后都会打开"绘制阳台"对话框，如图 7-25 所示。

图 7-25 "绘制阳台"对话框

在对话框中输入相应的数值，单击"确定"按钮，即可生成阳台。

7.2.2 上机练习——阳台

视频讲解

✎ 练习目标

绘制的阳台如图 7-26 所示。

✎ 设计思路

打开"源文件"中的"阳台原图"图形，选择"阳台"命令，
设置相关的参数，绘制阳台。

✎ 操作步骤

1. 打开"源文件"中的"阳台原图"图形，选择"阳台"
命令，打开"绘制阳台"对话框，选择任意绘制方式。命令行显
示如下。

图 7-26 阳台图

```
阳台起点<退出>:选 A
直段下一点或 [弧段(A)/回退(U)]<结束>:选 B
直段下一点或 [弧段(A)/回退(U)]<结束>:选 C
直段下一点或 [弧段(A)/回退(U)]<结束>:选 D
直段下一点或 [弧段(A)/回退(U)]<结束>:选 E
直段下一点或 [弧段(A)/回退(U)]<结束>:
请选择邻接的墙(或门窗)和柱:选取与阳台相连的墙体或门窗
请点取邻接的墙(或门窗)和柱:
请选择邻接的墙(或门窗)和柱:
请点取接墙的边:
```

绘制结果如图 7-26 所示。

2. 保存图形。

命令：SAVEAS✓ （将绘制完成的图形以"阳台.dwg"为文件名保存在指定的路径中）

7.2.3 台阶

使用"台阶"命令可以直接绘制台阶或把预先绘制好的 PLINE 线转成台阶。执行方式如下。

☑ 命令行：TJ
☑ 屏幕菜单："楼梯其他"→"台阶"

选择"台阶"命令后，有两种绘制方式。

☑ 直接绘制：以台阶第一个踏步作为平台，生成台阶。命令行显示如下。

台阶平台轮廓线的起点<退出>：单击台阶平台的起点
直段下一点或 [弧段(A)/回退(U)]<结束>：单击台阶平台的角点
　直段下一点或 [弧段(A)/回退(U)]<结束>：单击台阶平台的下一角点……
　直段下一点或 [弧段(A)/回退(U)]<结束>：
请选择邻接的墙(或门窗)和柱：选取与台阶平台相连的墙体或门窗
请选择邻接的墙(或门窗)和柱：
请单击没有踏步的边：自定义虚线显示该边，可选其他没有踏步的边

☑　利用已有的 PLINE 线绘制：用于自定义的特殊形式台阶。命令行显示如下。

台阶平台轮廓线的起点<退出>：p
选择一曲线(LINE/ARC/PLINE)：选择已有的曲线
请选择邻接的墙(或门窗)和柱：选取与台阶平台相连的墙体或门窗
请选择邻接的墙(或门窗)和柱：选取与台阶平台相连的墙体或门窗
请选择邻接的墙(或门窗)和柱：
请点取没有踏步的边：自定义虚线显示该边，可选其他没有踏步的边

执行两种方式后都会打开"台阶"对话框，如图 7-27 所示。

图 7-27　"台阶"对话框

在对话框中输入相应的数值，绘制台阶。

7.2.4　上机练习——台阶

☙ 练习目标

绘制的台阶如图 7-28 所示。

☙ 设计思路

打开"源文件"中的"台阶原图"图形，选择"台阶"命令，设置相关的参数，绘制台阶。

☙ 操作步骤

1. 打开"源文件"中的"台阶原图"图形，选择屏幕菜单中的"楼梯其他"→"台阶"命令，打开"台阶"对话框，如图 7-27 所示，在对话框中输入相应的数值，生成台阶。命令行显示如下。

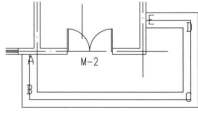

图 7-28　台阶图

台阶平台轮廓线的起点<退出>：选 A
直段下一点或 [弧段(A)/回退(U)]<结束>：选 B
　直段下一点或 [弧段(A)/回退(U)]<结束>：选 C
　直段下一点或 [弧段(A)/回退(U)]<结束>：选 D
　直段下一点或 [弧段(A)/回退(U)]<结束>：选 E
　直段下一点或 [弧段(A)/回退(U)]<结束>：

请选择邻接的墙(或门窗)和柱：选墙体
请选择邻接的墙(或门窗)和柱：选墙体
请选择邻接的墙(或门窗)和柱：
请点取没有踏步的边：

绘制结果如图 7-28 所示。

2．保存图形。

命令：SAVEAS↙ （将绘制完成的图形以"台阶.dwg"为文件名保存在指定的路径中）

7.2.5 坡道

"坡道"命令用于构造室外坡道。执行方式如下。

☑ 命令行：PD

☑ 屏幕菜单："楼梯其他"→"坡道"

选择"坡道"命令后，打开"坡道"对话框，如图 7-29 所示。

图 7-29 "坡道"对话框

在对话框中输入相应的数值，命令行显示如下。

点取位置或 [转 90 度(A)/左右翻(S)/上下翻(D)/对齐(F)/改转角(R)/改基点(T)]<退出>:单击坡道的插入位置

7.2.6 上机练习——坡道

↳ 练习目标

绘制的坡道如图 7-30 所示。

↳ 设计思路

打开"源文件"中的"坡道原图"图形，选择"坡道"命令，设置相关的参数，绘制坡道。

↳ 操作步骤

1．打开"源文件"中的"坡道原图"图形，选择屏幕菜单中的"楼梯其他"→"坡道"命令，打开"坡道"对话框，如图 7-29 所示。其中"边坡宽度"可以为负值，表示矩形主坡，两侧边坡。

在本例中输入的数值如图 7-29 所示。命令行显示如下。

图 7-30 坡道图

视频讲解

点取位置或 [转 90 度(A)/左右翻(S)/上下翻(D)/对齐(F)/改转角(R)/改基点(T)]<退出>:

绘制结果如图 7-30 所示。

2. 保存图形。

命令：SAVEAS↙ （将绘制完成的图形以"坡道.dwg"为文件名保存在指定的路径中）

7.2.7 散水

"散水"命令可通过自动搜索外墙线，绘制散水。执行方式如下。

☑ 命令行：SS

☑ 屏幕菜单："楼梯其他"→"散水"

选择"散水"命令后，打开"散水"对话框，如图 7-31 所示。

图 7-31 "散水"对话框

在对话框中输入相应的数值，命令行显示如下。

请选择构成一完整建筑物的所有墙体(或门窗、阳台)<退出>:框选所有的建筑物生成相应的散水

7.2.8 上机练习——散水

视频讲解

☝ 练习目标

绘制的散水如图 7-32 所示。

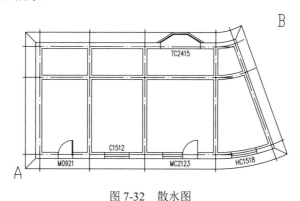

图 7-32 散水图

☝ 设计思路

打开"源文件"中的"散水原图"图形，选择"散水"命令，设置相关的参数，绘制散水。

☝ 操作步骤

1. 打开"源文件"中的"散水原图"图形，选择屏幕菜单中的"楼梯其他"→"散水"命令，打开"散水"对话框，如图 7-31 所示，其中主要选项的说明如下。

☑ 散水宽度：输入需要的散水宽度。

☑ 偏移距离：输入外墙勒角对外墙皮的偏移数值。

☑　室内外高差：输入室内外高差。

☑　创建室内外高差平台：选中该复选框，在各房间创建零标高地面。

在本例中输入的数值如图 7-31 所示，框选平面图，绘制散水。命令行显示如下。

> 请选择构成一完整建筑物的所有墙体(或门窗、阳台)<退出>:框选 A-B

绘制结果如图 7-32 所示。

2．保存图形。

> 命令：SAVEAS↙　　（将绘制完成的图形以"散水.dwg"为文件名保存在指定的路径中）

第8章

文字表格

本章导读

文字注释是建筑绘图的重要组成部分，在进行各种设计时，通常不仅要绘出图形，还要在图形中标注一些文字，如注释说明等，用于对图形对象加以解释。图表在建筑绘图中也有大量的应用，如明细表、参数表和标题栏等。

本章介绍文字的样式、单行文字和多行文字等的添加方式、文字的格式编辑工具，以及表格的创建及编辑方式。

学习要点

☑ 文字工具
☑ 表格工具

8.1　文　字　工　具

文字是建筑绘图的重要组成部分，所有的设计说明、符号标注和尺寸标注等都需要用文字来表达。本节主要讲解文字输入和编辑的方法。

8.1.1　文字样式

使用"文字样式"命令可以创建或修改天正扩展文字样式并设置图形中的当前文字样式。执行方式如下。

☑ 命令行：WZYS
☑ 屏幕菜单："文字表格" → "文字样式"

选择"文字样式"命令后，打开"文字样式"对话框，如图 8-1 所示。

图 8-1　"文字样式"对话框

对话框中主要选项的说明如下。

☑　样式名：可在下拉列表中选择文字样式。

☑　新建：新建文字样式。单击该按钮后，首先命名新文字样式，然后选择相应的字体和参数。

☑　重命名：给文字样式重新命名。

☑　中文参数和西文参数：可在其中选择合适的字体类型，同时可以通过预览功能预览文字效果。

具体文字样式应根据相关规定执行。

8.1.2　单行文字

使用"单行文字"命令可以创建符合建筑制图标注的单行文字。执行方式如下。

☑　命令行：DHWZ

☑　屏幕菜单："文字表格"→"单行文字"

选择"单行文字"命令后，打开"单行文字"对话框，如图 8-2 所示。

图 8-2　"单行文字"对话框

8.1.3　上机练习——单行文字

练习目标

生成的单行文字如图 8-3 所示。

①～②轴间建筑面积100m²，用的钢筋为Φ。

图 8-3　单行文字图

设计思路

打开"单行文字"对话框，输入相关文字并进行参数设置，标注单行文字。

视频讲解

Note

✎ **操作步骤**

1．选择"单行文字"命令，打开"单行文字"对话框，如图 8-2 所示，其中主要选项的说明如下。

　　☑　文字输入区：输入需要的文字内容。
　　☑　文字样式：可在该下拉列表中选择文字样式。
　　☑　对齐方式：可在该下拉列表中选择文字对齐方式。
　　☑　转角<：输入文字的转角。
　　☑　字高>：输入文字的高度。
　　☑　背景屏蔽：选中该复选框，文字屏蔽背景。
　　☑　连续标注：选中该复选框，单行文字可以连续标注。

其他特殊符号见相应的操作提示即可。

2．先清空文字输入区，然后输入"1～2 轴间建筑面积 100m²，用的钢筋为"，再分别选中 1 和 2，单击"圆圈文字"按钮①；选中 m 后面的 2，单击"上标"按钮 m^2，最后选择合适的钢筋标号。此时对话框如图 8-4 所示。

图 8-4　"单行文字"对话框

在绘图区中单击，命令行显示如下。

请点取插入位置<退出>：
请点取插入位置<退出>：

绘制结果如图 8-3 所示。

3．保存图形。

命令：SAVEAS↙　（将绘制完成的图形以"单行文字.dwg"为文件名保存在指定的路径中）

8.1.4　多行文字

使用"多行文字"命令可以创建符合建筑制图标注的整段文字。执行方式如下。
　　☑　屏幕菜单："文字表格"→"多行文字"

选择"多行文字"命令后，打开"多行文字"对话框，如图 8-5 所示。

图 8-5　"多行文字"对话框

Note

视频讲解

8.1.5　上机练习——多行文字

✎ 练习目标

生成的多行文字如图8-6所示。

1构件下料前须放1:1大样校对尺寸,无误后下料加工,出厂前应进行预装检查。
2构件下料当采用自动切割时可局部修磨,当采用手工切割时应刨平。
3钢结构构件如需接长,要求按口等强焊接,焊透全截面,并用引弧板施焊。

图8-6　多行文字图

✎ 设计思路

打开"多行文字"对话框,输入相关文字并进行参数设置,标注多行文字。

✎ 操作步骤

1．选择屏幕菜单中的"文字表格"→"多行文字"命令,打开"多行文字"对话框,如图 8-5所示,其中主要选项的说明如下。

- ☑　行距系数:表示行间的净距,单位是文字高度。
- ☑　文字样式:可在下拉列表中选择文字样式。
- ☑　对齐:可在下拉列表中选择文字对齐方式。
- ☑　页宽<:输入文字的限制宽度。
- ☑　字高<:输入文字的高度。
- ☑　转角:输入文字的旋转角度。
- ☑　文字输入区:在其中输入多行文字。

其他特殊符号见相应的操作提示即可。

2．先清空文字输入区,再输入相应文字,并设置相关参数,此时对话框如图8-7所示。

图8-7　"多行文字"对话框

在绘图区中单击,命令行显示如下。

左上角或 [参考点(R)]<退出>:在绘图区指定插入点

绘制结果如图8-6所示。

3．保存图形。

命令:SAVEAS✓　(将绘制完成的图形以"多行文字.dwg"为文件名保存在指定的路径中)

8.1.6　曲线文字

使用"曲线文字"命令可以直接按弧线方向书写中英文字符串,或者在已有的多段线上布置中英文字符串。执行方式如下。

- ☑　命令行:QXWZ
- ☑　屏幕菜单:"文字表格"→"曲线文字"

选择"曲线文字"命令后,打开"曲线文字"对话框,如图 8-8所示。

有以下两种操作方式。

直接写　　按已有曲
曲线文字　线布置文字

图8-8　"曲线文字"对话框

☑ 直接写曲线文字，命令行显示如下。

> 请输入弧线文字中心位置<退出>:
> 请输入弧线文字圆心位置<退出>:

☑ 按已有曲线布置文字，命令行显示如下。

> 请选取文字的基线 <退出>:选择曲线
> 输入文字:输入文字内容

系统将文字等距写在曲线上。

8.1.7　上机练习——曲线文字

练习目标

生成的曲线文字如图 8-9 所示。

设计思路

打开"曲线文字"对话框，输入相关文字并进行参数设置，标注曲线文字。

图 8-9　曲线文字图

操作步骤

1. 打开"源文件"中的"曲线文字原图"图形，选择"曲线文字"命令，输入文字，命令行显示如下。

> 请选取文字的基线 <退出>:选择曲线
> 请点取文字的布置方向<退出>:在曲线上部单击

绘制结果如图 8-9 所示。

2. 保存图形。

> 命令: SAVEAS↙　（将绘制完成的图形以"曲线文字.dwg"为文件名保存在指定的路径中）

8.1.8　专业词库

使用"专业词库"命令可以输入或维护专业词库中的内容。由用户扩充的专业词库，可以提供一些常用的建筑专业词汇随时插入图中，词库还可在各种符号标注命令中调用，其中"做法标注"命令可调用北方地区常用的 88J1-X1（2000版）工程做法的主要内容。执行方式如下。

☑ 命令行：ZYCK

☑ 屏幕菜单："文字表格"→"专业词库"

选择"专业词库"命令后，打开"专业词库"对话框，如图 8-10 所示。

在编辑框内输入需要的文字内容后单击绘图区域，命令行显示如下。

图 8-10　"专业词库"对话框

> 请指定文字的插入点<退出>:将文字内容插入需要位置

8.1.9 上机练习——专业词库

Note

视频讲解

✎ 练习目标

　　生成的专业词库内容如图 8-11 所示。

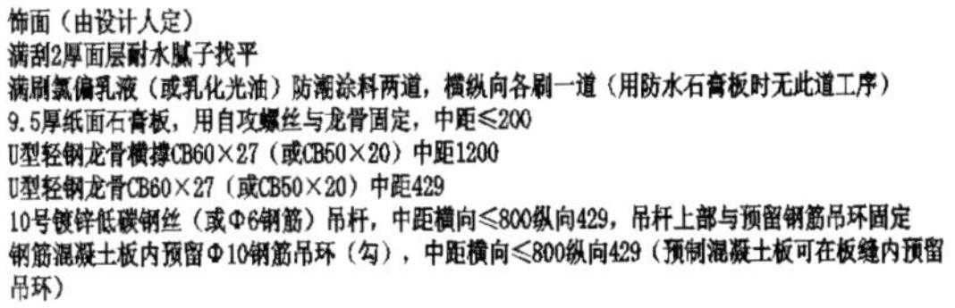

饰面（由设计人定）
满刮2厚面层耐水腻子找平
满刷氯偏乳液（或乳化光油）防潮涂料两道，横纵向各刷一道（用防水石膏板时无此道工序）
9.5厚纸面石膏板，用自攻螺丝与龙骨固定，中距≤200
U型轻钢龙骨横撑CB60×27（或CB50×20）中距1200
U型轻钢龙骨CB60×27（或CB50×20）中距429
10号镀锌低碳钢丝（或Φ6钢筋）吊杆，中距横向≤800纵向429，吊杆上部与预留钢筋吊环固定
钢筋混凝土板内预留Φ10钢筋吊环（勾），中距横向≤800纵向429（预制混凝土板可在板缝内预留吊环）

图 8-11　专业词库图

✎ 设计思路

　　打开"专业词库"对话框，添加专业词库。

✎ 操作步骤

　　1．选择"文字表格"→"专业词库"命令，打开"专业词库"对话框，如图 8-10 所示，其中主要选项的说明如下。

　　　☑　词汇分类：在词库中按不同专业分类。

　　　☑　词汇列表：专业词汇的列表。

　　　☑　导入文件：把文本文件中按行作为词汇，导入当前目录中。

　　　☑　输出文件：把当前类别中所有的词汇输出到一个文本文件中去。

　　　☑　文字替换<：选择目标文字后，单击该按钮，输入要替换成的目标文字。

　　　☑　拾取文字<：把图上的文字拾取到编辑框中进行修改或替换。

　　　☑　修改索引：在文字编辑区修改要插入的文字（按 Enter 键可增加行数），单击此按钮后，更新词汇列表中的词汇索引。

　　　☑　入库：把编辑框内的文字添加到当前词汇列表中。

　　2．单击"顶棚屋面做法"，在右侧选择"纸面石膏板吊顶 1"，在编辑框内显示要输入的文字，如图 8-12 所示。

图 8-12　"专业词库"对话框

　　单击绘图区域，命令行显示如下。

　　请指定文字的插入点<退出>:将文字内容插入需要位置

绘制结果如图 8-11 所示。

3．保存图形。

命令：SAVEAS↙　（将绘制完成的图形以"专业词库.dwg"为文件名保存在指定的路径中）

Note

8.1.10　转角自纠

使用"转角自纠"命令可以把不符合建筑制图标准的文字予以纠正。执行方式如下。

☑　命令行：ZJZJ

☑　屏幕菜单："文字表格"→"转角自纠"

选择"转角自纠"命令后，命令行提示如下。

请选择天正文字：选择需要调整的文字即可

8.1.11　上机练习——转角自纠

视频讲解

✎ 练习目标

转角自纠效果如图 8-13 所示。

✎ 设计思路

打开"源文件"中的"转角自纠原图"图形，选择 "转角自纠"命令，进行转角自纠。

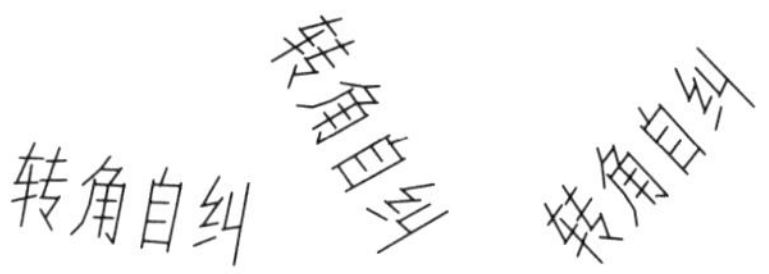

图 8-13　转角自纠图

✎ 操作步骤

1．打开"源文件"中的"转角自纠原图"图形，选择屏幕菜单中的"文字表格"→"转角自纠"命令，命令行提示如下。

请选择天正文字:选字体
请选择天正文字:选字体
请选择天正文字:选字体

绘制结果如图 8-13 所示。

2．保存图形。

命令：SAVEAS↙　（将绘制完成的图形以"转角自纠.dwg"为文件名保存在指定的路径中）

8.1.12　文字转化

使用"文字转化"命令可以把 AutoCAD 单行文字转化为天正单行文字。执行方式如下。

☑　命令行：WZZH

☑　屏幕菜单："文字表格"→"文字转化"

选择"文字转化"命令后，命令行提示如下。

请选择 ACAD 单行文字：选择文字
请选择 ACAD 单行文字：选择文字
请选择 ACAD 单行文字：……

请选择 ACAD 单行文字:

执行命令后，生成符合要求的天正文字。

8.1.13　文字合并

使用"文字合并"命令可以把天正单行文字的段落合并成一段天正多行文字。执行方式如下。

　　☑　命令行：WZHB

　　☑　屏幕菜单："文字表格"→"文字合并"

选择"文字合并"命令后，命令行提示如下。

　　请选择要合并的文字段落<退出>:框选天正单行文字的段落
　　请选择要合并的文字段落<退出>:
　　[合并为单行文字(D)]<合并为多行文字>:默认合并为多行文字，选 D 为合并为单行文字
　　移动到目标位置<替换原文字>:选取文字移动到的位置

执行命令后，生成符合要求的天正多行文字。

8.1.14　上机练习——文字合并

↳ **练习目标**

　　文字合并效果如图 8-14 所示。

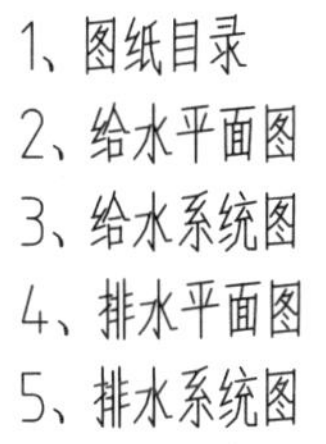

↳ **设计思路**

　　打开"源文件"中的"文字合并原图"图形，选择"文字合并"命令，进行
文字合并。

↳ **操作步骤**

　　1. 打开"源文件"中的"文字合并原图"图形，选择屏幕菜单中的"文字
表格"→"文字合并"命令，命令行提示如下。

　　请选择要合并的文字段落<退出>:框选天正单行文字的段落
　　请选择要合并的文字段落<退出>:
　　[合并为单行文字(D)]<合并为多行文字>:
　　移动到目标位置<替换原文字>:选取文字移动到的位置

1、图纸目录
2、给水平面图
3、给水系统图
4、排水平面图
5、排水系统图

图 8-14　文字合并图

绘制结果如图 8-14 所示。

　　2. 保存图形。

　　命令：SAVEAS↙　　（将绘制完成的图形以"文字合并.dwg"为文件名保存在指定的路径中）

8.1.15　统一字高

使用"统一字高"命令可以把所选择的文字字高统一为给定的字高。执行方式如下。

　　☑　命令行：TYZG

　　☑　屏幕菜单："文字表格"→"统一字高"

选择"统一字高"命令后，命令行提示如下。

```
请选择要修改的文字（ACAD 文字，天正文字）<退出>指定对角点：框选需要统一字高的文字
请选择要修改的文字（ACAD 文字，天正文字）<退出>:
字高() <3.5mm>:统一后的文字字高
```

执行命令后，选中的文字的字高按给定的值进行统一。

8.1.16　上机练习——统一字高

✎ 练习目标

统一字高效果如图 8-15 所示。

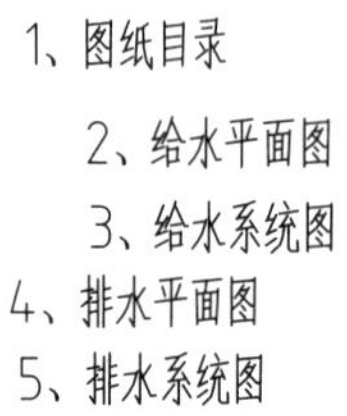

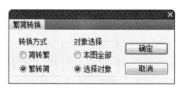

1、图纸目录
2、给水平面图
3、给水系统图
4、排水平面图
5、排水系统图

图 8-15　统一字高图

✎ 设计思路

打开“源文件”中的“统一字高原图”图形，选择“统一字高”命令，进行统一字高操作。

✎ 操作步骤

1．打开“源文件”中的“统一字高原图”图形，选择屏幕菜单中的“文字表格”→“统一字高”命令，将字高统一。命令行提示如下。

```
请选择要修改的文字（ACAD 文字，天正文字）<退出>指定对角点：框选需要统一字高的文字
请选择要修改的文字（ACAD 文字，天正文字）<退出>:
字高() <3.5mm>:
```

绘制结果如图 8-15 所示。

2．保存图形。

```
命令：SAVEAS↙　（将绘制完成的图形以“统一字高.dwg”为文件名保存在指定的路径中）
```

8.1.17　繁简转换

使用“繁简转换”命令可以把当前文字在 Big5 与 GB 之间转换。执行方式如下。

☑　命令行：FJZH

☑　屏幕菜单：“文字表格”→“繁简转换”

选择“繁简转换”命令后，打开“繁简转换”对话框，如图 8-16 所示。

繁简转换
转换方式
简转繁
繁转简
对象选择
本图全部
选择对象
确定
取消

图 8-16　“繁简转换”对话框

首先确定文字的“转换方式”，然后在“对象选择”中选择对象的范围，单击“确定”按钮后，命令行提示如下。

```
选择包含文字的图元:选择需要转换的文字
选择包含文字的图元:
```

完成操作后，文字即进行繁简转换。

8.1.18　上机练习——繁简转换

✎ 练习目标

繁简转换效果如图 8-17 所示。

5厚1:2.5水泥砂漿罩面壓實趕光
素水泥漿壹道
7厚1:3水泥砂漿（內摻防水劑）掃毛或劃出紋道

图 8-17　繁简转换图

✎ **设计思路**

打开"源文件"中的"繁简转换原图"图形，选择"繁简转换"命令，进行文字的繁简转换。

✎ **操作步骤**

1. 打开"源文件"中的"繁简转换原图"图形，选择屏幕菜单中的"文字表格"→"繁简转换"命令，将简体文字转化为繁体文字。打开"繁简转换"对话框，其中主要选项的说明如下。

☑ 转换方式：根据需要选择简转繁或繁转简。
☑ 对象选择：选择需要转换的文字范围。

2. 在"转换方式"中选中"简转繁"，在"对象选择"中选中"选择对象"，单击"确定"按钮进入绘图区域，命令行提示如下。

> 选择包含文字的图元:选择简体文字
> 选择包含文字的图元:

绘制结果如图 8-17 所示。

3. 保存图形。

> 命令：SAVEAS↙　（将绘制完成的图形以"繁简转换.dwg"为文件名保存在指定的路径中）

8.2　表格工具

表格是建筑绘图的重要组成部分，通过表格可以层次清楚地表达大量的数据内容。表格可以独立绘制，也可以在门窗表和图纸目录中应用。

8.2.1　新建表格

使用"新建表格"命令可以绘制表格并输入文字。执行方式如下。

☑ 命令行：XJBG
☑ 屏幕菜单："文字表格"→"新建表格"

选择"新建表格"命令后，打开"新建表格"对话框，如图 8-18 所示。在其中输入需要的表格数据，单击"确定"按钮，命令行显示如下。

图 8-18　"新建表格"对话框

> 左上角点或 [参考点(R)]<退出>:选取表格左上角在图样中的位置

选择表格位置后，选中表格，双击需要输入文字的单元格，即可在编辑栏进行文字输入。

8.2.2　上机练习——新建表格

✎ **练习目标**

新建的表格如图 8-19 所示。

图 8-19　新建表格图

设计思路

利用"新建表格"命令，设置相关的参数，新建表格。

操作步骤

1. 选择屏幕菜单中的"文字表格"→"新建表格"命令，设置相关参数，如图 8-18 所示，然后单击"确定"按钮，完成表格的创建。命令行显示如下。

左上角点或 [参考点(R)]<退出>:选取表格左上角在图纸中的位置

2. 在表格中添加文字。选中表格，双击表格外边框进行编辑，参数设置如图 8-20 所示。单击标题单元格，对标题进行编辑，参数设置如图 8-21 所示。

图 8-20　"表格设定"对话框 1

图 8-21　"表格设定"对话框 2

单击右侧的"全屏编辑"按钮，对话框如图 8-22 所示。

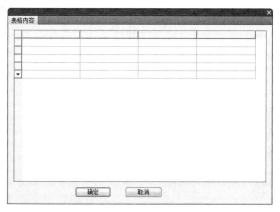

图 8-22　"表格内容"对话框

单击"确定"按钮完成设置。绘制结果如图 8-19 所示。

3. 保存图形。

命令：SAVEAS↙　（将绘制完成的图形以"新建表格.dwg"为文件名保存在指定的路径中）

Note

8.2.3 转出 Excel

使用"转出 Excel"命令可以把天正表格输出到 Excel 新表单中或者更新到当前表单的选中区域。执行方式如下。

☑ 命令行：Sheet2Excel

☑ 屏幕菜单："文字表格"→"转出 Excel"

选择"转出 Excel"命令后，命令行显示如下。

> 请选择表格<退出>：指定对角点：

此时系统自动打开一个 Excel 文件，并将表格内容输入 Excel 表格中。

8.2.4 上机练习——转出 Excel

视频讲解

↳ **练习目标**

将原有表格转成 Excel 表，如图 8-23 所示。

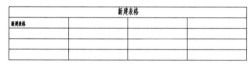

（a）原有表格

（b）Excel 工作表

图 8-23 转出 Excel 图

↳ **设计思路**

打开"源文件"中的"转出 Excel 原图"图形，选择"转出 Excel"命令，设置相关的参数，将表格转到 Excel 中。

↳ **操作步骤**

1．打开"源文件"中的"转出 Excel 原图"图形，选择"转出 Excel"命令，命令行显示如下。

> 请选择表格<退出>：指定对角点：

此时系统自动打开一个 Excel 文件，并将表格内容输入 Excel 表格中，如图 8-23（b）所示。

2．保存图形。

> 命令：SAVEAS✓ （将绘制完成的图形以"转出 Excel.dwg"为文件名保存在指定的路径中）

8.2.5 全屏编辑

使用"全屏编辑"命令可以对表格内容进行全屏编辑。执行方式如下。

☑ 命令行：QPBJ

☑ 屏幕菜单："文字表格"→"表格编辑"→"全屏编辑"

选择"全屏编辑"命令后，命令行显示如下。

选择表格:选择需要进行编辑的表格

显示表格需要编辑的对话框，如图 8-24 所示。

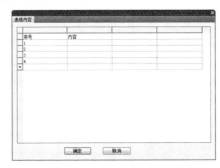

图 8-24 "表格内容"对话框

在对话框内填入需要的文字内容，在对话框内表行右击进行表行操作。

8.2.6 上机练习——全屏编辑

↳ 练习目标

全屏编辑生成的表格如图 8-25 所示。

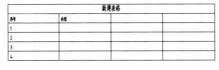

图 8-25 全屏编辑生成的表格

↳ 设计思路

打开"源文件"中的"全屏编辑原图"图形，选择"全屏编辑"命令，显示表格编辑对话框，在其中输入内容。

↳ 操作步骤

1．打开"源文件"中的"全屏编辑原图"图形，选择屏幕菜单中的"文字表格"→"表格编辑"→"全屏编辑"命令，命令行显示如下。

选择表格:选择表格

打开表格编辑对话框，在其中输入内容，然后单击"确定"按钮，生成的表格如图 8-25 所示。

2．保存图形。

命令：SAVEAS↙　（将绘制完成的图形以"全屏编辑.dwg"为文件名保存在指定的路径中）

8.2.7 拆分表格

使用"拆分表格"命令可以把表格分解为多个子表格，分为行拆分和列拆分两种。执行方式如下。

☑ 命令行：CFBG

☑ 屏幕菜单："文字表格"→"表格编辑"→"拆分表格"

选择"拆分表格"命令后，打开"拆分表格"对话框，如图8-26所示。在对话框中选中"行拆分"单选按钮，在中间栏选中"自动拆分"复选框，"指定行数"设置为20，在右侧选中"带标题"复选框，然后单击"拆分"按钮，命令行显示如下。

图 8-26 "拆分表格"对话框

> 选择表格：单击需要拆分的表格

操作完成后，指定拆分后的新表格的位置，原表格即可被拆分。

8.2.8 上机练习——拆分表格

❧ **练习目标**

拆分表格效果如图8-27所示。

图 8-27 拆分表格图

❧ **设计思路**

打开"源文件"中的"拆分表格原图"图形，利用"拆分表格"命令，进行表格的拆分。

❧ **操作步骤**

1. 打开"源文件"中的"拆分表格原图"图形，选择屏幕菜单中的"文字表格"→"表格编辑"→"拆分表格"命令，打开"拆分表格"对话框。

对话框中主要选项的说明如下。

☑ 行拆分：选中该单选按钮，对表格的行进行拆分。

☑ 列拆分：选中该单选按钮，对表格的列进行拆分。

☑ 自动拆分：选中该复选框，对表格按照指定行数进行拆分。

☑ 指定行数：设置新表格除去表头的行数，可通过微调按钮选择。

☑ 带标题：设置拆分后的表格是否带有原有标题。

☑ 表头行数：定义表头的行数，可通过微调按钮选择。

2. 在对话框中选中"行拆分"，取消选中"自动拆分"，选中"带标题"，设置"表头行数"为1，然后单击"拆分"按钮，命令行显示如下。

> 请点取要拆分的起始行<退出>：选表格中序号中的 3 行
> 请点取插入位置<返回>：在图中选择新表格位置
> 请点取要拆分的起始行<退出>：

绘制结果如图8-27所示。

3. 保存图形。

命令：SAVEAS↙ （将绘制完成的图形以"拆分表格.dwg"为文件名保存在指定的路径中）

8.2.9 合并表格

使用"合并表格"命令可以把多个表格合并为一个表格，分为行合并和列合并两种。执行方式如下。

☑ 命令行：HBBG
☑ 屏幕菜单："文字表格"→"表格编辑"→"合并表格"

选择"合并表格"命令后，命令行显示如下。

选择第一个表格或 [列合并(C)]<退出>:选择位于表格首页的表格
选择下一个表格<退出>:选择连接的表格
选择下一个表格<退出>:

完成表格行数合并，两个表格的标题均保留。

8.2.10 上机练习——合并表格

视频讲解

☝ **练习目标**

合并表格效果如图 8-28 所示。

图 8-28 合并表格图

☝ **设计思路**

打开"源文件"中的"合并表格原图"图形，选择"合并表格"命令，进行表格的合并。

☝ **操作步骤**

1. 打开"源文件"中的"合并表格原图"图形，选择屏幕菜单中的"文字表格"→"表格编辑"→"合并表格"命令，命令行显示如下。

选择第一个表格或 [列合并(C)]<退出>:选择上面的表格
选择下一个表格<退出>:选择下面的表格
选择下一个表格<退出>:

完成表格行数合并，两个表格的标题均保留，绘制结果如图 8-28 所示。

2. 保存图形。

命令：SAVEAS↙ （将绘制完成的图形以"合并表格.dwg"为文件名保存在指定的路径中）

8.2.11 表列编辑

使用"表列编辑"命令可以编辑表格的一列或多列。执行方式如下。

☑ 命令行：BLBJ

☑ 屏幕菜单："文字表格" → "表格编辑" → "表列编辑"

选择"表列编辑"命令后，命令行显示如下。

请点取一表列以编辑属性或 [多列属性 (M) /插入列 (A) /加末列 (T) /删除列 (E) /复制列 (C) /交换列 (X)] <退出>:单击灰色的表格

在相应的表格处单击，打开"列设定"对话框，如图 8-29 所示。

图 8-29 "列设定"对话框

在对话框中设定参数，然后单击"确定"按钮完成操作，此时鼠标指针移动到的表列显示为灰色，依次类推，直到按 Enter 键完成操作。

8.2.12 上机练习——表列编辑

↳ 练习目标

表列编辑效果如图 8-30 所示。

图 8-30 表列编辑图

视频讲解

↳ 设计思路

打开"源文件"中的"表列编辑原图"图形，选择"表列编辑"命令，进行表格编辑。

↳ 操作步骤

1. 打开"源文件"中的"表列编辑原图"图形，选择屏幕菜单中的"文字表格" → "表格编辑" → "表列编辑"命令，命令行显示如下。

请点取一表列以编辑属性或 [多列属性 (M) /插入列 (A) /加末列 (T) /删除列 (E) / 复制列 (C) /交换列 (X)] <退出>:在第一列中单击

打开"列设定"对话框，在"水平对齐"下拉列表中选择"居中"，然后单击"确定"按钮完成

Note

操作，绘制结果如图 8-30 所示。

2．保存图形。

命令：SAVEAS✓　（将绘制完成的图形以"表列编辑.dwg"为文件名保存在指定的路径中）

8.2.13　表行编辑

使用"表行编辑"命令可以编辑表格的一行或多行。执行方式如下。

☑　命令行：BHBJ

☑　屏幕菜单："文字表格"→"表格编辑"→"表行编辑"

选择"表行编辑"命令后，命令行显示如下。

请点取一表行以编辑属性或 [多行属性(M)/增加行(A)/末尾加行(T)/删除行(E)/复制行(C)/交换行(X)]<退出>:单击灰色的表格。

在相应的表格处单击，打开"行设定"对话框，如图 8-31 所示。

在对话框中设定参数，单击"确定"按钮完成操作，此时鼠标光标移动到的表行显示为灰色，依次类推，直到按 Enter 键完成操作。

图 8-31　"行设定"对话框

8.2.14　上机练习——表行编辑

✍ **练习目标**

表行编辑效果如图 8-32 所示。

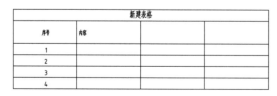

图 8-32　表行编辑图

✍ **设计思路**

打开"源文件"中的"表行编辑原图"图形，选择"表行编辑"命令，进行表行编辑。

✍ **操作步骤**

1．打开"源文件"中的"表行编辑原图"图形，选择屏幕菜单中的"文字表格"→"表格编辑"→"表行编辑"命令，命令行显示如下。

视 频 讲 解

请点取一表行以编辑属性或 [多行属性(M)/增加行(A)/末尾加行(T)/删除行(E)/复制行(C)/交换行(X)]<退出>:单击序号行

打开"行设定"对话框，在"行高特性"下拉列表中选择"固定"，在"行高"中选择 14，在"文字对齐"下拉列表中选择"居中"，然后单击"确定"按钮完成操作，绘制结果如图 8-32 所示。

2. 保存图形。

命令：SAVEAS✓　（将绘制完成的图形以"表行编辑.dwg"为文件名保存在指定的路径中）

8.2.15　增加表行

使用"增加表行"命令可以在指定表格行之前或之后增加一行。执行方式如下。

☑　命令行：ZJBH
☑　屏幕菜单："文字表格"→"表格编辑"→"增加表行"

选择"增加表行"命令后，命令行显示如下。

请点取一表行以(在本行之前)插入新行或 [在本行之后插入(A)/复制当前行(S)]<退出>:在需要增加的表行上单击则在当前表行前增加一空行，也可输入 A 在表行后插入一空行，输入 S 复制当前行
请点取一表行以(在本行之前)插入新行或 [在本行之后插入(A)/复制当前行(S)]<退出>:

8.2.16　上机练习——增加表行

↳ 练习目标

增加表行效果如图 8-33 所示。

视频讲解

新建表格		
序号	内容	
1		
2		
3		
4		

图 8-33　增加表行图

↳ 设计思路

打开"源文件"中的"增加表行原图"图形，选择"增加表行"命令，增加表格的行数。

↳ 操作步骤

1. 打开"源文件"中的"增加表行原图"图形，选择屏幕菜单中的"文字表格"→"表格编辑"→"增加表行"命令，命令行显示如下。

请点取一表行以(在本行之前)插入新行或 [在本行之后插入(A)/复制当前行(S)]<退出>:A
请点取一表行以(在本行之后)插入新行或 [在本行之前插入(A)/复制当前行(S)]<退出>:选择序号 4 处
请点取一表行以(在本行之后)插入新行或 [在本行之前插入(A)/复制当前行(S)]<退出>:

绘制结果如图 8-33 所示。

2. 保存图形。

命令：SAVEAS✓　（将绘制完成的图形以"增加表行.dwg"为文件名保存在指定的路径中）

Note

8.2.17 删除表行

使用"删除表行"命令可以删除指定行。执行方式如下。
- ☑ 命令行：SCBH
- ☑ 屏幕菜单："文字表格"→"表格编辑"→"删除表行"

选择"删除表行"命令后，命令行显示如下。

> 本命令也可以通过[表行编辑]实现！
> 请点取要删除的表行<退出>:选需要删除的表行
> 请点取要删除的表行<退出>:

8.2.18 上机练习——删除表行

✎ 练习目标

删除表行效果如图8-34所示。

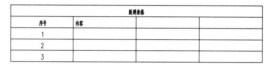

图8-34 删除表行图

✎ 设计思路

打开"源文件"中的"删除表行原图"图形，选择"删除表行"命令，删除表行。

✎ 操作步骤

1. 打开"源文件"中的"删除表行原图"图形，选择屏幕菜单中的"文字表格"→"表格编辑"→"删除表行"命令，命令行显示如下。

> 本命令也可以通过[表行编辑]实现！
> 请点取要删除的表行<退出>:选择序号4处
> 请点取要删除的表行<退出>:

绘制结果如图8-34所示，表格的最后一行被删除。

2. 保存图形。

> 命令：SAVEAS✓ （将绘制完成的图形以"删除表行.dwg"为文件名保存在指定的路径中）

8.2.19 单元编辑

使用"单元编辑"命令可以编辑表格单元格，修改属性或文字。执行方式如下。
- ☑ 命令行：DYBJ
- ☑ 屏幕菜单："文字表格"→"单元编辑"→"单元编辑"

选择"单元编辑"命令后，命令行显示如下。

> 请点取一单元格进行编辑或 [多格属性(M)/单元分解(X)]<退出>:选择需要编辑的单元格

视频讲解

此时显示"单元格编辑"对话框，如图 8-35 所示。

图 8-35 "单元格编辑"对话框

在对话框中选择需要的参数，单击"确定"按钮完成操作，此时鼠标指针移动到的表列显示为灰色，依次类推，直到按 Enter 键完成操作。

8.2.20 上机练习——单元编辑

🖑 **练习目标**

单元编辑效果如图 8-36 所示。

新建表格			
编号	内容		
1			
2			
3			
4			

图 8-36 单元编辑图

视频讲解

🖑 **设计思路**

打开"源文件"中的"单元编辑原图"图形，选择"单元编辑"命令，编辑表格单元格。

🖑 **操作步骤**

1. 打开"源文件"中的"单元编辑原图"图形，选择屏幕菜单中的"文字表格"→"单元编辑"→"单元编辑"命令，命令行显示如下。

请点取一单元格进行编辑或 [多格属性(M)/单元分解(X)]<退出>:选择序号单元格

此时显示"单元格编辑"对话框，如图 8-35 所示，将表格内容由"序号"变更为"编号"，然后单击"确定"按钮，再按 Enter 键完成操作。

绘制结果如图 8-36 所示。

2. 保存图形。

命令：SAVEAS✓ （将绘制完成的图形以"单元编辑.dwg"为文件名保存在指定的路径中）

8.2.21 单元递增

使用"单元递增"命令可以复制单元格文字内容，并同时将单元格内容的某一项递增或递减，同时按住 Shift 键为直接复制，按 Ctrl 键为递减。执行方式如下。

☑ 命令行：DYDZ

☑ 屏幕菜单："文字表格"→"单元编辑"→"单元递增"

选择"单元递增"命令后，命令行显示如下。

```
点取第一个单元格<退出>:选取第一个需要递增项
点取最后一个单元格<退出>:选取最后的递增项
```

8.2.22 上机练习——单元递增

✤ **练习目标**

单元递增效果如图 8-37 所示。

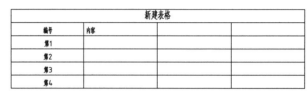

新建表格			
编号	内容		
第1			
第2			
第3			
第4			

图 8-37 单元递增图

✤ **设计思路**

打开"源文件"中的"单元递增原图"图形，选择"单元递增"命令，递增表格单元格内容。

✤ **操作步骤**

1. 打开"源文件"中的"单元递增原图"图形，选择屏幕菜单中的"文字表格"→"单元编辑"→"单元递增"命令，命令行显示如下。

```
点取第一个单元格<退出>:选第 1 单元格
点取最后一个单元格<退出>:选取下面第 4 单元格
```

绘制结果如图 8-37 所示。

2. 保存图形。

```
命令：SAVEAS✓   （将绘制完成的图形以"单元递增.dwg"为文件名保存在指定的路径中）
```

8.2.23 单元复制

使用"单元复制"命令可以复制表格中某一单元格内容或者图块、文字对象至目标表格单元格。执行方式如下。

☑ 命令行：DYFZ

☑ 屏幕菜单："文字表格"→"单元编辑"→"单元复制"

选择"单元复制"命令后，命令行显示如下。

```
点取拷贝源单元格或 [选取文字(A)]<退出>:选取要复制的单元格
点取粘贴至单元格（按 Ctrl 键重新选择复制源）[选取文字(A)]<退出>:选取粘贴到的单元格
点取粘贴至单元格（按 Ctrl 键重新选择复制源）或[选取文字(A)]<退出>:
```

8.2.24 上机练习——单元复制

↳ **练习目标**

单元复制效果如图 8-38 所示。

新建表格		
编号	内容	
编号		
编号		
编号		
编号		

图 8-38　单元复制图

↳ **设计思路**

打开"源文件"中的"单元复制原图"图形,选择"单元复制"命令,复制表格单元格内容。

↳ **操作步骤**

1. 打开"源文件"中的"单元复制原图"图形,选择屏幕菜单中的"文字表格"→"单元编辑"→"单元复制"命令,命令行显示如下。

```
点取拷贝源单元格或 [选取文字(A)]<退出>:选取"编号"单元格
点取粘贴至单元格（按 Ctrl 键重新选择复制源）[选取文字(A)]<退出>:选下面第一个单元格
点取粘贴至单元格（按 Ctrl 键重新选择复制源）或[选取文字(A)]<退出>:选下面第二个单元格
点取粘贴至单元格（按 Ctrl 键重新选择复制源）或 [选取文字(A)]<退出>:选下面第三个单元格
点取粘贴至单元格（按 Ctrl 键重新选择复制源）或 [选取文字(A)]<退出>:选下面第四个单元格
点取粘贴至单元格（按 Ctrl 键重新选择复制源）或 [选取文字(A)]<退出>:
```

绘制结果如图 8-38 所示。

2. 保存图形。

```
命令：SAVEAS✓　　（将绘制完成的图形以"单元复制.dwg"为文件名保存在指定的路径中）
```

8.2.25　单元合并

使用"单元合并"命令可以合并表格的单元格。执行方式如下。

☑　命令行：DYHB
☑　屏幕菜单："文字表格"→"单元编辑"→"单元合并"

选择"单元合并"命令后,命令行显示如下。

```
点取第一个角点:框选要合并的单元格
点取另一个角点:选取另一点完成操作
```

8.2.26　上机练习——单元合并

↳ **练习目标**

单元合并效果如图 8-39 所示。

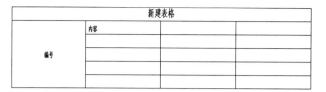

图 8-39　单元合并图

🖐 **设计思路**

　　打开"源文件"中的"单元合并原图"图形，利用"单元合并"命令，合并表格单元格。

🖐 **操作步骤**

　　1．打开"源文件"中的"单元合并原图"图形，选择屏幕菜单中的"文字表格"→"单元编辑"→"单元合并"命令，命令行显示如下。

> 点取第一个角点:选择"编号"单元格
> 点取另一个角点:选择下面的第四个单元格

　　合并后的文字居中，绘制结果如图 8-39 所示。
　　2．保存图形。

> 命令：SAVEAS✓　　（将绘制完成的图形以"单元合并.dwg"为文件名保存在指定的路径中）

8.2.27　撤销合并

　　使用"撤销合并"命令可以撤销已经合并的单元格。执行方式如下。
　　☑　命令行：CXHB
　　☑　屏幕菜单："文字表格"→"单元编辑"→"撤销合并"
　　选择"撤销合并"命令后，命令行显示如下。

> 本命令也可以通过[单元编辑]实现！
> 点取已经合并的单元格<退出>:选择需要撤销合并的单元格,同时恢复原有单元的组成结构

8.2.28　上机练习——撤销合并

🖐 **练习目标**

　　撤销合并效果如图 8-40 所示。

新建表格			
编号	内容		
编号			
编号			
编号			
编号			

图 8-40　撤销合并图

🖐 **设计思路**

　　打开"源文件"中的"撤销合并原图"图形，选择"撤销合并"命令，撤销对表格单元格的合并。

✎ **操作步骤**

1. 打开"源文件"中的"撤销合并原图"图形，选择屏幕菜单中的"文字表格"→"单元编辑"→"撤销合并"命令，命令行显示如下。

> 本命令也可以通过 [单元编辑] 实现！
> 点取已经合并的单元格<退出>：选择需要撤销合并的单元格

绘制结果如图 8-40 所示。

2. 保存图形。

> 命令：SAVEAS✓　（将绘制完成的图形以"撤销合并.dwg"为文件名保存在指定的路径中）

第9章

尺寸标注

本章导读

尺寸标注是绘图设计过程中相当重要的一个环节。因为图形的主要作用是表达物体的形状，而物体各部分的真实大小和确切位置只能通过尺寸标注来表达。因此，没有正确的尺寸标注，绘制出的图纸对于加工制造就没有意义。

本章介绍尺寸标注的创建和编辑命令。

学习要点

☑ 尺寸标注的创建
☑ 尺寸标注的编辑

9.1　尺寸标注的创建

尺寸标注是建筑绘图的重要组成部分，通过尺寸标注相关命令，可以对图中的门窗、墙体等进行直线、角度、弧长等进行标注。

9.1.1　门窗标注

使用"门窗标注"命令可以标注门窗的定位尺寸。执行方式如下。

☑ 命令行：MCBZ
☑ 屏幕菜单："尺寸标注"→"门窗标注"

选择"门窗标注"命令后，命令行显示如下。

请用线选第一、二道尺寸线及墙体！

起点<退出>：在第一道尺寸线外面不远处取一个点 P1

终点<退出>：在外墙内侧取一个点 P2，系统自动定位置绘制该段墙体的门窗标注

选择其他墙体：添加被内墙断开的其他要标注墙体，按 Enter 键结束命令

9.1.2　上机练习——门窗标注

✍ **练习目标**

门窗标注效果如图 9-1 所示。

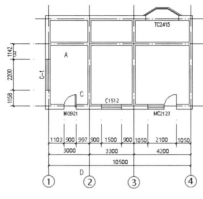

图 9-1　门窗标注图

✍ **设计思路**

打开"源文件"中的"门窗标注原图"图形，选择"门窗标注"命令，标注门窗尺寸。

✍ **操作步骤**

1. 打开"源文件"中的"门窗标注原图"图形，选择屏幕菜单中的"尺寸标注"→"门窗标注"命令，命令行显示如下。

请用线选第一、二道尺寸线及墙体！

　起点<退出>：选 A

　终点<退出>：选 B

　选择其他墙体：

执行以上命令，完成 C-1 的尺寸标注。

2. 选择屏幕菜单中的"尺寸标注"→"门窗标注"命令，命令行显示如下。

请用线选第一、二道尺寸线及墙体！

　起点<退出>：选 C

　终点<退出>：选 D

　选择其他墙体：选择右侧墙体，找到 1 个

　选择其他墙体：选择右侧墙体，找到 1 个，总计 2 个

　选择其他墙体：

执行以上命令，完成有轴标侧的墙体门窗的尺寸标注。绘制结果如图 9-1 所示。

3. 保存图形。

命令：SAVEAS↙　（将绘制完成的图形以"门窗标注.dwg"为文件名保存在指定的路径中）

视频讲解

9.1.3　墙厚标注

使用"墙厚标注"命令可以对两点连线穿越的墙体进行墙厚标注。执行方式如下。

☑　屏幕菜单："尺寸标注"→"墙厚标注"

☑　命令行：QHBZ

选择"墙厚标注"命令后，命令行显示如下。

> 直线第一点<退出>:单击直线选取起点
> 直线第二点<退出>:单击直线选取终点

9.1.4　上机练习——墙厚标注

✍ 练习目标

墙厚标注效果如图9-2所示。

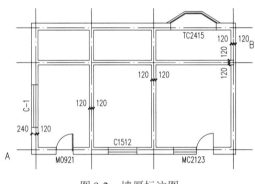

图9-2　墙厚标注图

✍ 设计思路

打开"源文件"中的"墙厚原图"图形，选择"墙厚标注"命令，标注墙厚尺寸。

✍ 操作步骤

1．打开"源文件"中的"墙厚原图"图形，选择屏幕菜单中的"尺寸标注"→"墙厚标注"命令，命令行显示如下。

> 直线第一点<退出>:选A
> 直线第二点<退出>:选B

执行以上命令，可对直线经过的墙体标注墙厚尺寸，如图9-2所示。

2．保存图形。

> 命令:SAVEAS✓　（将绘制完成的图形以"墙厚标注.dwg"为文件名保存在指定的路径中）

9.1.5　两点标注

使用"两点标注"命令可以对两点连线穿越的墙体轴线等对象以及相关的其他对象进行定位标注。执行方式如下。

- ☑ 命令行：LDBZ
- ☑ 屏幕菜单："尺寸标注"→"两点标注"

选择"两点标注"命令后，打开"两点标注"对话框，如图9-3所示。命令行显示如下。

> 请选择起点<退出>：选取标注尺寸线一端或选 C 进入墙中标注
>
> 请选择终点<退出>：选取标注尺寸线另一端
>
> 请点取标注位置：这里可以选择墙体左侧适当一点
>
> 增加或删除轴线、墙、门窗尺寸：选取墙段上其他需要标注的对象进行标注

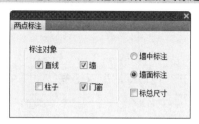

图 9-3 "两点标注"对话框

9.1.6 上机练习——两点标注

🖐 **练习目标**

两点标注效果如图9-4所示。

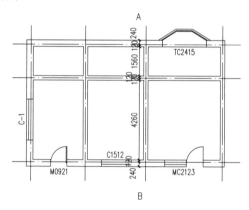

图 9-4 两点标注图

🖐 **设计思路**

打开"源文件"中的"两点标注原图"图形，选择"两点标注"命令，标注对象的尺寸。

🖐 **操作步骤**

1. 打开"源文件"中的"两点标注原图"图形，选择屏幕菜单中的"尺寸标注"→"两点标注"命令，打开"两点标注"对话框，如图9-3所示，通过直线选择标注对象，命令行显示如下。

> 请选择起点<退出>：选取点 A
>
> 请选择终点<退出>：选取点 B
>
> 请点取标注位置：这里可以选择墙体左侧适当一点
>
> 增加或删除轴线、墙、门窗尺寸：

结果如图 9-4 所示。

2．保存图形。

> 命令：SAVEAS✓　（将绘制完成的图形以"两点标注.dwg"为文件名保存在指定的路径中）

Note

9.1.7　内门标注

使用"内门标注"命令可以标注内墙门窗尺寸以及门窗与最近的轴线或墙边的关系。执行方式如下。

☑　命令行：NMBZ

☑　屏幕菜单："尺寸标注"→"内门标注"

选择"内门标注"命令后，打开"内门标注"对话框，如图 9-5 所示。命令行显示如下。

> 请用线选门窗，并且第二点作为尺寸线位置！
> 起点<退出>:在标注门窗一侧起点
> 终点<退出>:选标注门窗的另一侧点为定位终点

图 9-5　"内门标注"对话框

9.1.8　上机练习——内门标注

✎ 练习目标

内门标注效果如图 9-6 所示。

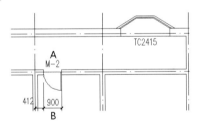

图 9-6　内门标注图

✎ 设计思路

打开"源文件"中的"内门标注原图"图形，选择"内门标注"命令，标注内门尺寸。

✎ 操作步骤

1．打开"源文件"中的"内门标注原图"图形，选择屏幕菜单中的"尺寸标注"→"内门标注"命令，打开如图 9-5 所示的"内门标注"对话框，选中"轴线定位"单选按钮，标注门和最近的轴线之间的尺寸。命令行显示如下。

> 请用线选门窗，并且第二点作为尺寸线位置！
> 起点<退出>:选A点
> 终点<退出>:选B点

视频讲解

绘制结果如图 9-6 所示。

2．保存图形。

> 命令：SAVEAS✓　（将绘制完成的图形以"内门标注.dwg"为文件名保存在指定的路径中）

9.1.9　快速标注

使用"快速标注"命令可以快速识别图形外轮廓或者基线点，沿着对象的长宽方向标注对象的几何特征尺寸。执行方式如下。

☑　命令行：KSBZ

☑　屏幕菜单："尺寸标注"→"快速标注"

选择"快速标注"命令后，命令行显示如下。

> 请选择需要尺寸标注的墙[带柱子(Y)]<退出>：选取要标注的对象
> 请选择需要尺寸标注的墙[带柱子(Y)]<退出>：

9.1.10　上机练习——快速标注

↳ 练习目标

快速标注效果如图 9-7 所示。

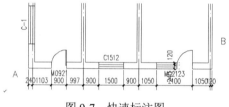

图 9-7　快速标注图

↳ 设计思路

打开"源文件"中的"快速标注原图"图形，选择"快速标注"命令，标注尺寸。

↳ 操作步骤

1．打开"源文件"中的"快速标注原图"图形，选择屏幕菜单中的"尺寸标注"→"快速标注"命令，命令行显示如下。

> 选择需要尺寸标注的墙[带柱子(Y)]<退出>：框选 A-B
> 选择需要尺寸标注的墙[带柱子(Y)]<退出>：

绘制结果如图 9-7 所示。

2．保存图形。

> 命令：SAVEAS✓　（将绘制完成的图形以"快速标注.dwg"为文件名保存在指定的路径中）

9.1.11　自由标注

使用"自由标注"命令可以快速完成图形的标注，框选需要标注的图形，就可以完成框选图形内

视频讲解

视频讲解

的所有标注。执行方式如下。

☑ 命令行：ZYBZ

☑ 屏幕菜单："尺寸标注"→"自由标注"

选择"自由标注"命令后，命令行显示如下。

> 命令：QuickDim
> 选择要标注的几何图形：
> 指定尺寸线位置(当前标注方式:连续加整体)或 [整体(T)/连续(C)/连续加整体(A)]<退出>:

9.1.12　上机练习——自由标注

↳ 练习目标

自由标注效果如图 9-8 所示。

图 9-8　自由标注图

↳ 设计思路

打开"源文件"中的"自由标注原图"图形，选择"自由标注"命令，标注尺寸。

↳ 操作步骤

1．打开"源文件"中的"自由标注原图"图形，选择屏幕菜单中的"尺寸标注"→"自由标注"命令，命令行显示如下。

> 选择要标注的几何图形:选择左侧墙体
> 请指定尺寸线位置(当前标注方式:连续加整体)或 [整体(T)/连续(C)/连续加整体(A)]<退出>:需要标注整体尺寸，因此输入 T
> 请指定尺寸线位置(当前标注方式:整体)或 [整体(T)/连续(C)/连续加整体(A)]<退出>:
> 选择要标注的几何图形: 选择下侧墙体
> 请指定尺寸线位置(当前标注方式:整体)或 [整体(T)/连续(C)/连续加整体(A)]<退出>:
> 选择要标注的几何图形: 选择右侧墙体
> 请指定尺寸线位置(当前标注方式:整体)或 [整体(T)/连续(C)/连续加整体(A)]<退出>:

绘制结果如图 9-8 所示。

2．保存图形。

> 命令：SAVEAS✓　（将绘制完成的图形以"自由标注.dwg"为文件名保存在指定的路径中）

9.1.13　楼梯标注

使用"楼梯标注"命令可以为天正图形中的楼梯图形直接添加标注。执行方式如下。

☑ 命令行：LTBZ

☑ 屏幕菜单："尺寸标注"→"楼梯标注"

选择"楼梯标注"命令后，命令行显示如下。

> 命令: TDIMSTAIR
> 请点取待标注的楼梯(注：双跑、双分平行、交叉、剪刀楼梯点取其不同位置可标注不同尺寸)<退出>:
> 请点取尺寸线位置<退出>:

9.1.14 上机练习——楼梯标注

↳ **练习目标**

楼梯标注效果如图 9-9 所示。

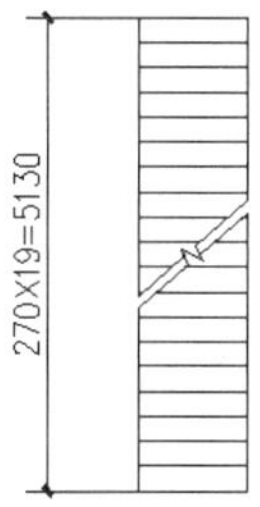

↳ **设计思路**

打开"源文件"中的"楼梯标注原图"图形，选择"楼梯标注"命令，标注楼梯尺寸。

↳ **操作步骤**

1. 打开"源文件"中的"楼梯标注原图"图形，选择屏幕菜单中的"尺寸标注"→"楼梯标注"命令，命令行显示如下。

视频讲解

270×19=5130

图 9-9　楼梯标注图

> 请点取待标注的楼梯(注：双跑、双分平行、交叉、剪刀楼梯点取其不同位置可标注不同尺寸)<退出>:选择 A 点
> 请点取尺寸线位置<退出>:选择楼梯左侧
> 请输入其他标注点或 [参考点(R)]<退出>:

绘制结果如图 9-9 所示。

2. 保存图形。

> 命令: SAVEAS↙　（将绘制完成的图形以"楼梯标注.dwg"为文件名保存在指定的路径中）

9.1.15 外包标注

使用"外包标注"命令可以为天正图形的外部图形添加尺寸。执行方式如下。

☑ 命令行：WBBZ
☑ 屏幕菜单："尺寸标注"→"外包标注"

选择"外包标注"命令后，命令行显示如下。

> 请选择建筑构件：
> 请选择第一、二道尺寸线：

9.1.16 上机练习——外包标注

↳ **练习目标**

外包标注效果如图 9-10 所示。

视频讲解

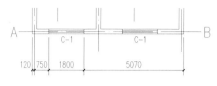

图 9-10　外包标注图

♦ 设计思路

打开"源文件"中的"外包标注原图"图形，选择"外包标注"命令，标注尺寸。

♦ 操作步骤

1．打开"源文件"中的"外包标注原图"图形，选择屏幕菜单中的"尺寸标注"→"外包标注"命令，命令行显示如下。

> 请选择建筑构件：框选 A-B
> 请选择第一、二道尺寸线:选择图中尺寸按 Enter 键

完成外包标注后，绘制结果如图 9-10 所示。

2．保存图形。

> 命令：SAVEAS✓　（将绘制完成的图形以"外包标注.dwg"为文件名保存在指定的路径中）

9.1.17　逐点标注

选择"逐点标注"命令后单击各标注点，可以沿给定的一个直线方向标注连续尺寸。执行方式如下。

☑　命令行：ZDBZ
☑　屏幕菜单："尺寸标注"→"逐点标注"

选择"逐点标注"命令后，命令行显示如下。

> 起点或 [参考点(R)]<退出>:选取第一个标注的起点
> 第二点<退出>:选取第一个标注的终点
> 请点取尺寸线位置或 [更正尺寸线方向(D)]<退出>:单击尺寸线位置
> 请输入其他标注点或 [撤销上一标注点(U)]<结束>:选择下一个标注点
> 请输入其他标注点或 [撤销上一标注点(U)]<结束>:继续选点，按 Enter 键结束

9.1.18　上机练习——逐点标注

♦ 练习目标

逐点标注效果如图 9-11 所示。

♦ 设计思路

打开"源文件"中的"逐点标注原图"图形，选择"逐点标注"命令，进行标注。

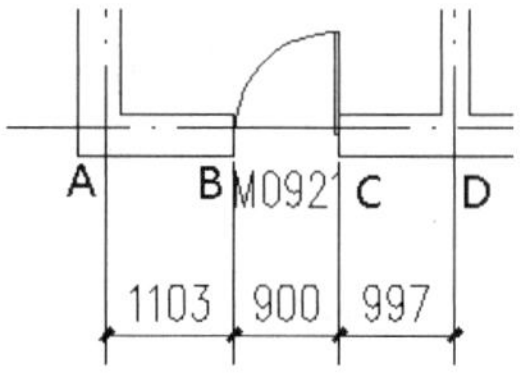

♦ 操作步骤

1．打开"源文件"中的"逐点标注原图"图形，选择屏幕菜单中的"尺

图 9-11　逐点标注图

寸标注"→"逐点标注"命令,命令行显示如下。

> 起点或 [参考点(R)]<退出>:选 A
> 第二点<退出>:选 B
> 请点取尺寸线位置或 [更正尺寸线方向(D)]<退出>:
> 请输入其他标注点或 [撤销上一标注点(U)]<结束>:选 C
> 请输入其他标注点或 [撤销上一标注点(U)]<结束>:选 D
> 请输入其他标注点或 [撤销上一标注点(U)]<结束>:

完成标注后,绘制结果如图 9-11 所示。

2. 保存图形。

> 命令:SAVEAS✓ (将绘制完成的图形以"逐点标注.dwg"为文件名保存在指定的路径中)

9.1.19 半径标注

使用"半径标注"命令可以对弧墙或弧线进行半径标注。执行方式如下。

☑ 命令行:BJBZ

☑ 屏幕菜单:"尺寸标注"→"半径标注"

选择"半径标注"命令后,命令行显示如下。

> 请选择待标注的圆弧<退出>:选取需要进行半径标注的弧线或弧墙

9.1.20 上机练习——半径标注

✤ 练习目标

半径标注效果如图 9-12 所示。

✤ 设计思路

打开"源文件"中的"半径标注原图"图形,选择"半径标注"命令,进行标注。

✤ 操作步骤

1. 打开"源文件"中的"半径标注原图"图形,选择屏幕菜单中的"尺寸标注"→"半径标注"命令,命令行显示如下。

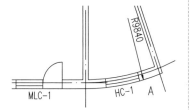

图 9-12 半径标注图

视频讲解

> 请选择待标注的圆弧<退出>:选 A

完成标注后,绘制结果如图 9-12 所示。

2. 保存图形。

> 命令:SAVEAS✓ (将绘制完成的图形以"半径标注.dwg"为文件名保存在指定的路径中)

9.1.21 直径标注

使用"直径标注"命令可以对圆进行直径标注。执行方式如下。

☑ 命令行:ZJBZ

☑ 屏幕菜单:"尺寸标注"→"直径标注"

选择"直径标注"命令后,命令行显示如下。

请选择待标注的圆弧<退出>:选取需要进行直径标注的弧线或弧墙

9.1.22 上机练习——直径标注

↳ 练习目标

直径标注效果如图 9-13 所示。

↳ 设计思路

打开"源文件"中的"直径标注原图"图形,选择"直径标注"命令,进行标注。

↳ 操作步骤

1. 打开"源文件"中的"直径标注原图"图形,选择屏幕菜单中的"尺寸标注"→"直径标注"命令,命令行显示如下。

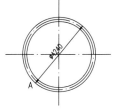

图 9-13 直径标注图

请选择待标注的圆弧<退出>:选 A

完成标注后,绘制结果如图 9-13 所示。

2. 保存图形。

命令: SAVEAS✓ (将绘制完成的图形以"直径标注.dwg"为文件名保存在指定的路径中)

9.1.23 角度标注

使用"角度标注"命令可以基于两条线创建角度标注,标注角度为逆时针方向。执行方式如下。

☑ 命令行:JDBZ

☑ 屏幕菜单:"尺寸标注"→"角度标注"

选择"角度标注"命令后,命令行显示如下。

请选择第一条直线<退出>:选取第一条直线
请选择第二条直线<退出>:选取第二条直线
请确定尺寸线位置<退出>:

9.1.24 上机练习——角度标注

↳ 练习目标

角度标注效果如图 9-14 所示。

↳ 设计思路

打开"源文件"中的"角度标注原图"图形,选择"角度标注"命令,进行标注。

↳ 操作步骤

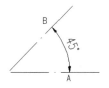

图 9-14 角度标注图

1. 打开"源文件"中的"角度标注原图"图形,选择屏幕菜单中的"尺寸标注"→"角度标注"

命令,命令行显示如下。

> 请选择第一条直线<退出>:选 A
> 请选择第二条直线<退出>:选 B
> 请确定尺寸线位置<退出>:

完成标注后,绘制结果如图 9-14 所示。

2. 保存图形。

> 命令: SAVEAS✓ (将绘制完成的图形以"角度标注.dwg"为文件名保存在指定的路径中)

9.1.25 弧弦标注

使用"弧弦标注"命令可以按国家规定方式标注弧长。执行方式如下。

☑ 命令行:HXBZ
☑ 屏幕菜单:"尺寸标注"→"弧弦标注"

选择"弧弦标注"命令后,命令行显示如下。

> 请选择要标注的弧段:选择需要标注的弧线或弧墙
> 请移动光标位置确定要标注的尺寸类型<退出>:
> 请指定标注点: 确定标注线的位置
> 请输入其他标注点<退出>:连续选择其他标注点
> 请输入其他标注点<结束>:

9.1.26 上机练习——弧弦标注

✎ 练习目标

弧弦标注效果如图 9-15 所示。

✎ 设计思路

打开"源文件"中的"弧弦标注原图"图形,选择"弧弦标注"命令,进行标注。

✎ 操作步骤

1. 打开"源文件"中的"弧弦标注原图"图形,选择屏幕菜单中的"尺寸标注"→"弧弦标注"命令,命令行显示如下。

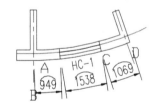

图 9-15 弧弦标注图

> 请选择要标注的弧段: 选 A
> 请移动光标位置确定要标注的尺寸类型<退出>:
> 请指定标注点: 选 B
> 请输入其他标注点<结束>:选 C
> 请输入其他标注点<结束>:选 D

完成标注后,绘制结果如图 9-15 所示。

2. 保存图形。

> 命令: SAVEAS✓ (将绘制完成的图形以"弧弦标注.dwg"为文件名保存在指定的路径中)

视 频 讲 解

9.2 尺寸标注的编辑

9.2.1 文字复位

使用"文字复位"命令可以把尺寸文字的位置恢复到默认的尺寸线中点上方。执行方式如下。

☑ 命令行：WZFW

☑ 屏幕菜单："尺寸标注"→"尺寸编辑"→"文字复位"

选择"文字复位"命令后，命令行显示如下。

> 请选择需复位文字的对象：选择需要复位的标注
> 请选择需复位文字的对象：

9.2.2 上机练习——文字复位

✎ 练习目标

文字复位效果如图9-16所示。

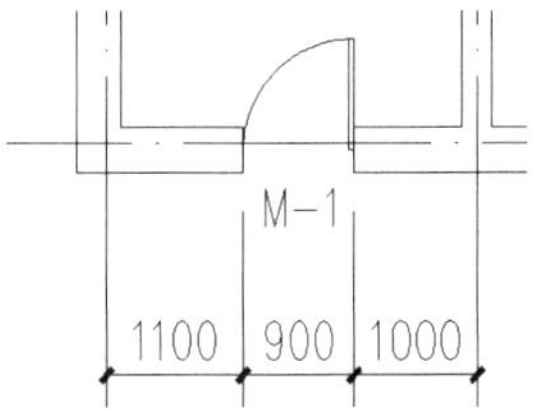

✎ 设计思路

打开"源文件"中的"文字复位原图"图形，选择"文字复位"命令，进行文字复位。

✎ 操作步骤

1. 打开"源文件"中的"文字复位原图"图形，选择屏幕菜单中的"尺寸标注"→"尺寸编辑"→"文字复位"命令，命令行显示如下。

图9-16　文字复位图

> 请选择需复位文字的对象：　选择文字标注
> 请选择需复位文字的对象：

绘制结果如图9-16所示。

2. 保存图形。

> 命令：SAVEAS✓　（将绘制完成的图形以"文字复位.dwg"为文件名保存在指定的路径中）

9.2.3 文字复值

使用"文字复值"命令可以把尺寸文字恢复为默认的测量值。执行方式如下。

☑ 命令行：WZFZ

☑ 屏幕菜单："尺寸标注"→"尺寸编辑"→"文字复值"

选择"文字复值"命令后，命令行显示如下。

> 请选择天正尺寸标注：选择需要复值的标注
> 请选择天正尺寸标注：

9.2.4　上机练习——文字复值

✍ **练习目标**

文字复值效果如图 9-17 所示。

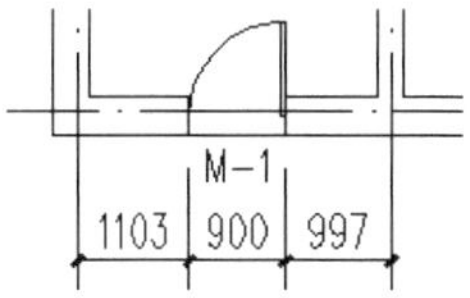

✍ **设计思路**

打开"源文件"中的"文字复值原图"图形，选择"文字复值"命令，进行文字复值。

✍ **操作步骤**

1. 打开"源文件"中的"文字复值原图"图形，选择屏幕菜单中的"尺寸标注"→"尺寸编辑"→"文字复值"命令，命令行显示如下。

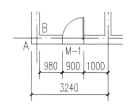

图 9-17　文字复值图

视频讲解

> 请选择天正尺寸标注：选择文字标注
> 请选择天正尺寸标注：

绘制结果如图 9-17 所示。

2. 保存图形。

> 命令：SAVEAS✓　（将绘制完成的图形以"文字复值.dwg"为文件名保存在指定的路径中）

9.2.5　剪裁延伸

使用"剪裁延伸"命令可以根据指定的新位置，对尺寸标注进行裁切或延伸。执行方式如下。

☑　命令行：JCYS

☑　屏幕菜单："尺寸标注"→"尺寸编辑"→"剪裁延伸"

选择"剪裁延伸"命令后，命令行显示如下。

> 要裁剪或延伸的尺寸线<退出>:选择相应的尺寸线
> 请给出裁剪延伸的基准点：选择需要延伸或剪切到的位置

9.2.6　上机练习——剪裁延伸

✍ **练习目标**

剪裁延伸效果如图 9-18 所示。

✍ **设计思路**

打开"源文件"中的"剪裁延伸原图"图形，选择"剪裁延伸"命令，进行剪裁延伸。

✍ **操作步骤**

1. 打开"源文件"中的"剪裁延伸原图"图形，选择屏幕菜单中的"尺寸标注"→"尺寸编辑"→"剪裁延伸"命令，命令行显示如下。

视频讲解

图 9-18　剪裁延伸图

> 要裁剪或延伸的尺寸线<退出>:选轴线标注
> 请给出裁剪延伸的基准点:选 A

执行以上命令，完成轴线尺寸的延伸。下面做尺寸线的剪切。

> 要裁剪或延伸的尺寸线<退出>:选上侧墙体标注
> 请给出裁剪延伸的基准点：选 B

绘制结果如图 9-18 所示。

2．保存图形。

> 命令：SAVEAS✓　（将绘制完成的图形以"剪裁延伸.dwg"为文件名保存在指定的路径中）

9.2.7　取消尺寸

使用"取消尺寸"命令可以取消连续标注中的一个尺寸标注区间。执行方式如下。

☑　命令行：QXCC

☑　屏幕菜单："尺寸标注"→"尺寸编辑"→"取消尺寸"

选择"取消尺寸"命令后，命令行显示如下。

> 选择待删除尺寸的区间线或尺寸文字[整体删除(A)]<退出>：选择要删除的尺寸线区
> 选择待删除尺寸的区间线或尺寸文字[整体删除(A)]<退出>：

9.2.8　上机练习——取消尺寸

视频讲解

🖐 练习目标

取消尺寸效果如图 9-19 所示。

🖐 设计思路

打开"源文件"中的"取消尺寸原图"图形，选择"取消尺寸"命令，进行尺寸取消。

🖐 操作步骤

1．打开"源文件"中的"取消尺寸原图"图形，选择屏幕菜单中的"尺寸标注"→"尺寸编辑"→"取消尺寸"命令，命令行显示如下。

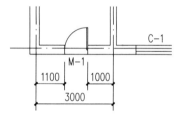

图 9-19　取消尺寸图

> 选择待删除尺寸的区间线或尺寸文字[整体删除(A)]<退出>：选门尺寸
> 选择待删除尺寸的区间线或尺寸文字[整体删除(A)]<退出>：

绘制结果如图 9-19 所示。

2．保存图形。

> 命令：SAVEAS✓　（将绘制完成的图形以"取消尺寸.dwg"为文件名保存在指定的路径中）

9.2.9　连接尺寸

使用"连接尺寸"命令可以把平行的多个尺寸标注连接成一个连续的尺寸标注对象。执行方式如下。

☑　命令行：LJCC

☑　屏幕菜单："尺寸标注"→"尺寸编辑"→"连接尺寸"

选择"连接尺寸"命令后，命令行显示如下。

> 选择主尺寸标注<退出>：
> 选择需要连接尺寸标注<退出>：指定对角点：
> 选择需要连接尺寸标注<退出>：找到 1 个
> 选择需要连接尺寸标注<退出>：

9.2.10　上机练习——连接尺寸

↳ **练习目标**

连接尺寸效果如图 9-20 所示。

↳ **设计思路**

打开"源文件"中的"连接尺寸原图"图形，选择"连接尺寸"命令，进行尺寸连接。

↳ **操作步骤**

1. 打开"源文件"中的"连接尺寸原图"图形，选择屏幕菜单中的"尺寸标注"→"尺寸编辑"→"连接尺寸"命令，命令行显示如下。

> 选择主尺寸标注<退出>：选左侧标注
> 选择需要连接的尺寸标注<退出>：选右侧标注
> 选择需要连接的尺寸标注<退出>：

绘制结果如图 9-20 所示。

2. 保存图形。

> 命令：SAVEAS✓　　（将绘制完成的图形以"连接尺寸.dwg"为文件名保存在指定的路径中）

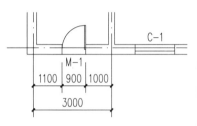

图 9-20　连接尺寸图

9.2.11　尺寸打断

使用"尺寸打断"命令可以把一组尺寸标注打断为两组独立的尺寸标注。执行方式如下。

☑　命令行：CCDD

☑　屏幕菜单："尺寸标注"→"尺寸编辑"→"尺寸打断"

选择"尺寸打断"命令后，命令行显示如下。

> 请在要打断的一侧点取尺寸线<退出>：在要打断的标注处单击

9.2.12　上机练习——尺寸打断

↳ **练习目标**

尺寸打断效果如图 9-21 所示。

视频讲解

↳ **设计思路**

打开"源文件"中的"尺寸打断原图"图形，选择"尺寸打断"命令，进行尺寸打断。

↳ **操作步骤**

1．打开"源文件"中的"尺寸打断原图"图形，选择屏幕菜单中的"尺寸标注"→"尺寸编辑"→"尺寸打断"命令，命令行显示如下。

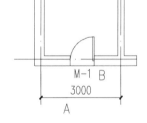

> 请在要打断的一侧点取尺寸线<退出>:在A处的尺寸标注上单击

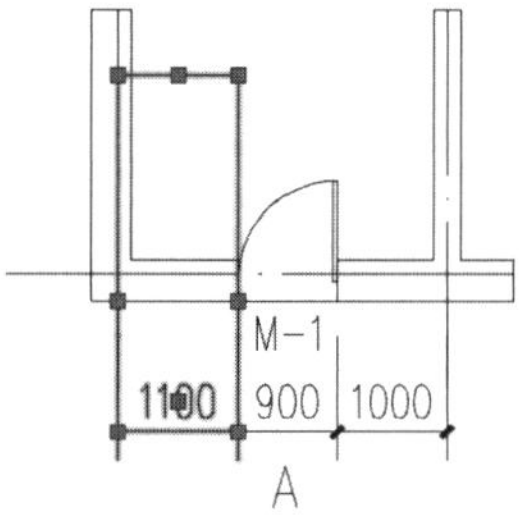

执行以上命令，将一组尺寸标注打断为两组独立的尺寸标注，绘制结果如图 9-21 所示。其中 1100 为一组，900 和 1000 为一组。

2．保存图形。

图 9-21　尺寸打断图

> 命令：SAVEAS✓　（将绘制完成的图形以"尺寸打断.dwg"为文件名保存在指定的路径中）

9.2.13　合并区间

使用"合并区间"命令可以把天正标注对象中的相邻区间合并为一个区间。执行方式如下。
- ☑　命令行：HBQJ
- ☑　屏幕菜单："尺寸标注"→"尺寸编辑"→"合并区间"

选择"合并区间"命令后，命令行显示如下。

> 请框选合并区间中的尺寸界线箭头<退出>:框选两个要合并的区间的中间尺寸线
> 请框选合并区间中的尺寸界线箭头或 [撤销(U)]<退出>:选取其他要合并的区间

9.2.14　上机练习——合并区间

视频讲解

↳ **练习目标**

合并区间效果如图 9-22 所示。

↳ **设计思路**

打开"源文件"中的"合并区间原图"图形，选择"合并区间"命令，进行区间的合并。

↳ **操作步骤**

1．打开"源文件"中的"合并区间原图"图形，选择屏幕菜单中的"尺寸标注"→"尺寸编辑"→"合并区间"命令，命令行显示如下。

图 9-22　合并区间图

> 请框选合并区间中的尺寸界线箭头<退出>:框选A-B
> 请框选合并区间中的尺寸界线箭头<退出>:

绘制结果如图 9-22 所示。

2．保存图形。

> 命令：SAVEAS✓　（将绘制完成的图形以"合并区间.dwg"为文件名保存在指定的路径中）

9.2.15　等分区间

使用"等分区间"命令可以把天正标注对象的某一个区间按指定等分数等分为多个区间。执行方式如下。

☑　命令行：DFQJ

☑　屏幕菜单："尺寸标注"→"尺寸编辑"→"等分区间"

选择"等分区间"命令后，命令行显示如下。

> 请选择需要等分的尺寸区间<退出>:选择需要等分的区间
> 输入等分数<退出>:输入等分数量

9.2.16　上机练习——等分区间

✏ **练习目标**

等分区间效果如图 9-23 所示。

✏ **设计思路**

打开"源文件"中的"等分区间原图"图形，选择"等分区间"命令，将区间等分。

✏ **操作步骤**

1. 打开"源文件"中的"等分区间原图"图形，选择屏幕菜单中的"尺寸标注"→"尺寸编辑"→"等分区间"命令，命令行显示如下。

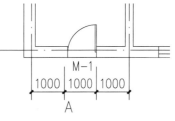

图 9-23　等分区间图

> 请选择需要等分的尺寸区间<退出>:选择尺寸 3000
> 输入等分数<退出>:3

执行以上命令，将一个区间分成三等份，绘制结果如图 9-23 所示。

2. 保存图形。

> 命令：SAVEAS✓　（将绘制完成的图形以"等分区间.dwg"为文件名保存在指定的路径中）

9.2.17　等式标注

等式标注命令可以把天正标注对象的某一尺寸以等式的方式进行标注。执行方式如下。

☑　命令行：DSBZ

☑　屏幕菜单："尺寸标注"→"尺寸编辑"→"等式标注"

选择"等式标注"命令后，命令行显示如下。

> 请选择需要等式的尺寸区间<退出>:选择需要等式标注的尺寸标注
> 输入等分数<退出>:输入等分数量。

视频讲解

9.2.18 上机练习——等式标注

✎ 练习目标

等式标注效果如图 9-24 所示。

✎ 设计思路

打开"源文件"中的"等式标注原图"图形，选择"等式标注"命令，进行等式标注。

✎ 操作步骤

1. 打开"源文件"中的"等式标注原图"图形，选择屏幕菜单中的"尺寸标注"→"尺寸编辑"→"等式标注"命令，命令行显示如下。

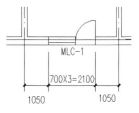

图 9-24　等式标注图

> 请选择需要等式的尺寸区间<退出>：选择 2100 的标注尺寸
> 输入等分数<退出>：3

以上完成将一个尺寸以等式的方式进行标注，绘制结果如图 9-24 所示。

2. 保存图形。

> 命令：SAVEAS✓　（将绘制完成的图形以"等式标注.dwg"为文件名保存在指定的路径中）

9.2.19 尺寸等距

尺寸等距命令可以把选中的尺寸标注在垂直于尺寸线的方向，进行尺寸间距的等距调整。执行方式如下。

- ☑ 命令行：CCDJ
- ☑ 屏幕菜单："尺寸标注"→"尺寸编辑"→"尺寸等距"

选择"尺寸等距"命令后，命令行显示如下。

> 请选择参考标注<退出>：
> 请选择其他标注：指定对角点

9.2.20 上机练习——尺寸等距

视频讲解

✎ 练习目标

尺寸等距效果如图 9-25 所示。

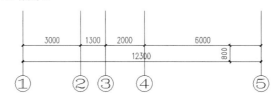

图 9-25　尺寸等距图

设计思路

打开"源文件"中的"尺寸等距原图"图形，选择"尺寸等距"命令，使尺寸等距显示。

操作步骤

1．打开"源文件"中的"尺寸等距原图"图形，选择屏幕菜单中的"尺寸标注"→"尺寸编辑"→"尺寸等距"命令，命令行显示如下。

```
请选择参考标注<退出>:选择上部的细部尺寸
请选择其他标注:选择下部总尺寸
请输入尺寸线间距<300>:800
```

绘制结果如图 9-25 所示。

2．保存图形。

```
命令: SAVEAS↙    (将绘制完成的图形以"尺寸等距.dwg"为文件名保存在指定的路径中)
```

9.2.21　对齐标注

使用"对齐标注"命令可以把多个天正标注对象按参考标注对象对齐排列。执行方式如下。
☑　命令行：DQBZ
☑　屏幕菜单："尺寸标注"→"尺寸编辑"→"对齐标注"
选择"对齐标注"命令后，命令行显示如下。

```
选择参考标注<退出>:选取作为参考的标注，以它为标准
选择其他标注<退出>： 选取其他要对齐的标注
选择其他标注<退出>：
```

9.2.22　上机练习——对齐标注

练习目标

对齐标注效果如图 9-26 所示。

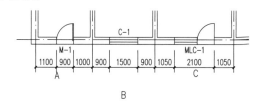

图 9-26　对齐标注

设计思路

打开"源文件"中的"对齐标注原图"图形，选择"对齐标注"命令，将尺寸标注对齐。

操作步骤

1．打开"源文件"中的"对齐标注原图"图形，选择屏幕菜单中的"尺寸标注"→"尺寸编辑"→"对齐标注"命令，命令行显示如下。

```
选择参考标注<退出>:选 A
```

视频讲解

> 选择其他标注<退出>:选 B
> 选择其他标注<退出>:选 C
> 选择其他标注<退出>:

绘制结果如图 9-26 所示。

2. 保存图形。

> 命令:SAVEAS↙ （将绘制完成的图形以"对齐标注.dwg"为文件名保存在指定的路径中）

9.2.23　增补尺寸

使用"增补尺寸"命令可以为已有的尺寸标注增加标注点。执行方式如下。

☑　命令行:ZBCC

☑　屏幕菜单:"尺寸标注"→"尺寸编辑"→"增补尺寸"

选择"增补尺寸"命令后,命令行显示如下。

> 请选择尺寸标注<退出>: 选择需要增补的尺寸
> 点取待增补的标注点的位置或 [参考点(R)]<退出>:选择增补点
> 点取待增补的标注点的位置或 [参考点(R)/撤销上一标注点(U)]<退出>:选择增补点
> 点取待增补的标注点的位置或 [参考点(R)/撤销上一标注点(U)]<退出>:

9.2.24　上机练习——增补尺寸

视频讲解

↪ 练习目标

增补尺寸效果如图 9-27 所示。

↪ 设计思路

打开"源文件"中的"增补尺寸原图"图形,选择"增补尺寸"命令,进行尺寸的增补。

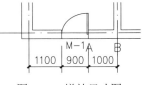

图 9-27　增补尺寸图

↪ 操作步骤

1. 打开"源文件"中的"增补尺寸原图"图形,选择屏幕菜单中的"尺寸标注"→"尺寸编辑"→"增补尺寸"命令,命令行显示如下。

> 请选择尺寸标注<退出>:
> 点取待增补的标注点的位置或 [参考点(R)]<退出>:选 A
> 点取待增补的标注点的位置或 [参考点(R)/撤销上一标注点(U)]<退出>:选 B
> 点取待增补的标注点的位置或 [参考点(R)/撤销上一标注点(U)]<退出>:

绘制结果如图 9-27 所示。

2. 保存图形。

> 命令:SAVEAS↙ （将绘制完成的图形以"增补尺寸.dwg"为文件名保存在指定的路径中）

9.2.25　切换角标

使用"切换角标"命令可以对角度标注、弦长标注和弧长标注进行相互转化。执行方式如下。

☑ 命令行：QHJB

☑ 屏幕菜单："尺寸标注" → "尺寸编辑" → "切换角标"

选择"切换角标"命令后，命令行显示如下。

> 请选择天正角度标注：选择需要切换角标的标注
> 请选择天正角度标注：

9.2.26 上机练习——切换角标

↳ 练习目标

切换角标效果如图 9-28 所示。

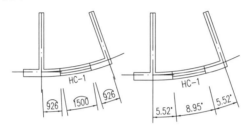

图 9-28 切换角标图

↳ 设计思路

打开"源文件"中的"切换角标原图"图形，选择"切换角标"命令，进行角标的切换。

↳ 操作步骤

1．打开"源文件"中的"切换角标原图"图形，选择屏幕菜单中的"尺寸标注" → "尺寸编辑" → "切换角标"命令，命令行显示如下。

> 请选择天正角度标注：选标注
> 请选择天正角度标注：

绘制结果如图 9-28 左图所示。

2．选择屏幕菜单中的"尺寸标注" → "尺寸编辑" → "切换角标"命令，命令行显示如下。

> 请选择天正角度标注：选标注
> 请选择天正角度标注：

绘制结果如图 9-28 右图所示。

3．保存图形。

> 命令：SAVEAS✓ （将绘制完成的图形以"切换角标.dwg"为文件名保存在指定的路径中）

9.2.27 尺寸转化

使用"尺寸转化"命令可以把 AutoCAD 的尺寸标注转化为天正的尺寸标注。执行方式如下。

☑ 命令行：CCZH

☑ 屏幕菜单："尺寸标注" → "尺寸编辑" → "尺寸转化"

选择"尺寸转化"命令后，命令行显示如下。

> 请选择 ACAD 尺寸标注：选择需要进行尺寸转化的标注
> 请选择 ACAD 尺寸标注：

9.2.28　上机练习——尺寸转化

练习目标

尺寸转化效果如图 9-29 所示。

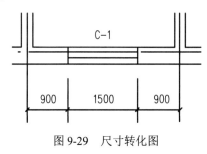

图 9-29　尺寸转化图

设计思路

打开"源文件"中的"尺寸转化原图"图形，选择"尺寸转化"命令，进行尺寸的转化。

操作步骤

1. 打开"源文件"中的"尺寸转化原图"图形，选择屏幕菜单中的"尺寸标注"→"尺寸编辑"→"尺寸转化"命令，命令行显示如下。

> 请选择 ACAD 尺寸标注：找到 1 个
> 请选择 ACAD 尺寸标注：找到 1 个，总计 2 个
> 请选择 ACAD 尺寸标注：找到 1 个，总计 3 个
> 请选择 ACAD 尺寸标注：
> 全部选中的 3 个对象成功地转化为天正尺寸标注！

绘制结果如图 9-29 所示。

2. 保存图形。

> 命令：SAVEAS✓　（将绘制完成的图形以"尺寸转化图.dwg"为文件名保存在指定的路径中）

第 10 章

符号标注

本章导读

本章介绍标高的标注、检查和对齐操作，以及工程符号的标注操作，包括箭头引注、引出标注、做法标注、指向索引、剖切索引、索引图名、剖切符号、加折断线、画对称轴、画指北针和图名标注。

学习要点

☑ 标高符号的标注
☑ 工程符号的标注

10.1 标高符号的标注

标高符号用于表示某个点的高度或者垂直高度。

10.1.1 标高标注

使用"标高标注"命令可以标注各种标高符号，并可连续标注标高。执行方式如下。

☑ 命令行：BGBZ
☑ 屏幕菜单："符号标注"→"标高标注"

选择"标高标注"命令后，打开"标高标注"对话框，如图 10-1 所示。

在对话框中选取建筑工程中常用的基线方式。命令行显示如下。

图 10-1 "标高标注"对话框

请点取标高点或 [参考标高(R)]<退出>:选取标高点
请点取标高方向<退出>:标高尺寸方向
下一点或 [第一点(F)]<退出>:选取其他标高点
下一点或 [第一点(F)]<退出>:

10.1.2 上机练习——标高标注

↳ 练习目标

标高符号标注效果如图 10-2 所示。

图 10-2　标高标注图

↳ 设计思路

打开"源文件"中的"标高标注原图"图形,选择"标高标注"命令,标注标高。

↳ 操作步骤

1. 打开"源文件"中的"标高标注原图"图形,选择屏幕菜单中的"符号标注"→"标高标注"命令,打开"标高标注"对话框,如图 10-1 所示,命令行显示如下。

请点取标高点或 [参考标高(R)]<退出>:选取地坪
请点取标高方向<退出>:选标高点的右侧
下一点或 [第一点(F)]<退出>:选取窗下
下一点或 [第一点(F)]<退出>:选取窗上
下一点或 [第一点(F)]<退出>:选屋顶
下一点或 [第一点(F)]<退出>:

右击退出,最终绘制结果如图 10-2 所示。

2. 保存图形。

命令: SAVEAS✓　(将绘制完成的图形以"标高标注.dwg"为文件名保存在指定的路径中)

10.1.3 标高检查

使用"标高检查"命令可以通过一个给定标高对立剖面图中的其他标高符号进行检查。执行方式如下。

☑　命令行:BGJC
☑　屏幕菜单:"符号标注"→"标高检查"
选择"标高检查"命令后,命令行显示如下。

选择参考标高或 [参考当前用户坐标系(T)]<退出>:选择参考坐标
选择待检查的标高标注:选择待检查的标高
选择待检查的标高标注：选择待检查的标高

选择待检查的标高标注：选择待检查的标高

选择待检查的标高标注：

选中的标高 3 个，全部正确。

10.1.4　上机练习——标高检查

☝ 练习目标

标高检查效果如图 10-3 所示。

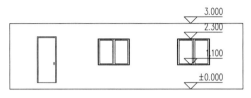

图 10-3　标高检查图

☝ 设计思路

打开"源文件"中的"标高检查原图"图形，选择"标高检查"命令，检查标高。

☝ 操作步骤

1. 打开"源文件"中的"标高检查原图"图形，选择屏幕菜单中的"符号标注"→"标高检查"命令，命令行显示如下。

选择参考标高或 [参考当前用户坐标系(T)]<退出>：选地坪标高处

选择待检查的标高标注：选窗下标高

选择待检查的标高标注：选窗上标高

选择待检查的标高标注：选屋顶标高

选择待检查的标高标注：

选中的标高 3 个，其中 2 个有错！

第 2/1 个错误的标注，正确标注(2.300)或 [纠正标高(C)/下一个(F)/退出(X)]<全部纠正>：

此时直接按 Enter 键，最终绘制结果如图 10-3 所示。

2. 保存图形。

命令：SAVEAS✓　（将绘制完成的图形以"标高检查.dwg"为文件名保存在指定的路径中）

10.1.5　标高对齐

"标高对齐"命令用于把选中标高按新选取的标高位置或参考标高位置竖向对齐。执行方式如下。

☑　命令行：BGDQ

☑　屏幕菜单："符号标注"→"标高对齐"

选择"标高对齐"命令后，命令行显示如下。

请选择需对齐的标高标注或[参考对齐(Q)]<退出>：选择参考坐标

请选择需对齐的标高标注：选择待检查的标高

请选择需对齐的标高标注：选择待检查的标高

请选择需对齐的标高标注：选择待检查的标高

请选择需对齐的标高标注：
选中的标高 3 个，全部正确！

10.1.6　上机练习——标高对齐

❧ 练习目标

标高对齐效果如图 10-4 所示。

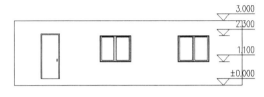

图 10-4　标高对齐图

❧ 设计思路

打开"源文件"中的"标高对齐原图"图形，选择"标高对齐"命令，对齐标高。

❧ 操作步骤

1. 打开"源文件"中的"标高对齐原图"图形，选择屏幕菜单中的"符号标注"→"标高对齐"命令，命令行显示如下。

```
命令：BGDQ T91_TARRANGEELEV
请选择需对齐的标高标注或[参考对齐(Q)]<退出>：
请选择需对齐的标高标注：
请选择需对齐的标高标注：
请选择需对齐的标高标注：
请选择需对齐的标高标注：
请点取标高对齐点<不变>：
请点取标高基线对齐点<不变>：此时直接按 Enter 键
```

最终绘制结果如图 10-4 所示。

2. 保存图形。

```
命令：SAVEAS✓　（将绘制完成的图形以"标高对齐.dwg"为文件名保存在指定的路径中）
```

10.2　工程符号的标注

10.2.1　箭头引注

使用"箭头引注"命令可以绘制指示方向的箭头及引线。执行方式如下。

☑　命令行：JTYZ

☑　屏幕菜单："符号标注"→"箭头引注"

选择"箭头引注"命令后，打开"箭头引注"对话框，如图 10-5 所示。

首先在下方选项区域中设置相关参数，然后在上方文本框中输入要标注的文字。在绘图区域中单击，命令行显示如下。

```
箭头起点或 [点取图中曲线(P)/点取参考点(R)]<退出>:选择箭头起点
直段下一点或 [弧段(A)/回退(U)]<结束>:选择箭头线的转角
直段下一点或 [弧段(A)/回退(U)]<结束>:选择箭头线的转角
直段下一点或 [弧段(A)/回退(U)]<结束>:
```

图 10-5　"箭头引注"对话框

10.2.2　上机练习——箭头引注

◈ 练习目标

生成的箭头引注如图 10-6 所示。

◈ 设计思路

打开"源文件"中的"箭头引注原图"图形，选择"箭头引注"命令，绘制箭头引注。

◈ 操作步骤

1. 打开"源文件"中的"箭头引注原图"图形，选择屏幕

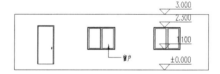

图 10-6　箭头引注图

菜单中的"符号标注"→"箭头引注"命令，打开"箭头引注"对话框，如图 10-5 所示。在对话框中选择适当的选项，在文本框中输入"窗户"，然后在绘图区域单击，命令行显示如下。

```
箭头起点或 [点取图中曲线(P)/点取参考点(R)]<退出>:选择窗内一点
直段下一点或 [弧段(A)/回退(U)]<结束>:选择下面的直线点
直段下一点或 [弧段(A)/回退(U)]<结束>:选择水平的直线点
直段下一点或 [弧段(A)/回退(U)]<结束>:
```

执行以上命令，完成窗户的箭头引注，绘制结果如图 10-6 所示。

2. 保存图形。

```
命令：SAVEAS✓　（将绘制完成的图形以"箭头引注.dwg"为文件名保存在指定的路径中）
```

10.2.3　引出标注

使用"引出标注"命令可以用引线引出来对多个标注点做同一内容的标注。执行方式如下。

☑　命令行：YCBZ

☑　屏幕菜单："符号标注"→"引出标注"

选择"引出标注"命令后，打开"引出标注"对话框，如图 10-7 所示。

视频讲解

图 10-7　"引出标注"对话框

首先在下方选项区域中设置相关参数，然后在上方文本框中输入要标注的文字。在绘图区域中单击，命令行显示如下。

请给出标注第一点<退出>:选择标注起点
输入引线位置或[更改箭头型式(A)]<退出>:选择引线位置
点取文字基线位置<退出>:选择基线位置
输入其他的标注点<结束>:

10.2.4　上机练习——引出标注

∾ **练习目标**

生成的引出标注如图 10-8 所示。

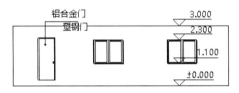

图 10-8　引出标注图

∾ **设计思路**

打开"源文件"中的"引出标注原图"图形，选择"引出标注"命令，绘制引出标注。

∾ **操作步骤**

1. 打开"源文件"中的"引出标注原图"图形，选择屏幕菜单中的"符号标注"→"引出标注"命令，打开"引出标注"对话框，如图 10-7 所示。在对话框中选择适当的选项，在"上标注文字"文本框中输入"铝合金门"，在"下标注文字"文本框中输入"塑钢门"，然后在绘图区域单击，命令行显示如下。

请给出标注第一点<退出>:选择门内一点
输入引线位置或[更改箭头型式(A)]<退出>:单击引线位置
点取文字基线位置<退出>:选择文字基线位置
输入其他的标注点<结束>:

执行以上命令，完成门的引出标注，绘制结果如图 10-8 所示。

2. 保存图形。

命令: SAVEAS✓　（将绘制完成的图形以"引出标注.dwg"为文件名保存在指定的路径中）

10.2.5 做法标注

使用"做法标注"命令可以从专业词库获得标准做法，用以标注工程做法。执行方式如下。

☑ 命令行：ZFBZ

☑ 屏幕菜单："符号标注"→"做法标注"

选择"做法标注"命令后，打开"做法标注"对话框，如图 10-9 所示。

首先在下方选项区域中设置相关参数，然后在对话框中分行输入要标注的做法文字。在绘图区域中单击，命令行显示如下。

图 10-9　"做法标注"对话框

```
请给出标注第一点<退出>:选择标注起点
请给出文字基线位置<退出>:选择引线位置
请给出文字基线方向和长度<退出>:选择基线位置
请给出标注第一点<退出>:
```

10.2.6 上机练习——做法标注

↳ **练习目标**

生成的做法标注如图 10-10 所示。

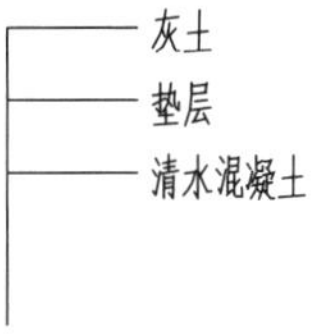

↳ **设计思路**

选择"做法标注"命令，进行做法标注。

图 10-10　做法标注图

↳ **操作步骤**

1. 选择"做法标注"命令，打开"做法标签"对话框，如图 10-9 所示。在对话框中设置相关参数，在文本框中分行输入"灰土""垫层""清水混凝土"，此时对话框如图 10-11 所示。在绘图区域单击，命令行显示如下。

```
请给出标注第一点<退出>:选择标注起点
给出文字基线位置<退出>:
请给出文字基线方向和长度<退出>:选择基线位置
请给出标注第一点<退出>:
```

执行以上命令，完成做法标注，绘制结果如图 10-10 所示。

图 10-11　"做法标注"对话框

2. 保存图形。

命令：SAVEAS↙ （将绘制完成的图形以"做法标注.dwg"为文件名保存在指定的路径中）

10.2.7　指向索引

"指向索引"命令为图中另有详图的某一部分指向标注索引号，指出表示这些部分的详图在哪张图上，指向索引的对象编辑提供了增加索引号的功能，为符合制图规范的图例画法，增加了"在延长线上标注文字"复选框。执行方式如下。

☑　命令行：ZXSY

☑　屏幕菜单："符号标注"→"指向索引"

选择"指向索引"命令后，打开"指向索引"对话框，如图 10-12 所示。

图 10-12　"指向索引"对话框

在对话框中设置相关参数，在绘图区域单击命令行显示如下。

请给出索引节点的位置<退出>:选择索引点位置
请给出索引节点的范围<0.0>:
请给出转折点位置<退出>:选择转折点位置
请给出文字索引号位置<退出>:选择文字索引号的位置
请给出索引节点的位置<退出>:

10.2.8　上机练习——指向索引

☛　练习目标

生成的指向索引如图 10-13 所示。

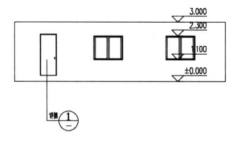

图 10-13　指向索引图

Note

❧ 设计思路

打开"源文件"中的"指向索引原图"图形，选择"指向索引"命令，标注指向索引。

❧ 操作步骤

1．打开"源文件"中的"指向索引原图"图形，选择屏幕菜单中的"符号标注"→"指向索引"命令，在打开的"指向索引"对话框中设置相关参数，如图 10-14 所示。

图 10-14　"指向索引"对话框

在绘图区域单击，命令行显示如下。

```
请给出索引节点的位置<退出>:选择门内一点
请给出索引节点的范围<0.0>:
请给出转折点位置<退出>:选择转折点位置
请给出文字索引号位置<退出>:选择文字索引号的位置
请给出索引节点的位置<退出>:
```

执行以上命令，完成门的指向索引，绘制结果如图 10-13 所示。

2．保存图形。

命令：SAVEAS✓　（将绘制完成的图形以"指向索引.dwg"为文件名保存在指定的路径中）

10.2.9　剖切索引

"剖切索引"命令为图中另有详图的某一部分剖切标注索引号，指出表示这些部分的详图在哪张图上，剖切索引的对象编辑提供了多个剖切位置线的功能，为符合制图规范的图例画法，增加了"在延长线上标注文字"复选框。执行方式如下。

☑　命令行：PQSY
☑　屏幕菜单："符号标注"→"剖切索引"

选择"剖切索引"命令后，打开"剖切索引"对话框，如图 10-15 所示。

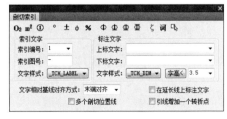

图 10-15　"剖切索引"对话框

在绘图区域中单击，命令行显示如下。

请给出索引节点的位置<退出>:选择索引点位置
请给出转折点位置<退出>:选择转折点位置
请给出文字索引号位置<退出>:选择文字索引号的位置
请给出剖视方向<当前>:选择剖视方向
请给出索引节点的位置<退出>:

10.2.10　上机练习——剖切索引

视频讲解

❧ 练习目标

生成的剖切索引如图10-16所示。

❧ 设计思路

打开"源文件"中的"剖切索引原图"图形，选择"剖切索引"命令，标注剖切索引符号。

❧ 操作步骤

1. 打开"源文件"中的"剖切索引原图"图形，选择屏幕菜单中的"符号标注"→"剖切索引"命令，在打开的"剖切索引"对话框中设置相关参数，如图10-17所示。

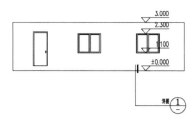

图10-16　剖切索引图

图10-17　"剖切索引"对话框

在绘图区域单击，命令行显示如下。

请给出索引节点的位置<退出>:选择地坪部分
请给出转折点位置<退出>:选择转折点位置
请给出文字索引号位置<退出>:选择文字索引号的位置
请给出剖视方向<当前>:选择剖视方向
请给出索引节点的位置<退出>:

执行以上命令，完成地坪的剖切索引，绘制结果如图10-16所示。

2. 保存图形。

命令:SAVEAS✓　（将绘制完成的图形以"剖切索引.dwg"为文件名保存在指定的路径中）

10.2.11　索引图名

"索引图名"命令用于为图中局部详图标注索引图号。执行方式如下。

☑　命令行：SYTM

☑　屏幕菜单："符号标注"→"索引图名"

选择"索引图名"命令后，打开"索引图名"对话框，如图10-18所示。命令行显示如下。

请点取标注位置<退出>:选择标注位置

图 10-18　"索引图名"对话框

10.2.12　上机练习——索引图名

✎ **练习目标**

索引图名后的标注如图 10-19 所示。

✎ **设计思路**

选择"索引图名"命令,标注索引图名。

✎ **操作步骤**

1. 选择屏幕菜单中的"符号标注"→"索引图名"命令,在打开的"索引图名"对话框中进行设置,如图 10-20 所示。命令行显示如下。

图 10-19　索引图名图

请点取标注位置<退出>:在图中选择标注位置

当需要被索引的详图标注在第 15 张图中时,选择屏幕菜单中的"符号标注"→"索引图名"命令,在打开的"索引图名"对话框中进行设置,如图 10-21 所示。命令行显示如下。

请点取标注位置<退出>:在图中选择标注位置

绘制结果如图 10-19 所示。

图 10-20　"索引图名"对话框 1

图 10-21　"索引图名"对话框 2

2. 保存图形。

命令:SAVEAS↙　(将绘制完成的图形以"索引图名.dwg"为文件名保存在指定的路径中)

10.2.13　剖切符号

"剖切符号"命令支持任意角度的转折剖切符号绘制功能,用于在图中标注符合制图标准规定的剖切符号,可定义编号的剖面图,表示剖切断面上的构件以及从该处沿视线方向可见的建筑部件,生成剖面时在执行"建筑剖面"与"构件剖面"命令前需要绘制此符号,用以定义剖面方向。执行方式如下。

☑　命令行:PQFH

☑　屏幕菜单:"符号标注"→"剖切符号"

选择"剖切符号"命令，打开"剖切符号"对话框，如图 10-22 所示。

图 10-22 "剖切符号"对话框

命令行显示如下。

```
请输入剖切编号<1>:输入编号
点取第一个剖切点<退出>:选择第一点
点取第二个剖切点<退出>:选择剖线的第二点
点取下一个剖切点<结束>:选择转折第一点
点取下一个剖切点<结束>:选择结束点
点取下一个剖切点<结束>:按 Enter 键结束
点取剖视方向<当前>:选择剖视方向
```

10.2.14 上机练习——剖切符号

视 频 讲 解

↳ **练习目标**

绘制剖切符号后的效果如图 10-23 所示。

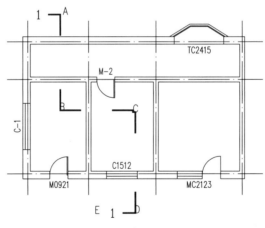

图 10-23 剖切符号图

↳ **设计思路**

打开"源文件"中的"剖切符号原图"图形，选择"剖切符号"命令，标注剖切符号。

↳ **操作步骤**

1. 打开"源文件"中的"剖切符号原图"图形，选择屏幕菜单中的"符号标注"→"剖切符号"命令，在打开的"剖切符号"对话框中进行设置，如图 10-24 所示。命令行显示如下。

```
请输入剖切编号<1>:1
点取第一个剖切点<退出>:A
```

点取第二个剖切点<退出>:B
点取下一个剖切点<结束>:C
点取下一个剖切点<结束>:D
点取下一个剖切点<结束>:按 Enter 键结束
点取剖视方向<当前>:E

绘制结果如图 10-23 所示。

图 10-24　"剖切符号"对话框

2．保存图形。

命令：SAVEAS↙　（将绘制完成的图形以"剖切符号.dwg"为文件名保存在指定的路径中）

10.2.15　加折断线

使用"加折断线"命令可以在图中绘制折断线。执行方式如下。
☑　命令行：JZDX
☑　屏幕菜单："符号标注"→"加折断线"
选择"加折断线"命令后，命令行显示如下。

点取折断线起点或 [选多段线(S)\绘双折断线(Q)，当前：绘单折断线]<退出>:选择折断线起点
点取折断线终点或 [改折断数目(N)，当前=1]<退出>:选择折断线终点
当前切除外部，请选择保留范围或 [改为切除内部(Q)]<不切割>:

10.2.16　上机练习——加折断线

🔖 练习目标

加折断线效果如图 10-25 所示。

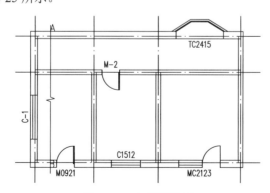

图 10-25　加折断线图

视频讲解

Note

↳ 设计思路

打开"源文件"中的"加折断线原图"图形，选择"加折断线"命令，绘制折断线。

↳ 操作步骤

1. 打开"源文件"中的"加折断线原图"图形，选择屏幕菜单中的"符号标注"→"加折断线"命令，命令行显示如下。

> 点取折断线起点或 [选多段线(S)\绘双折断线(Q)，当前：绘单折断线]<退出>:选 A
> 点取折断线终点或 [改折断数目(N)，当前=1]<退出>:选 B
> 当前切除外部，请选择保留范围或 [改为切除内部(Q)]<不切割>:

执行以上命令，完成加折断线的标注，绘制结果如图 10-25 所示。

2. 保存图形。

> 命令：SAVEAS✓　（将绘制完成的图形以"加折断线.dwg"为文件名保存在指定的路径中）

10.2.17　画对称轴

使用"画对称轴"命令可以在图中绘制对称轴及符号。执行方式如下。

☑　命令行：HDCZ

☑　屏幕菜单："符号标注"→"画对称轴"

选择"画对称轴"命令后，命令行显示如下。

> 起点或 [参考点(R)]<退出>:选择对称轴的起点
> 终点<退出>:选择对称轴的终点

10.2.18　上机练习——画对称轴

↳ 练习目标

绘制的对称轴如图 10-26 所示。

图 10-26　对称轴图

↳ 设计思路

打开"源文件"中的"画对称轴原图"图形，选择"画对称轴"命令，绘制对称轴。

↳ 操作步骤

1. 打开"源文件"中的"画对称轴原图"图形，选择屏幕菜单中的"符号标注"→"画对称轴"命令，命令行显示如下。

> 起点或 [参考点(R)]<退出>:选 A
> 终点<退出>:选 B

绘制结果如图 10-26 所示。

2. 保存图形。

命令：SAVEAS↙　　（将绘制完成的图形以"画对称轴.dwg"为文件名保存在指定的路径中）

10.2.19　画指北针

使用"画指北针"命令可以在图中绘制指北针。执行方式如下。

　　☑　命令行：HZBZ

　　☑　屏幕菜单："符号标注"→"画指北针"

选择"画指北针"命令后，命令行显示如下。

指北针位置<退出>:选择指北针的插入位置
指北针方向<90.0>:选择指北针的方向或角度，以 x 轴正向为 0 起始，逆时针转为正

10.2.20　上机练习——画指北针

↳　练习目标

　　绘制的指北针如图 10-27 所示。

↳　设计思路

　　选择"画指北针"命令，标注指北针。

↳　操作步骤

　　1．选择屏幕菜单中的"符号标注"→"画指北针"命令，命令行显示如下。

图 10-27　指北针图

指北针位置<退出>:选择指北针的插入点
指北针方向<90.0>:75

绘制结果如图 10-27 所示。

　　2．保存图形。

命令：SAVEAS↙　　（将绘制完成的图形以"画指北针.dwg"为文件名保存在指定的路径中）

10.2.21　图名标注

使用"图名标注"命令可以在图中以一个整体符号对象标注图名比例。执行方式如下。

　　☑　命令行：TMBZ

　　☑　屏幕菜单："符号标注"→"图名标注"

选择"图名标注"命令后，打开"图名标注"对话框，如图 10-28 所示。

图 10-28　"图名标注"对话框

在此对话框中设置相关参数，在绘图区单击，命令行显示如下。

请点取插入位置<退出>:单击图名标注的位置

10.2.22 上机练习——图名标注

↳ 练习目标

图名标注效果如图 10-29 所示。

<u>立面图</u> 1:100   <u>立面图</u> 1:100

图 10-29 图名标注图

↳ 设计思路

选择"图名标注"命令，添加图名标注。

↳ 操作步骤

1. 选择屏幕菜单中的"符号标注"→"图名标注"命令，在打开的图名标注对话框中选择"国标"方式，如图 10-28 所示。命令行显示如下。

请点取插入位置<退出>:单击图名标注的位置

结果如图 10-29 左图所示。

若在"图名标注"对话框中选择"传统"方式，命令行显示如下。

请点取插入位置<退出>:单击图名标注的位置

结果如图 10-29 右图所示。

2. 保存图形。

命令：SAVEAS✓   （将绘制完成的图形以"图名标注.dwg"为文件名保存在指定的路径中）

第11章

绘制平面图

本章导读

　　本章以别墅和办公楼平面图的绘制为例，详细论述天正和 AutoCAD 绘制建筑平面图的方法与相关技巧，包括建筑平面图中的轴、墙体、柱子、门窗、楼梯、散水和洁具等的绘制方法，以及房间、尺寸和标高标注的生成方法。

学习要点

　　☑　绘制别墅平面图
　　☑　绘制办公楼平面图

11.1　别墅平面图绘制

　　本节通过一个简单实例，综合运用前面几章介绍的命令，详细介绍别墅平面图的绘制方法。

视频讲解

11.1.1　定位别墅平面图轴网

　　图 11-1 所示的别墅平面图对应的定位轴网如图 11-2 所示。

　　绘制定位轴网的步骤如下。

　　1. 选择屏幕菜单中的"轴网柱子"→"绘制轴网"命令，打开"绘制轴网"对话框，单击"直线轴网"选项卡，选中"下开"单选按钮，在"间距"下输入 3000、1300、2000、6000，如图 11-3 所示。

　　2. 选中"左进"单选按钮，在"间距"下输入 2600、2400、4000，如图 11-4 所示。

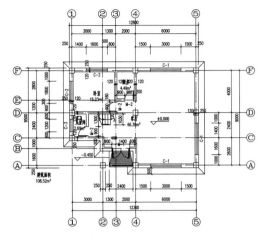

图 11-1 别墅平面图

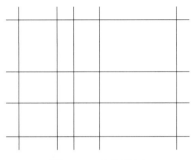

图 11-2 定位轴网

图 11-3 "下开"轴网

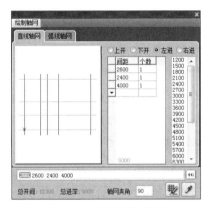

图 11-4 "左进"轴网

3. 在屏幕空白位置单击，完成定位轴网的绘制，效果如图 11-2 所示。

11.1.2 编辑别墅平面图轴网

对轴网的编辑包括添加、删除、修剪等。这些操作可以用 AutoCAD 命令实现。本例需要添加和修剪轴线，也可以用天正提供的菜单命令实现。

编辑轴网的步骤如下。

1. 选择屏幕菜单中的"轴网柱子"→"添加轴线"命令，按照命令行显示选择轴线 A，向上偏移 1600，生成轴线 C。同上，选择轴线 B，向上偏移 1200，生成轴线 D。此时轴网如图 11-5 所示。

2. 修剪轴网效果如图 11-6 所示。

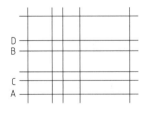

图 11-5 添加轴线

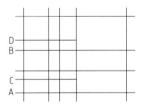

图 11-6 修剪轴网

11.1.3　标注别墅平面图轴网

本例的轴号可以用"轴网标注"命令实现。"轴网标注"命令可以自动将纵向轴线以数字做轴号，横向轴线以字母做轴号。添加标注后的轴网如图 11-7 所示。

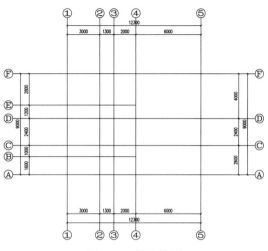

图 11-7　标注轴网

标注轴网的步骤如下。

1. 选择屏幕菜单中的"轴网柱子"→"轴网标注"命令，打开"轴网标注"对话框，如图 11-8 所示。在"输入起始轴号"文本框中输入 1，选中"双侧标注"单选按钮，在图中从左至右选择轴线，效果如图 11-9 所示。

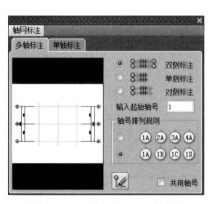

图 11-8　"轴网标注"对话框

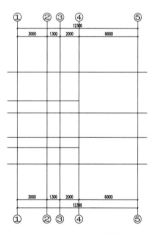

图 11-9　纵向轴标

2. 选择屏幕菜单中的"轴网柱子"→"轴网标注"命令，在"轴网标注"对话框的"输入起始轴号"文本框中输入 A，选中"双侧标注"单选按钮，在图中从下至上选择轴线，最终效果如图 11-7 所示。

11.1.4　绘制别墅墙体

使用"绘制墙体"命令可以在轴线的基础上生成墙体，效果如图 11-10 所示。

绘制墙体的步骤如下。

1. 选择屏幕菜单中的"墙体"→"绘制墙体"命令，在"墙体"对话框中输入相应的外墙数据，如图 11-11 所示。

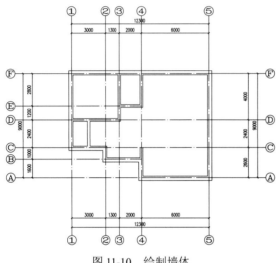

图 11-10　绘制墙体

图 11-11　确定外墙数据

2. 选择建筑物外墙的角点顺序连接，形成如图 11-12 所示的外墙形状。

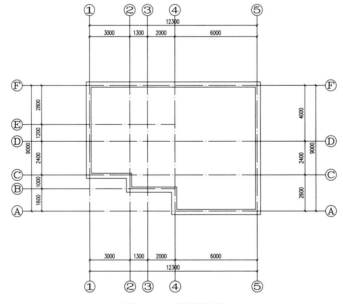

图 11-12　绘制外墙

3. 选择屏幕菜单中的"墙体"→"绘制墙体"命令，在"墙体"对话框中输入相应的内墙数据，如图 11-13 所示。

4. 选择建筑物内墙的角点顺序连接，形成如图 11-14 所示的内墙形状。

图 11-13 确定内墙数据

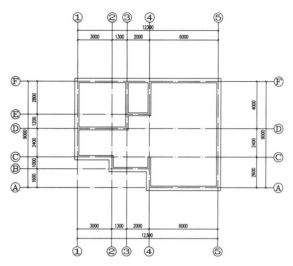

图 11-14 绘制内墙

5. 在卫生间与楼梯之间增加一道隔墙。首先在轴线层的新增墙体位置画一条单线，如图 11-15 所示。

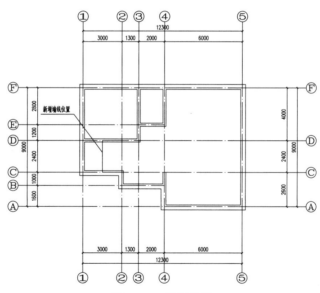

图 11-15 绘制单线

6. 选择屏幕菜单中的"墙体"→"单线变墙"命令，在打开的"单线变墙"对话框中设置相关参数，如图 11-16 所示。

7. 单击绘图区域，选择需要绘制墙体的单线，结果如图 11-17 所示。

图 11-16 "单线变墙"对话框

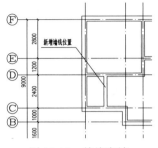

图 11-17 单线变墙

从图 11-17 中可以看到，新增加的墙体与原有的墙体之间有重叠区域，可选择"修墙角"命令，然后框选需要修整的墙体交汇区域，完成内外墙的布设，最终效果如图 11-10 所示。

11.1.5 插入别墅中的柱子

插入的柱子分为标准柱、角柱、构造柱和异形柱。本例生成的柱子如图 11-18 所示。

插入柱子的步骤如下。

1. 选择屏幕菜单中的"轴网柱子"→"标准柱"命令，在"标准柱"对话框中输入相应的柱子数据，如图 11-19 所示。

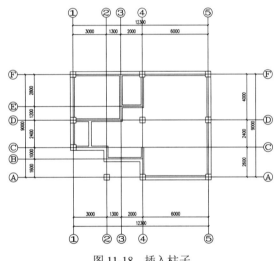

图 11-18 插入柱子

图 11-19 确定柱子数据

2. 在绘图区域单击，选择建筑物需要设置柱子的轴线交点，插入柱子，如图 11-18 所示。

11.1.6 插入别墅中的门窗

门窗分为很多种，本例插入常用的普通形式的门窗，如图 11-20 所示。

插入门窗的步骤如下。

1. 选择屏幕菜单中的"门窗"→"门窗"命令，在"门"对话框中输入 M-1 的相应数据，设置"距离"为 350，如图 11-21 所示。

Note

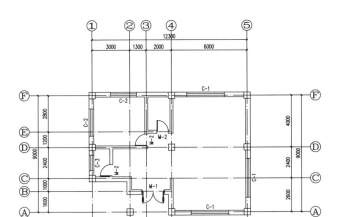

图 11-20　插入门窗　　　　　　　　图 11-21　确定 M-1 数据

2. 在绘图区域单击，选择建筑物需要设置 M-1 的位置，插入 M-1，如图 11-22 所示。

3. 选择屏幕菜单中的"门窗"→"门窗"命令，在"门"对话框中输入 M-2 的相应数据，指定"距离"为 60，如图 11-23 所示。

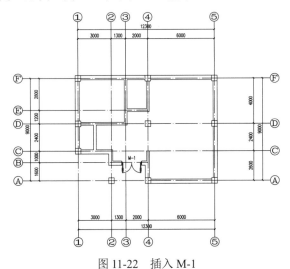

图 11-22　插入 M-1　　　　　　　　图 11-23　确定 M-2 数据

4. 在绘图区域单击，选择建筑物需要设置 M-2 的位置，插入 M-2，如图 11-24 所示。

5. 选择屏幕菜单中的"门窗"→"门窗"命令，在"窗"对话框中输入 C-1 的相应数据，采用"轴线等分插入"的方式，如图 11-25 所示。

6. 在绘图区域单击，选择建筑物需要设置 C-1 的位置，插入 C-1，如图 11-26 所示。

7. 选择屏幕菜单中的"门窗"→"门窗"命令，在"窗"对话框中输入 C-2 的相应数据，如图 11-27 所示。

Note

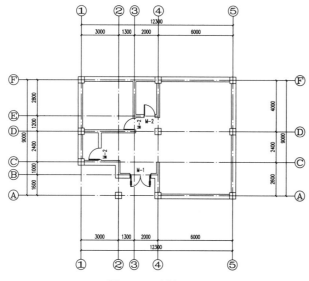

图 11-24　插入 M-2

图 11-25　确定 C-1 数据

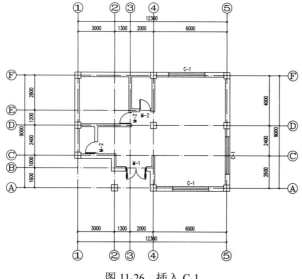

图 11-26　插入 C-1

图 11-27　确定 C-2 数据

8. 在绘图区域单击，选择建筑物需要设置 C-2 的位置，插入 C-2，如图 11-28 所示。

9. 选择屏幕菜单中的"门窗"→"门窗"命令，在"窗"对话框中输入 C-3 的相应数据，采用 "轴线等分插入"方式，如图 11-29 所示。

10. 在绘图区域单击，选择建筑物需要设置 C-3 的位置，插入 C-3，如图 11-20 所示。由此完成插入门窗的工作。

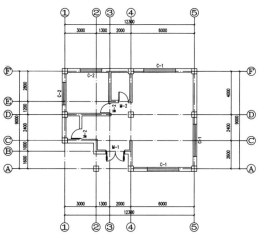

图 11-28　插入 C-2

图 11-29　确定 C-3 数据

11.1.7　插入别墅中的楼梯

插入的楼梯可由天正软件自动计算生成。本例生成的楼梯如图 11-30 所示。

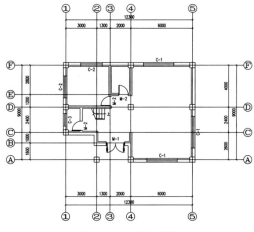

图 11-30　插入楼梯

插入楼梯的步骤如下。

1. 选择屏幕菜单中的"楼梯其他"→"双跑楼梯"命令，在打开的"双跑楼梯"对话框中输入相应的楼梯数据，如图 11-31 所示。

图 11-31　确定楼梯数据

2．在绘图区域单击，根据命令行提示选择楼梯的插入点，插入楼梯，如图 11-30 所示。

11.1.8　插入坡道

坡道可以直接用天正软件绘制而成。本例生成的坡道如图 11-32 所示。

插入坡道的步骤如下。

1．选择屏幕菜单中的"楼梯其他"→"坡道"命令，在"坡道"对话框中输入相应的坡道数据，如图 11-33 所示。

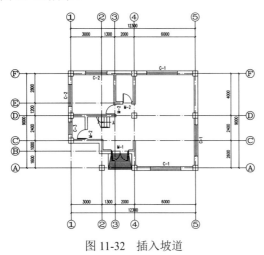

图 11-32　插入坡道

图 11-33　确定坡道数据

2．在绘图区域单击，根据命令行提示选择坡道的插入点，插入坡道，如图 11-32 所示。

11.1.9　绘制别墅室外散水

散水可以直接用天正软件绘制而成。本例生成的散水如图 11-34 所示。

绘制散水的步骤如下。

1．选择屏幕菜单中的"楼梯其他"→"散水"命令，在"散水"对话框中输入相应的散水数据，如图 11-35 所示。

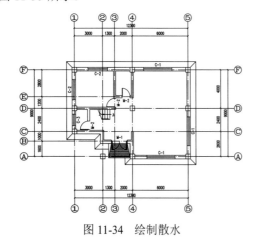

图 11-34　绘制散水

图 11-35　确定散水数据

2．在绘图区域单击，根据命令行提示选择建筑物的封闭外墙，绘制散水，如图 11-34 所示。

11.1.10 布置别墅卫生间洁具

卫生间洁具可以由天正图库自动生成，如图 11-36 所示。

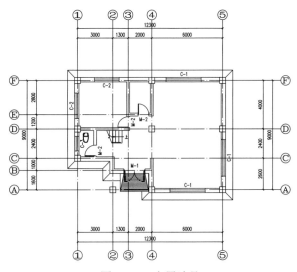

图 11-36 布置洁具

布置洁具的步骤如下。

1．选择屏幕菜单中的"房间屋顶"→"房间布置"→"布置洁具"命令，在"天正洁具"对话框中选择相应的洁具，本例选择"坐便器 06"，如图 11-37 所示。

2．双击所选择的洁具，打开"布置坐便器 06"对话框，如图 11-38 所示。在对话框中输入相应的数据。

3．在绘图区域单击，根据命令行提示选择卫生间相应的墙线，布置洁具，如图 11-36 所示。

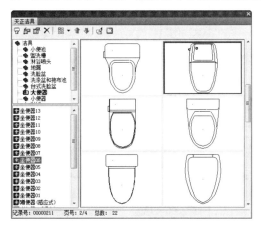

图 11-37 选择坐便器

图 11-38 "布置坐便器 06"对话框

11.1.11 别墅各房间标注

绘制房屋的信息可以直接由天正软件自动生成，如室内面积、房间编号等。本例只生成室内面积，如图 11-39 所示。

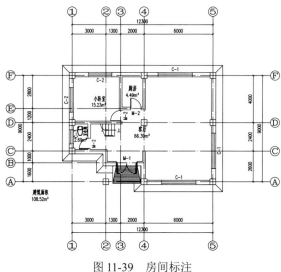

图 11-39 房间标注

生成房间标注的步骤如下。

1．选择屏幕菜单中的"房间屋顶"→"搜索房间"命令，在"搜索房间"对话框中设置相应的参数，如图 11-40 所示。

2．在绘图区域单击，根据命令行提示框选建筑物的所有墙体，形成如图 11-41 所示的房间标注信息。

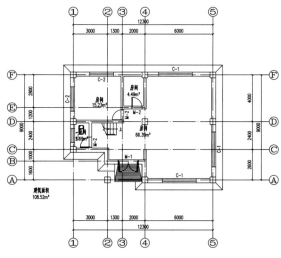

图 11-40 确定房间标注数据　　　　图 11-41 生成房间标注数据

3．通过"在位编辑"命令，双击需要修改名称的房间，直接修改名字，具体方式不再赘述。最终形成如图 11-39 所示的房间标注信息。

11.1.12 别墅建筑构件的尺寸标注

尺寸标注在本例中主要是明确具体的建筑构件的平面尺寸。生成的尺寸标注如图 11-42 所示。

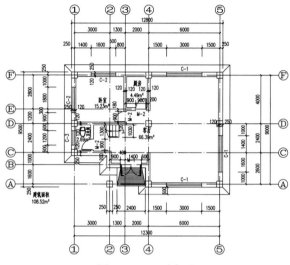

图 11-42 尺寸标注

生成尺寸标注的步骤如下。

1. 选择屏幕菜单中的"尺寸标注"→"门窗标注"命令，根据命令行提示选择尺寸标注的门窗所在的墙线，自动生成门窗标注，如图 11-43 所示。

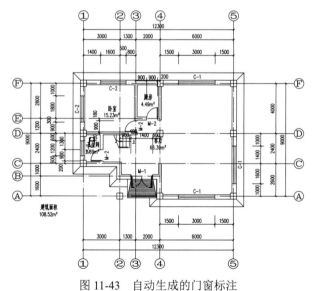

图 11-43 自动生成的门窗标注

自动生成的尺寸标注比较乱，可以通过 AutoCAD 命令进行移动，最终的门窗标注效果如图 11-44 所示。

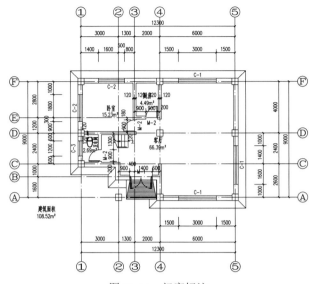

图 11-44　门窗标注

2．选择屏幕菜单中的"房间屋顶"→"墙厚标注"命令，根据命令行提示选择标注的墙线，自动生成墙厚标注，如图 11-45 所示。

3．其他部位的标注可以采用"逐点标注"，直接标注尺寸，具体方式不再赘述。最终形成如图 11-42 所示的尺寸标注信息。

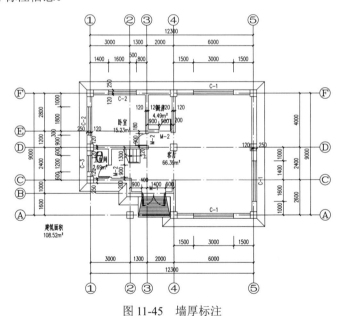

图 11-45　墙厚标注

11.1.13　别墅室内外标高标注

标高标注在本例中主要是明确建筑内外的平面高差。生成的标高标注如图 11-46 所示。

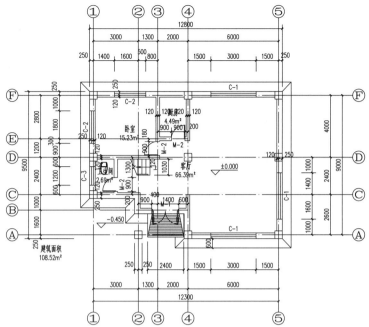

图 11-46　标高标注

生成标高标注的步骤如下。

1．选择屏幕菜单中的"符号标注"→"标高标注"命令，在"标高标注"对话框的"楼层标高"栏中输入标高数值，选中"手工输入"复选框，如图 11-47 所示。

图 11-47　"标高标注"对话框

2．在绘图区域单击，根据命令行提示标注建筑物内的标高。然后重复操作，标注建筑物外的标高。最终形成如图 11-46 所示的标高标注信息。

至此，完成别墅平面图的绘制。

11.2　办公楼平面图绘制

本节综合运用天正命令和 AutoCAD 命令绘制办公楼平面图，效果如图 11-48 所示。

视频讲解

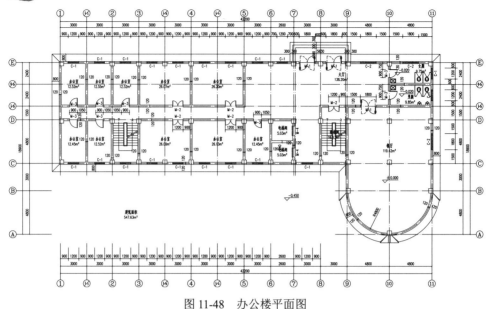

图 11-48　办公楼平面图

11.2.1　定位办公楼平面图轴网

图 11-48 所示的办公楼平面图对应的定位轴网如图 11-49 所示。

绘制定位轴网的步骤如下。

1. 选择屏幕菜单中的"轴网柱子"→"绘制轴网"命令，打开"绘制轴网"对话框，单击"直线轴网"选项卡，选中"下开"单选按钮，在"间距"下输入 6000、3000、6000、6000、3000、2600、3000、3000、4800、4800，如图 11-50 所示。

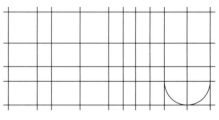

图 11-49　定位轴网

2. 选中"左进"单选按钮，在"间距"下输入 4800、3000、4800、6300，如图 11-51 所示。

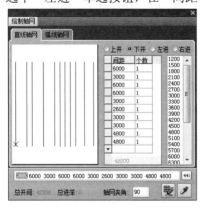

图 11-50　"下开"轴网

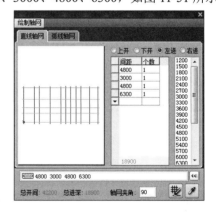

图 11-51　"左进"轴网

3. 在屏幕空白位置单击，完成直线定位轴网的绘制，如图 11-52 所示。

4. 选择屏幕菜单中的"轴网柱子"→"绘制轴网"命令，打开"绘制轴网"对话框，单击"弧线轴网"选项卡，选中"夹角"和"顺时针"单选按钮，在"夹角"下输入180，在"个数"下输入1，设置"内弧半径＜"为4800，如图11-53所示。

5．在屏幕中轴线交点处单击，完成弧线定位轴网的绘制。

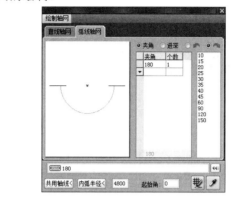

图 11-52　直线轴网　　　　　　　　图 11-53　设置弧线轴网参数

11.2.2　标注办公楼平面图轴网

本例的轴号可以用"轴网标注"命令实现。添加标注后的轴网如图11-54所示。

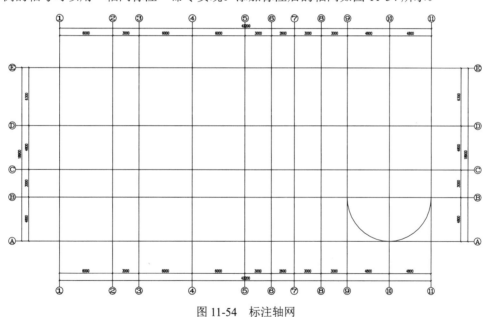

图 11-54　标注轴网

标注轴网的步骤如下。

1．选择屏幕菜单中的"轴网柱子"→"轴网标注"命令，打开"轴网标注"对话框，如图11-55所示。在"输入起始轴号"文本框中输入1，选中"双侧标注"单选按钮，在图中从左至右选择轴线，标注效果如图11-56所示。

2．选择屏幕菜单中的"轴网柱子"→"轴网标注"命令，在"轴网标注"对话框的"输入起始轴号"文本框中输入A，选中"双侧标注"单选按钮，在图中从下至上选择轴线，标注效果如图11-54所示。

图 11-55 "轴网标注"对话框

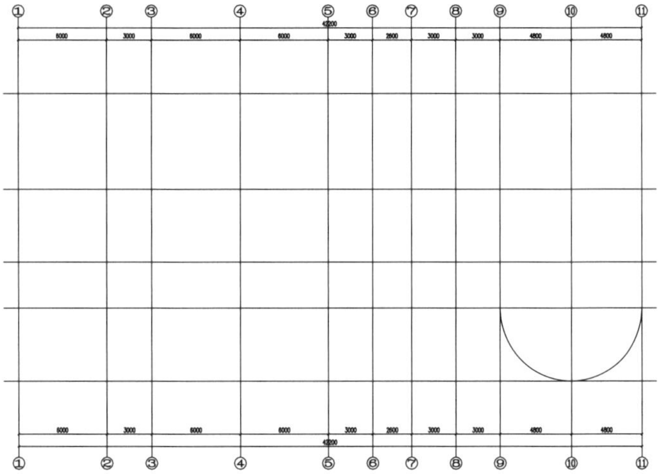

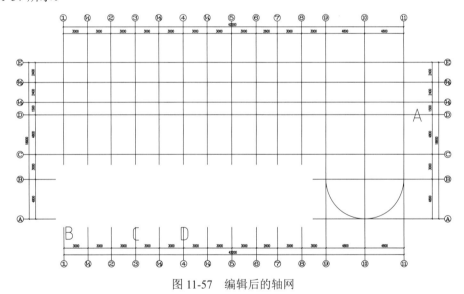

图 11-56 纵向轴标

11.2.3 添加轴线

本例需要添加和修剪轴线，以对轴网进行编辑，可以使用天正软件的菜单命令实现。编辑后的轴网如图 11-57 所示。

图 11-57 编辑后的轴网

添加轴线的步骤如下。

1. 选择屏幕菜单中的"轴网柱子"→"添加轴线"命令，添加双向标注的附加轴线，按照命令行提示选择轴线 A，向上偏移 1500 生成 1/D 轴，向上偏移 3900 生成 2/D 轴。同上，选择轴线 B，向右偏移 3000 生成 1/1 轴；选择轴线 C，向右偏移 3000 生成 1/3 轴；选择轴线 D，向右偏移 3000 生成 1/4 轴。此时轴线如图 11-58 所示。

2. 对轴线过长部分进行修剪。选择"轴线裁剪"命令，框选需要进行裁剪的轴线，完成裁剪后的轴网如图 11-57 所示。

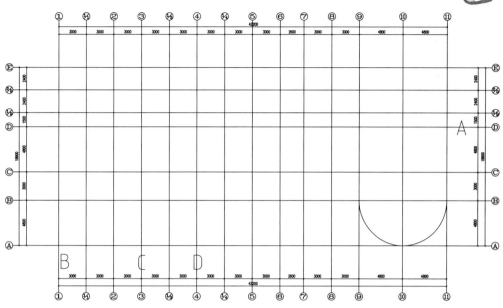

图 11-58 添加轴线

11.2.4 绘制办公楼墙体

本例大部分的墙体是在轴线的基础上用天正软件生成的，以方便在以后的操作中对墙体进行编辑。生成的墙体如图 11-59 所示。

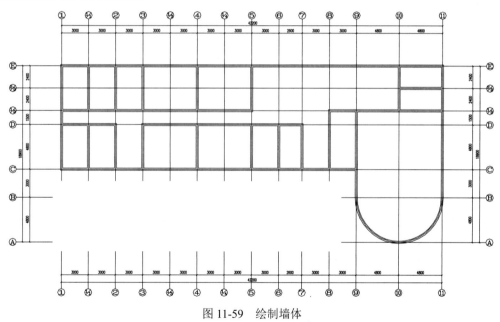

图 11-59 绘制墙体

绘制墙体的步骤如下。

1. 选择屏幕菜单中的"墙体"→"绘制墙体"命令，在"墙体"对话框中输入相应的外墙数据，如图 11-60 所示。选择建筑物外墙的角点顺序连接，注意在选择弧墙时根据命令行提示进行操作，最终形成如图 11-61 所示的外墙形状。

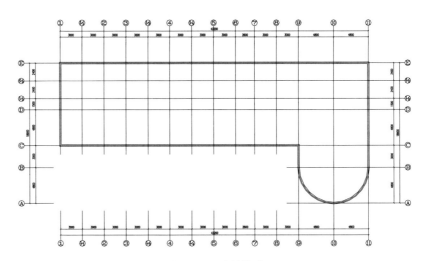

图 11-60 确定外墙数据　　　　　　　　　　图 11-61 绘制外墙

2．选择屏幕菜单中的"墙体"→"绘制墙体"命令，在"墙体"对话框中输入相应的内墙数据，如图 11-62 所示。选择建筑物内墙的角点顺序连接，形成如图 11-63 所示的墙体形状。

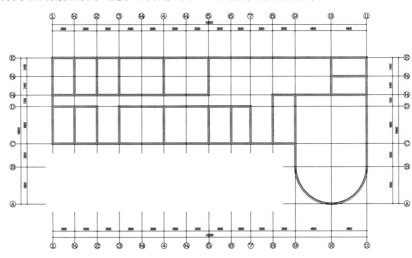

图 11-62 确定内墙数据　　　　　　　　　　图 11-63 绘制内墙

3．在两部电梯之间增加一道隔墙。在轴线层的新增墙体位置画一条单线，然后选择"单线变墙"命令，打开"单线变墙"对话框，在对话框中设置相关参数，如图 11-64 所示。单击绘图区域，选择需要绘制墙体的单线，生成墙体，如图 11-65 所示。

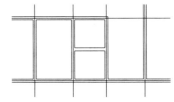

图 11-64 "单线变墙"对话框　　　　　　　　图 11-65 单线变墙

从图中可以看到，新增加的墙体与原有的墙体之间有重叠区域，选择"修墙角"命令后框选需要修整的墙体交汇区域，完成内外墙的绘制。

11.2.5　插入办公楼中的柱子

本例中插入的柱子为标准柱，如图 11-66 所示。

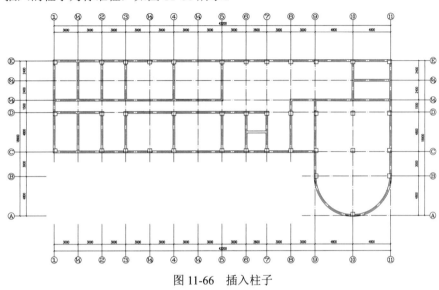

图 11-66　插入柱子

插入柱子的步骤如下。

1. 选择屏幕菜单中的"轴网柱子"→"标准柱"命令，在"标准柱"选项卡中输入相应的柱子数据，如图 11-67 所示。

2. 在绘图区域单击，选择建筑物需要设置柱子的轴线交点，插入柱子，如图 11-68 所示。

图 11-67　确定柱子数据

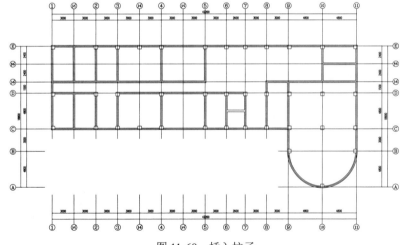

图 11-68　插入柱子

3. 此时图中柱子凸出墙线，可以选择屏幕菜单中的"轴网柱子"→"柱齐墙边"命令，根据命令行提示选择建筑物需要对齐的墙边，然后选择需要对齐的柱子。

11.2.6 插入办公楼中的门窗

门窗分为很多种，本例插入门窗后效果如图 11-69 所示。

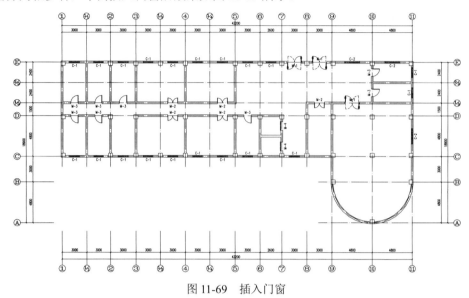

图 11-69 插入门窗

插入门窗的步骤如下。

1. 选择屏幕菜单中的"门窗"→"门窗"命令，在"门"对话框中输入双扇弹簧门 M-1 的相应数据，如图 11-70 所示。图中左侧门的形式与本例中要求的双扇弹簧门不一致，此时单击左侧门，打开"天正图库管理系统"对话框，如图 11-71 所示。

图 11-70 确定 M-1 数据

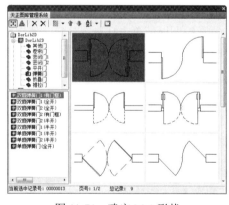

图 11-71 确定 M-1 形状

2. 双击需要的双扇弹簧门，打开"门"对话框，选择"轴线等分插入"方式，如图 11-72 所示。

图 11-72 "门"对话框

3. 在绘图区域单击，选择建筑物需要设置 M-1 的位置，插入 M-1，如图 11-73 所示。

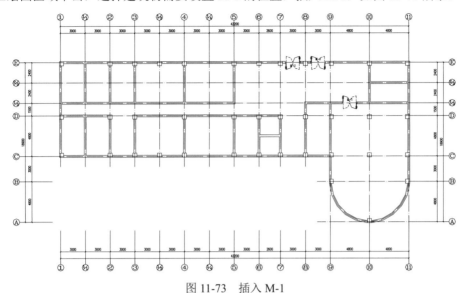

图 11-73　插入 M-1

4. 选择屏幕菜单中的"门窗"→"门窗"命令，在"门"对话框中输入 M-2 的相应数据，如图 11-74 所示。图中左侧门的形式与本例中要求的双扇平开门不一致，此时单击门的简图，打开"天正图库管理系统"对话框，如图 11-75 所示。

图 11-74　确定 M-2 数据　　　　　　　　　图 11-75　确定 M-2 形状

5. 双击需要的双扇平开门，打开"门"对话框，选择"轴线等分插入"方式，如图 11-76 所示。

图 11-76　"门"对话框

6. 在绘图区域单击，选择建筑物需要设置 M-2 的位置，插入 M-2，如图 11-77 所示。

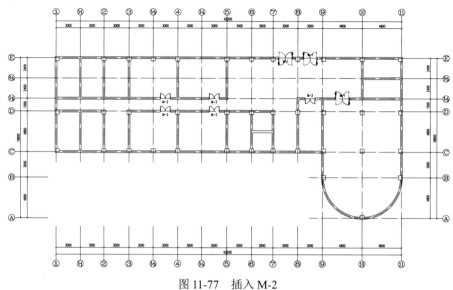

图 11-77　插入 M-2

由图 11-77 可见，M-2 均采用内开的方式，此时单击"内外翻转"按钮，根据命令行提示进行门的内外翻转，形成图 11-78 所示效果。

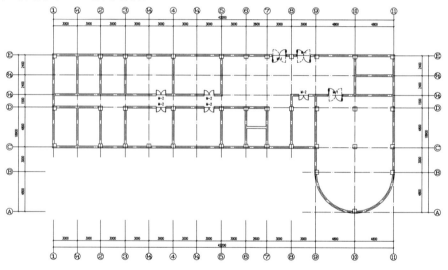

图 11-78　调整后的 M-2

7. 选择屏幕菜单中的"门窗"→"门窗"命令，在"门"对话框中输入 M-3 的相应数据，如图 11-79 所示。图中左侧门的形式与本例中要求的门不一致，此时单击平面门，打开"天正图库管理系统"对话框，如图 11-80 所示。

图 11-79　确定 M-3 数据

8. 双击需要的单扇平开门，打开"门"对话框，选择"轴线等分插入"方式，如图 11-81 所示。

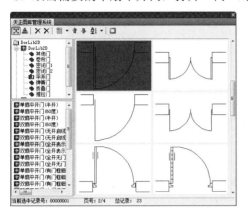

图 11-80　确定 M-3 形状　　　　　　　　图 11-81　"门"对话框

9. 在绘图区域单击，选择建筑物需要设置 M-3 的位置，插入 M-3，如图 11-82 所示。

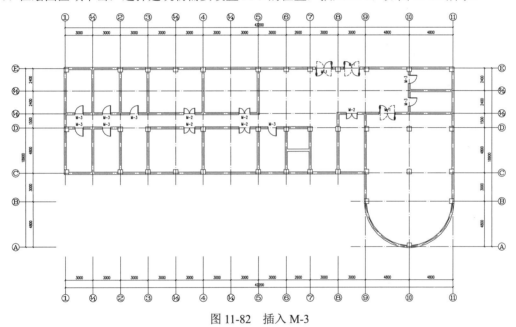

图 11-82　插入 M-3

10. 选择屏幕菜单中的"门窗"→"门窗"命令，在"门"对话框中输入 M-4 的相应数据，如图 11-83 所示。图中平开门与本例中要求的电梯门不一致，此时单击平面门，打开"天正图库管理系统"对话框，如图 11-84 所示。

11. 双击需要的中分电梯门，打开"门"对话框，选择"轴线等分插入"方式，如图 11-85 所示。

图 11-83　确定 M-4 数据

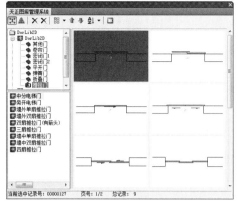

图 11-84 确定 M-4 形状

图 11-85 "门"对话框

12．在绘图区域单击，选择建筑物需要设置 M-4 的位置，插入 M-4，如图 11-86 所示。

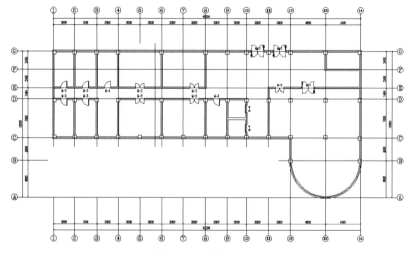

图 11-86 插入 M-4

13．选择屏幕菜单中的"门窗"→"门窗"命令，在"窗"对话框中输入 C-1 的相应数据，如图 11-87 所示。

图 11-87 确定 C-1 数据

14．在绘图区域单击，选择建筑物需要设置 C-1 的位置，插入 C-1，如图 11-88 所示。

15．选择屏幕菜单中的"门窗"→"门窗"命令，在"窗"对话框中输入 C-2 的相应数据，如图 11-89 所示。

16．在绘图区域单击，选择建筑物需要设置 C-2 的位置，插入 C-2。由此完成插入门窗的工作，效果如图 11-69 所示。

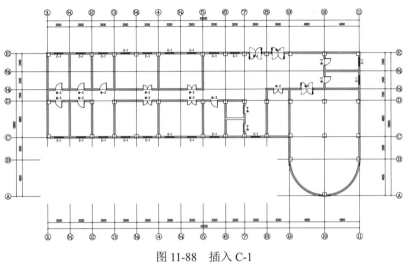

图 11-88 插入 C-1

图 11-89 确定 C-2 数据

11.2.7 插入办公楼中的楼梯

办公楼中有两个形式一样的楼梯，本例具体介绍一个楼梯的生成过程。生成的楼梯如图 11-90 所示。

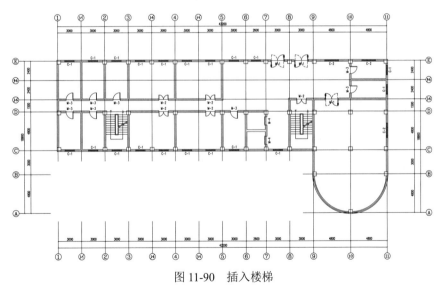

图 11-90 插入楼梯

插入楼梯的步骤如下。

1. 选择屏幕菜单中的"楼梯其他"→"双跑楼梯"命令，在"双跑楼梯"对话框中输入相应的楼梯数据，如图 11-91 所示。

图 11-91 "双跑楼梯"对话框输入数据

2．在绘图区域单击，根据命令行提示选择楼梯的插入点，插入楼梯，如图 11-92 所示。

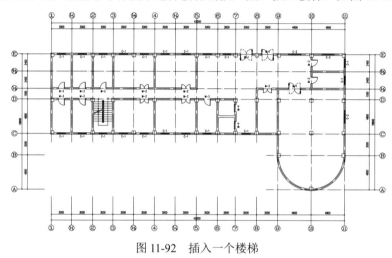

图 11-92 插入一个楼梯

3．采用同样的操作，完成右侧楼梯的插入，如图 11-90 所示。

11.2.8 插入台阶

本例中的台阶位于大门口处，可以直接用天正软件绘制而成。生成的台阶如图 11-93 所示。

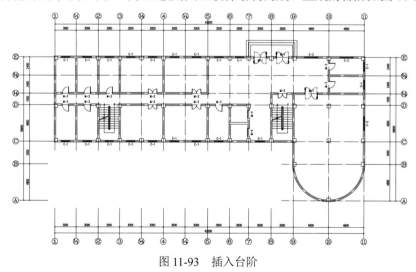

图 11-93 插入台阶

插入台阶的步骤如下。

1．选择屏幕菜单中的"楼梯其他"→"台阶"命令，打开"台阶"对话框，如图 11-94 所示。设置"台阶总高"为 450，"踏步宽度"为 300，"踏步高度"为 150。

图 11-94　确定台阶数据

2．单击轴线交叉处，插入台阶，如图 11-93 所示。

11.2.9　绘制办公楼室外散水

散水可以直接由天正软件自动绘制而成。生成的散水如图 11-95 所示。

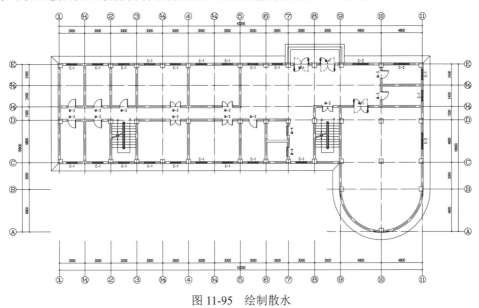

图 11-95　绘制散水

绘制散水的步骤如下。

1．选择屏幕菜单中的"楼梯其他"→"散水"命令，打开"散水"对话框，如图 11-96 所示。设置"散水宽度"为 800，"室内外高差"为 450，"偏移距离"为 0；选中"创建室内外高差平台"复选框。

2．在绘图区域单击，根据命令行提示选择建筑物的封闭外墙，形成如图 11-95 所示的散水的形式。

图 11-96　"散水"对话框

11.2.10　布置办公楼卫生间洁具

卫生间洁具可以直接由天正图库自动生成，如图 11-97 所示。

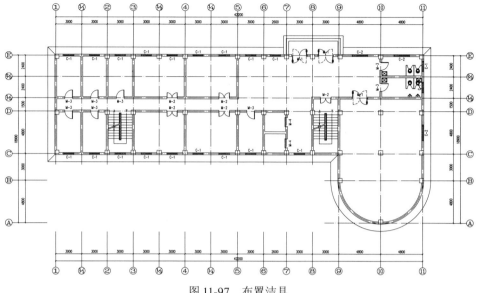

图 11-97 布置洁具

布置洁具的步骤如下。

1. 选择屏幕菜单中的"房间屋顶"→"房间布置"→"布置洁具"命令，在"天正洁具"对话框中选择相应的洁具，本例选择"蹲便器（感应式）"，如图 11-98 所示。

2. 双击所选择的蹲便器，打开"布置蹲便器（感应式）"对话框，如图 11-99 所示。对话框中的数据可保持不变，也可以进行修改，本例保持不变。

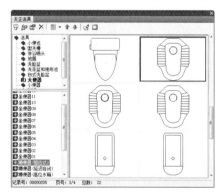

图 11-98 "天正洁具"对话框

图 11-99 "布置蹲便器（感应式）"对话框

3. 在绘图区域单击，根据命令行提示选择卫生间相应的墙线，在男女厕所各布置两个蹲便器，如图 11-100 所示。

4. 选择屏幕菜单中的"房间屋顶"→"房间布置"→"布置隔断"命令，然后根据命令行提示选择两个蹲便器，再根据提示的隔断尺寸进行修正，然后按 Enter 键完成布置隔断任务。进行重复操作，结果如图 11-101 所示。

厕所的隔断门可改为向内开。单击"门窗"对话框中的"内外翻转"按钮，然后在图中选择需要进行内外翻转的门，即可完成操作，效果如图 11-102 所示。

5. 选择屏幕菜单中的"房间屋顶"→"房间布置"→"布置洁具"命令，在"天正洁具"对话框中选择相应的洁具，本例选择"小便器（感应式）03"，如图 11-103 所示。

Note

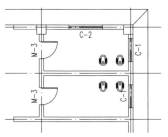

图 11-100　布置蹲便器

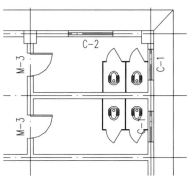

图 11-101　布置隔断

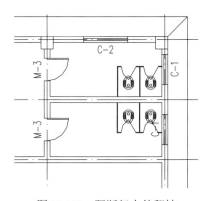

图 11-102　隔断门内外翻转

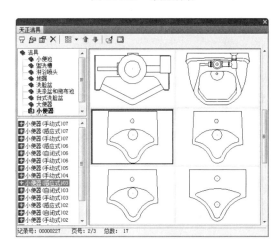

图 11-103　"天正洁具"对话框

6．双击所选择的小便器，打开"布置小便器（感应式）03"对话框，如图 11-104 所示。对话框中的数据可保持不变，也可以进行修改，本例保持不变。

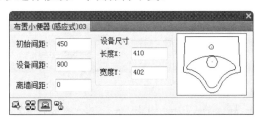

图 11-104　"布置小便器（感应式）03"对话框

7．在绘图区域单击，根据命令行提示选择卫生间相应的墙线，在男厕所布置两个小便器，如图 11-105 所示。

8．选择屏幕菜单中的"房间屋顶"→"房间布置"→"布置洁具"命令，在打开的"天正洁具"对话框中选择"洗涤盆和拖布池"，如图 11-106 所示。

9．双击所选择的拖布池，打开"布置拖布池"对话框，如图 11-107 所示。对话框中的数据可保持不变，也可以进行修改，本例保持不变。

10．在绘图区域单击，根据命令行提示选择卫生间相应的墙线，在男女厕所各布置一个拖布池，如图 11-108 所示。

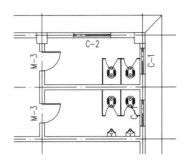

图 11-105　布置小便器

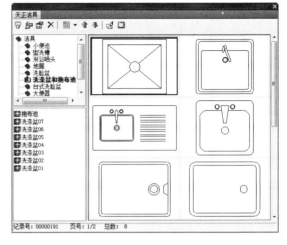

图 11-106　"天正洁具"对话框

图 11-107　"布置拖布池"对话框

图 11-108　布置拖布池

11.2.11　办公楼各房间标注

绘制房屋的信息可以直接由天正软件自动生成，如室内面积、房间编号等。本例只生成室内面积，如图 11-109 所示。

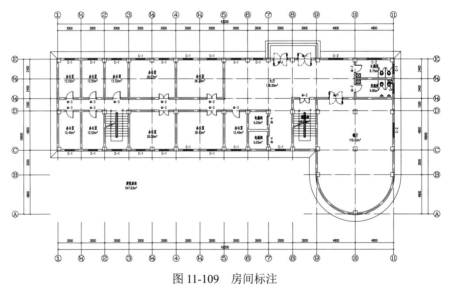

图 11-109　房间标注

生成房间标注的步骤如下。

1. 选择屏幕菜单中的"房间屋顶"→"搜索房间"命令，在"搜索房间"对话框中设置相关参数，如图 11-110 所示。

图 11-110　确定房间标注数据

2. 在绘图区域单击，根据命令行提示框选建筑物的所有墙体，形成如图 11-111 所示的房间标注信息。

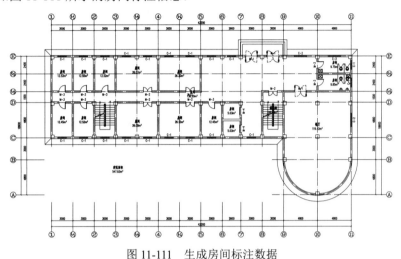

图 11-111　生成房间标注数据

3. 通过"在位编辑"命令，双击需要修改名称的房间，直接修改名字。最终形成如图 11-109 所示的房间标注信息。

11.2.12　办公楼建筑构件的尺寸标注

尺寸标注在本例中主要是明确具体的建筑构件的平面尺寸，如门窗、墙体等尺寸。生成的尺寸标注如图 11-112 所示。

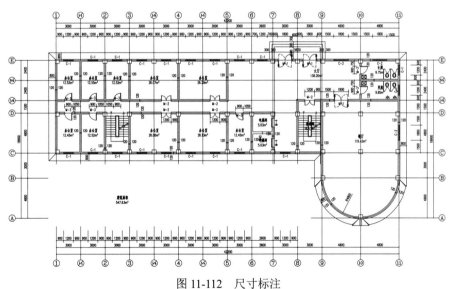

图 11-112　尺寸标注

生成尺寸标注的步骤如下。

1. 选择屏幕菜单中的"尺寸标注"→"门窗标注"命令，根据命令行提示选择尺寸标注的门窗所在的墙线和第一、第二道标注线，自动生成外侧的门窗标注，具体步骤不再详述，生成的标注如图 11-113 所示。

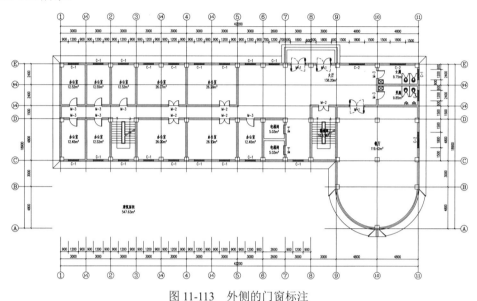

图 11-113　外侧的门窗标注

2. 选择屏幕菜单中的"尺寸标注"→"墙厚标注"命令，按照命令行提示选择需要标注厚度的墙体，完成墙厚标注，如图 11-114 所示。

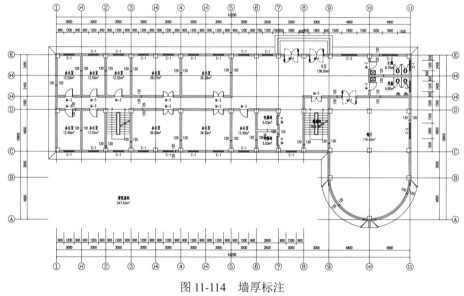

图 11-114　墙厚标注

3. 选择屏幕菜单中的"尺寸标注"→"逐点标注"命令，根据命令行提示选择需要标注的部分，自动生成内门标注，如图 11-115 所示。

4. 选择屏幕菜单中的"尺寸标注"→"半径标注"命令，根据命令行提示选择需要进行半径标注的圆弧，自动生成半径标注，如图 11-116 所示。

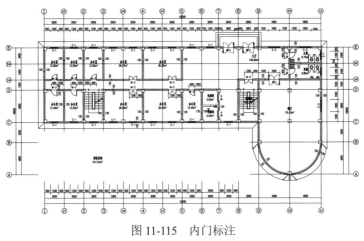

图 11-115　内门标注

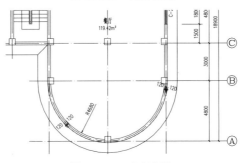

图 11-116　半径标注

5．其他部位的标注可以采用"逐点标注"命令，直接标注尺寸，具体步骤不再详述。最终形成如图 11-109 所示的尺寸标注信息。

11.2.13　办公楼室内外标高标注

标高标注在本例中主要是明确建筑内外的平面高差。生成的标高标注如图 11-117 所示。

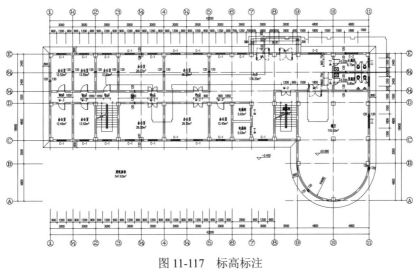

图 11-117　标高标注

Note

生成标高标注的步骤如下。

1. 选择屏幕菜单中的"符号标注"→"标高标注"命令，在打开的"标高标注"对话框中，选中"手工输入"复选框，同时设置"楼层标高"为±0.000，如图11-118所示。然后在绘图区单击，选择室内标高位置为餐厅内部，如图11-119所示。

图 11-118 "标高标注"对话框

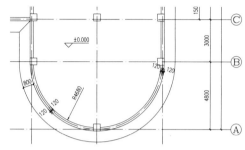

图 11-119 标注室内标高

2. 在"标高标注"对话框中设置"楼层标高"为-0.450，如图11-120所示。然后在绘图区单击，选择室外标高位置为建筑物外侧，如图11-121所示。

图 11-120 "标高标注"对话框

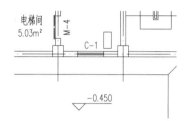

图 11-121 标注室外标高

3. 在"标高标注"对话框中设置"楼层标高"为-0.020，如图11-122所示。然后在绘图区单击，选择厕所标高位置为厕所内部，如图11-123所示。

最终形成如图11-117所示的标高标注信息。至此，通过以上基本的绘图步骤，完成办公楼平面图的绘制。

图 11-122 "标高标注"对话框

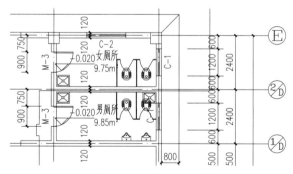

图 11-123 标注厕所标高

第**12**章

立面

本章导读

建筑立面图是指用正投影法对建筑各个外墙面进行投影所得到的正投影图。与平面图一样，立面图也是表达建筑物的基本图样之一，它主要反映建筑物的立面形式和外观情况。

本章介绍立面的创建，包括建筑立面和构件立面；立面的编辑，包括立面门窗、立面阳台、立面屋顶、雨水管线、图形裁剪等立面操作。

学习要点

- ☑ 立面的创建
- ☑ 立面的编辑

12.1 立面的创建

绘制立面可以形象地表达出建筑物的三维信息。受建筑物的细节和视线方向建筑物遮挡的影响，建筑立面在天正系统中为二维信息。立面的创建可以通过天正命令实现。

12.1.1 建筑立面

使用"建筑立面"命令可以生成建筑物立面，需事先确定当前层为首层平面，其余各层已确定内外墙。在当前工程为空的时候执行本命令，会出现对话框，提示：请打开或新建一个工程管理项目，并在工程数据库中建立楼层表。下面将已经完成的建筑底层平面和标准层平面放置在一张图中，建立一个工程管理项目，步骤如下。

1. 选择屏幕菜单中的"文件布图"→"工程管理"命令，选择新建工程，出现"另存为"对话框，如图 12-1 所示。

2．在"文件名"中输入文件名称为"平面"，然后单击"保存"按钮，打开"工程管理"对话框。

3．展开"楼层"参数面板，如图 12-2 所示。

图 12-1　新建工程管理　　　　　　　　　　图 12-2　"楼层"参数面板

组合楼层有两种方式：

（1）如果每层平面图均有独立的图样文件，可将多个平面图文件放在同一文件夹下，在"选择文件"对话框中单击"打开"按钮，确定每个标准层都有的共同对齐点，然后完成组合楼层。

（2）如果多个平面图放在一个图样文件中，则打开图样文件后，在楼层栏的电子表格中分别选择图中的标准平面图，指定共同对齐点，然后完成组合楼层。同时也可以指定部分标准层平面图放置在其他图样文件中。采用方式二比较灵活，适用性也强。

为了综合演示，采用方式二。命令行显示如下。

```
选择第一个角点<取消>:选择所选标准层的左下角
另一个角点<取消>:选择所选标准层的右上角
对齐点<取消>:选择开间和进深的第一轴线交点
成功定义楼层!
```

将所选的楼层定义为第一层，如图 12-3 所示。重复上面的操作完成楼层的定义，如图 12-4 所示。

当所在标准层不在同一图样文件中的时候，可以通过单击文件后面的"选择层文件"选项选择需要装入的标准层。

建立好工程文件后，执行方式如下。

☑　命令行：JZLM

☑　屏幕菜单："立面"→"建筑立面"

选择"建筑立面"命令，命令行显示如下。

```
请输入立面方向或 [正立面(F)/背立面(B)/左立面(L)/右立面(R)]<退出>:选择正立面 F
请选择要出现在立面图上的轴线:选择轴线
请选择要出现在立面图上的轴线:选择轴线
请选择要出现在立面图上的轴线:按 Enter 键
```

此时打开"立面生成设置"对话框，如图 12-5 所示。

图 12-3 定义第一层

图 12-4 定义楼层

图 12-5 "立面生成设置"对话框

在"立面生成设置"对话框中输入标注的数值，然后单击"生成立面"按钮，打开"输入要生成的文件"对话框，如图 12-6 所示。在此对话框中设置要生成的立面文件的名称和保存位置，然后单击"保存"按钮，即可在指定位置生成立面图。

图 12-6 "输入要生成的文件"对话框

12.1.2 上机练习——建筑立面

✎ 练习目标

生成的建筑立面如图 12-7 所示。

视频讲解

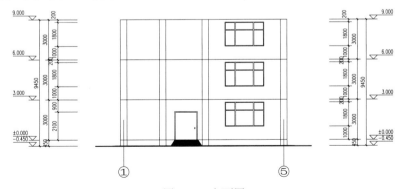

图 12-7 立面图

↳ 设计思路

打开"源文件"中的"标准图"图形，建立工程项目，生成正立面图。

↳ 操作步骤

1．打开"源文件"中的"标准图"图形，如图 12-8 所示。

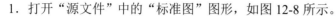

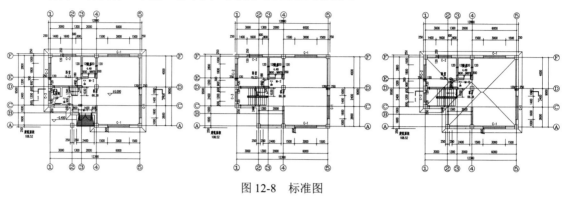

图 12-8　标准图

建立工程项目（具体方式见 12.1.1 节），然后选择"建筑立面"命令，命令行显示如下。

> 请输入立面方向或 ［正立面(F)/背立面(B)/左立面(L)/右立面(R)]<退出>:选择正立面 F
> 请选择要出现在立面图上的轴线:选择轴线
> 请选择要出现在立面图上的轴线:选择轴线
> 请选择要出现在立面图上的轴线:按 Enter 键

此时打开"立面生成设置"对话框，如图 12-9 所示。

2．在对话框中输入标注的数值，然后单击"生成立面"按钮，在打开的对话框中输入要生成的立面文件的名称并选择保存位置，单击"保存"按钮，即可在指定位置生成立面图，如图 12-10 所示。

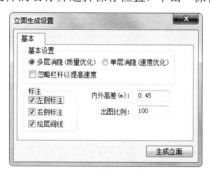

图 12-9　"立面生成设置"对话框

图 12-10　"输入要生成的文件"对话框

3．保存图形。

> 命令：SAVEAS✓　（将绘制完成的图形以"建筑立面.dwg"为文件名保存在指定的路径中）

12.1.3　构件立面

使用"构件立面"命令可以根据选定的三维对象生成立面形状。执行方式如下。

☑　命令行：GJLM

Note

☑ 屏幕菜单:"立面"→"构件立面"

选择"构件立面"命令后,命令行显示如下。

请输入立面方向或 [正立面(F)/背立面(B)/左立面(L)/右立面(R)/顶视图(T)]<退出>:选择立面图的方向
请选择要生成立面的建筑构件:选择三维建筑构件
请选择要生成立面的建筑构件:按 Enter 键结束选择
请单击放置位置:选择立面构件的位置

12.1.4 上机练习——构件立面

↳ 练习目标

生成的构件立面如图 12-11 所示。

↳ 设计思路

打开"源文件"中的"构件立面原图"图形,利用"构件立面"命令,生成楼梯构件立面图。

↳ 操作步骤

1. 打开"源文件"中的"构件立面原图"图形,如图 12-12 所示。选择屏幕菜单中的"立面"→"构件立面"命令,命令行显示如下。

图 12-11 构件立面图

请输入立面方向或 [正立面(F)/背立面(B)/左立面(L)/右立面(R)/顶视图(T)]<退出>: F
请选择要生成立面的建筑构件:选择楼梯
请选择要生成立面的建筑构件:按 Enter 键结束选择
请点取放置位置:选择楼梯立面的位置

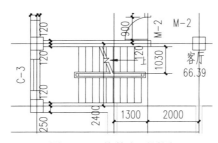

图 12-12 构件立面原图

2. 此时直接按 Enter 键,即可自动生成构件立面图,用户可自行调整,使图形更加完善。最终绘制结果如图 12-11 所示。

3. 保存图形。

命令:SAVEAS↙ (将绘制完成的图形以"构件立面.dwg"为文件名保存在指定的路径中)

12.2 立面的编辑

根据立面构件的要求,使用对建筑立面进行编辑的命令,可以完成创建门窗、阳台、屋顶、门窗套、雨水管、轮廓线等功能。

12.2.1　立面门窗

使用"立面门窗"命令可以插入、替换立面图上的门窗，同时对立面门窗库进行维护。执行方式如下。

- ☑　命令行：LMMC
- ☑　屏幕菜单："立面"→"立面门窗"

选择"立面门窗"命令，打开"天正图库管理系统"对话框，如图 12-13 所示。

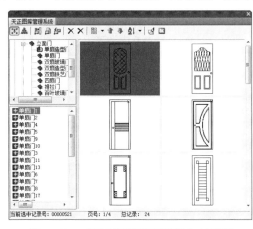

图 12-13　"天正图库管理系统"对话框

在图库中单击所需替换成的门窗图块，然后单击上方的"替换"按钮，可用新选的门窗替换原有的门窗。命令行显示如下。

> 选择图中将要被替换的图块！
> 选择对象：选择已有的门窗图块
> 选择对象：按 Enter 键退出

在图库中双击所需的门窗图块，可直接插入门窗，命令行显示如下。

> 点取插入点或 [转 90(A)/左右(S)/上下(D)/对齐(F)/外框(E)/转角(R)/基点(T)/更换(C)]<退出>:E
> 第一个角点或 [参考点(R)]<退出>:选择门窗洞口的左下角
> 另一个角点：选择门窗洞口的右上角

天正软件自动按照选择图框的左下角和右上角所对应的范围，以左下角为插入点来生成门窗图块。

12.2.2　上机练习——立面门窗

🏵 练习目标

生成的立面门窗如图 12-14 所示。

🏵 设计思路

打开"源文件"中的"立面门窗原图"图形，利用"立面门窗"命令，替换门窗。

视频讲解

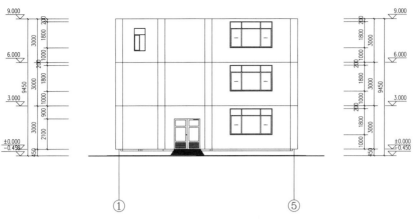

图 12-14 立面门窗图

✎ 操作步骤

1．替换窗。打开"源文件"中的"立面门窗原图"图形，选择屏幕菜单中的"立面"→"立面门窗"命令，打开"天正图库管理系统"对话框，如图 12-15 所示。在对话框中单击所需替换成的窗图块，如图 12-16 所示。

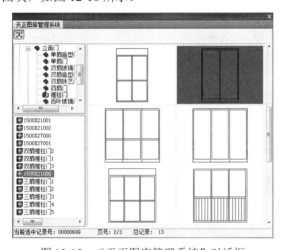

图 12-15　"天正图库管理系统"对话框

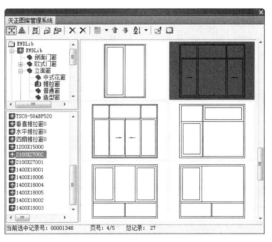

图 12-16　选择需要替换成的窗

单击上方的"替换"按钮，命令行显示如下。

选择图中将要被替换的图块！
选择对象：选择已有的窗图块
选择对象：选择已有的窗图块
选择对象：选择已有的窗图块
选择对象：按 Enter 键退出

天正软件自动使用新选的窗替换原有的窗，结果如图 12-17 所示。

2．生成窗。选择屏幕菜单中的"立面"→"立面门窗"命令，打开"天正图库管理系统"对话框，在对话框中双击所需生成的窗图块，如图 12-18 所示。

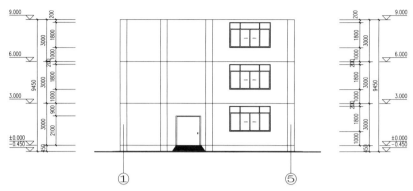

图 12-17　替换窗

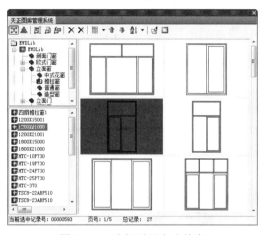

图 12-18　选择需要生成的窗

命令行显示如下。

> 点取插入点或 [转 90 (A) /左右 (S) /上下 (D) /对齐 (F) /外框 (E) /转角 (R) /基点 (T) /更换 (C)] <退出>:E
>
> 第一个角点或 [参考点 (R)] <退出>:选择门窗洞口的左下角
>
> 另一个角点：选择门窗洞口的右上角

天正软件自动按照选择图框的左下角和右上角所对应的范围，以左下角为插入点来生成窗图块，如图 12-19 所示。

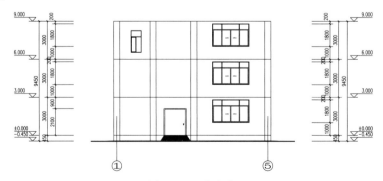

图 12-19　生成窗

3．替换门。选择屏幕菜单中的"立面"→"立面门窗"命令，打开"天正图库管理系统"对话框，在对话框中单击所需替换成的门图块，如图 12-20 所示。

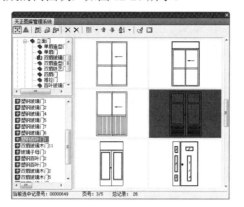

图 12-20　选择需要替换成的门

单击上方的"替换"按钮，然后选择图中要替换的立面门，命令行显示如下。

> 选择图中将要被替换的图块！
> 选择对象：找到 1 个
> 选择对象：

天正软件自动用新选的门窗替换原有的门窗，结果如图 12-14 所示。

4．保存图形。

> 命令：SAVEAS↙　（将绘制完成的图形以"立面门窗.dwg"为文件名保存在指定的路径中）

12.2.3　门窗参数

使用"门窗参数"命令可以修改立面门窗尺寸和位置。执行方式如下。

☑　命令行：MCCS
☑　屏幕菜单："立面"→"门窗参数"

选择"门窗参数"命令，命令行显示如下。

> 选择立面门窗:选择门窗
> 选择立面门窗:按 Enter 键退出
> 底标高<4000>:输入新的门窗底标高
> 高度<1800>:输入新的门窗高度
> 宽度<3000>:输入新的门窗宽度

12.2.4　上机练习——门窗参数

▷ 练习目标

修改门窗参数后效果如图 12-21 所示。

▷ 设计思路

打开"源文件"中的"门窗参数原图"图形，利用"门窗参数"命令，查询并更改左上侧的窗参数。

视频讲解

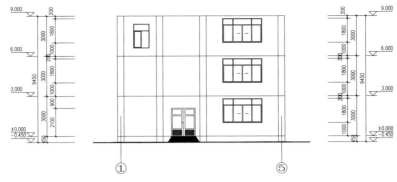

图 12-21　门窗参数图

⇄ 操作步骤

1. 打开"源文件"中的"门窗参数原图"图形，选择屏幕菜单中的"立面"→"门窗参数"命令，查询并更改左上侧的窗参数，命令行显示如下。

```
选择立面门窗:选择门窗
选择立面门窗:按 Enter 键退出
底标高<6790>:6600
高度<1562>:1800
宽度<797>:1200
```

天正软件自动按照尺寸更新所选立面窗，结果如图 12-21 所示。

2. 保存图形。

```
命令:SAVEAS✓　（将绘制完成的图形以"门窗参数.dwg"为文件名保存在指定的路径中）
```

12.2.5　立面窗套

使用"立面窗套"命令可以生成全包的窗套或者窗上沿线和下沿线。执行方式如下。

☑　命令行：LMCT
☑　屏幕菜单："立面"→"立面窗套"
选择屏幕菜单中的"立面"→"立面窗套"命令，命令行显示如下。

```
请指定窗套的左下角点 <退出>:选择所选窗的左下角
请指定窗套的右上角点 <推出>:选择所选窗的右上角
```

此时打开"窗套参数"对话框，分成全包模式和上下模式，其中全包模式参数如图 12-22 所示，上下模式参数如图 12-23 所示。

图 12-22　"窗套参数"对话框 1　　　图 12-23　"窗套参数"对话框 2

在对话框中设置相关参数，单击"确定"按钮完成操作。

12.2.6 上机练习——立面窗套

✎ 练习目标

添加立面窗套后效果如图 12-24 所示。

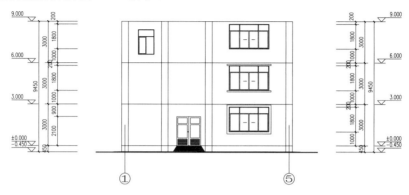

图 12-24 立面窗套图

✎ 设计思路

打开"源文件"中的"立面窗套原图"图形，选择"立面窗套"命令，设置相关参数，为图形添加立面窗套。

✎ 操作步骤

1. 打开"源文件"中的"立面窗套原图"图形，选择屏幕菜单中的"立面"→"立面窗套"命令，命令行显示如下。

> 请指定窗套的左下角点 <退出>:选择第一层窗的左下角
> 请指定窗套的右上角点 <推出>:选择第一层窗的右上角

此时打开"窗套参数"对话框，选中"全包 A"单选按钮，设置"窗套宽 W"为150，如图 12-25 所示。单击"确定"按钮，第一层窗加上全包的窗套，结果如图 12-26 所示。

图 12-25 "窗套参数"对话框

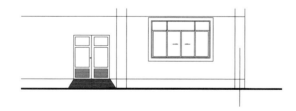

图 12-26 第一层窗加窗套

2. 选择屏幕菜单中的"立面"→"立面窗套"命令，命令行显示如下。

> 请指定窗套的左下角点 <退出>:选择第二层窗的左下角
> 请指定窗套的右上角点 <推出>:选择第二层窗的右上角

此时打开"窗套参数"对话框，选中"上下 B"单选按钮，设置"上沿宽 E"为100、"下沿宽 F"

为 100、"两侧伸出 T"为 150,如图 12-27 所示。单击"确定"按钮,第二层窗加上下沿,结果如图 12-28 所示。

图 12-27   "窗套参数"对话框

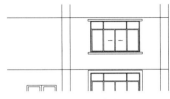

图 12-28   第二层窗加上下沿

最终结果如图 12-24 所示。

3.保存图形。

命令:SAVEAS✓   (将绘制完成的图形以"立面窗套.dwg"为文件名保存在指定的路径中)

12.2.7   立面阳台

使用"立面阳台"命令可以插入、替换立面阳台或对立面阳台库进行维护。执行方式如下。

☑   命令行:LMYT

☑   屏幕菜单:"立面"→"立面阳台"

选择屏幕菜单中的"立面"→"立面阳台"命令,打开"天正图库管理系统"对话框,如图 12-29 所示。在该对话框中可以进行两种操作,即替换已有的阳台和直接插入阳台。

1.替换已有的阳台。在图库中单击所需替换成的阳台图块,然后单击上方的"替换"按钮,打开"替换选项"对话框,如图 12-30 所示。

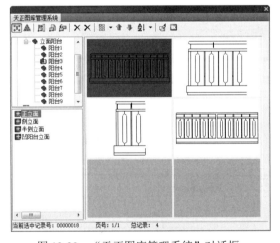

图 12-29   "天正图库管理系统"对话框

图 12-30   "替换选项"对话框

在"替换选项"对话框中选中"保持插入尺寸",然后单击图中需要替换的立面阳台。命令行显示如下。

选择图中将要被替换的图块!
选择对象:选择已有的阳台图块

选择对象：按 Enter 键退出

天正软件自动使用新选的阳台替换原有的阳台。

2. 直接插入阳台。在图库中双击所需的阳台图块，命令行显示如下。

点取插入点或 [转 90 (A) /左右 (S) /上下 (D) /对齐 (F) /外框 (E) /转角 (R) /基点 (T) /更换 (C)]<退出>:E

第一个角点或 [参考点 (R)]<退出>:选择阳台的左下角
另一个角点：选择阳台的右上角

天正软件自动按照选择图框的左下角和右上角所对应的范围，以左下角为插入点来生成阳台图块。

12.2.8 上机练习——立面阳台

✎ 练习目标

生成的立面阳台如图 12-31 所示。

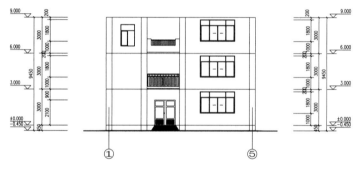

图 12-31 立面阳台图

✎ 设计思路

打开"源文件"中的"立面阳台原图"图形，利用"立面阳台"命令，替换原有的阳台。

✎ 操作步骤

1. 替换阳台。打开"源文件"中的"立面阳台原图"图形，选择屏幕菜单中的"立面"→"立面阳台"命令，打开"天正图库管理系统"对话框，在对话框中单击所需替换成的阳台图块，如图 12-32 所示。

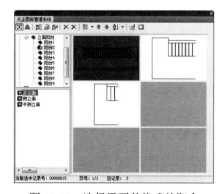

图 12-32 选择需要替换成的阳台

单击上方的"替换"按钮，命令行显示如下。

> 选择图中将要被替换的图块！
> 选择对象：选择已有的阳台图块
> 选择对象：按 Enter 键退出

天正软件自动使用新选的阳台替换原有的阳台，结果如图 12-33 所示。

2．生成阳台。选择屏幕菜单中的"立面"→"立面阳台"命令，打开"天正图库管理系统"对话框，在对话框中双击所需生成的阳台图块，如图 12-34 所示。

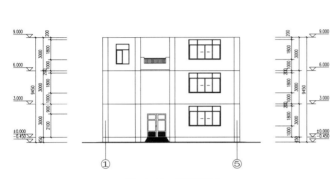

图 12-33　替换阳台

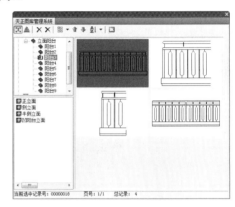

图 12-34　选择需要生成的阳台

命令行显示如下。

> 点取插入点或 [转 90(A)/左右(S)/上下(D)/对齐(F)/外框(E)/转角(R)/基点(T)/更换(C)]<退出>:E
> 第一个角点或 [参考点(R)]<退出>:选取阳台的左下角
> 另一个角点：选取阳台的右上角

天正软件自动按照选择图框的左下角和右上角所对应的范围，以左下角为插入点来生成阳台图块，如图 12-31 所示。

3．保存图形。

> 命令：SAVEAS✓　（将绘制完成的图形以"立面阳台.dwg"为文件名保存在指定的路径中）

12.2.9　立面屋顶

使用"立面屋顶"命令可以完成多种形式的屋顶立面图设计。执行方式如下。

☑　命令行：LMWD

☑　屏幕菜单："立面"→"立面屋顶"

选择屏幕菜单中的"立面"→"立面屋顶"命令，打开"立面屋顶参数"对话框，如图 12-35 所示。

选择"平屋顶立面"，在"屋顶高 H"中输入 300，在"出挑长 V"中输入 500，单击"定位点 PT1-2<"按钮，在图中选择屋顶的外侧，然后单击"确定"按钮完成操作。命令行显示如下。

图 12-35　"立面屋顶参数"对话框

请点取墙顶角点 PT1 <返回>：
请点取墙顶另一角点 PT2 <返回>：

12.2.10 上机练习——立面屋顶

练习目标

生成的立面屋顶如图 12-36 所示。

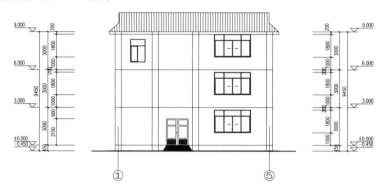

图 12-36 立面屋顶图

设计思路

打开"源文件"中的"立面屋顶原图"图形，选择"立面屋顶"命令，设置相关的参数，为图形添加屋顶。

操作步骤

1．打开"源文件"中的"立面屋顶原图"图形，选择屏幕菜单中的"立面"→"立面屋顶"命令，打开"立面屋顶参数"对话框，在其中选择"歇山顶正立面"并设置相关数据，如图 12-37 所示。对话框中主要选项的说明如下。

☑ 屋顶高 H：各种屋顶的高度，即从基点到屋顶的最高处的高度。

☑ 坡长 L：坡屋顶倾斜部分的水平投影长度。

☑ 歇山高 H：歇山屋顶立面的歇山高度。

☑ 出挑长 V：斜线出外墙部分的投影长度。

☑ 檐板宽 D：檐板的厚度。

☑ 定位点 PT1-2<：单击屋顶的定位点。

☑ 屋顶特性：包括"左""右""全"，表明屋顶的范围，可以与其他屋面组合。

☑ 坡顶类型：可供选择的坡顶类型有平屋顶立面、单双坡顶正立面、双坡顶侧立面、单坡顶左侧立面、单坡顶右侧立面、四坡屋顶正立面、四坡屋顶侧立面、歇山顶正立面、歇山顶侧立面。

☑ 瓦楞线：定义为瓦楞屋面，并且确定瓦楞线的间距。

单击"定位点 PT1-2<"按钮，在图中选择屋顶的外侧，然后单击"确定"按钮完成操作。命令行显示如下。

请点取墙顶角点 PT1 <返回>:指定歇山的左侧的角点
请点取墙顶另一角点 PT2 <返回>:指定歇山的右侧的角点

结果如图 12-38 所示。

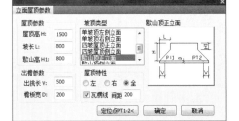

图 12-37　"立面屋顶参数"对话框

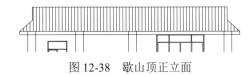

图 12-38　歇山顶正立面

2．保存图形。

命令：SAVEAS↙　（将绘制完成的图形以"立面屋顶.dwg"为文件名保存在指定的路径中）

12.2.11　雨水管线

使用"雨水管线"命令可以按给定的位置生成竖直向下的雨水管。执行方式如下。

☑　命令行：YSGX

☑　屏幕菜单："立面"→"雨水管线"

☑　选择"雨水管线"命令，命令行显示如下。

请指定雨水管的起点[参考点(R)/管径(D)]<退出>:D
请指定雨水管直径<100>:指定直径
请指定雨水管的起点[参考点(R)/管径(D)]<退出>:选择雨水管线的上侧起点
请指定雨水管的终点[管径(D)/回退(U)]<退出>:选择雨水管线的下侧终点

12.2.12　上机练习——雨水管线

↳ 练习目标

生成的雨水管线如图 12-39 所示。

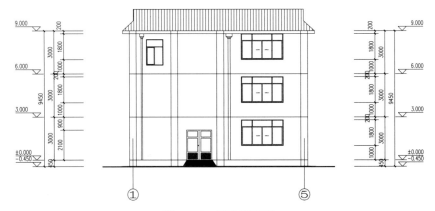

图 12-39　雨水管线图

⇨ 设计思路

打开"源文件"中的"雨水管线原图"图形，选择"雨水管线"命令，设置相关的参数，为图形添加雨水管线。

⇨ 操作步骤

1. 打开"源文件"中的"雨水管线原图"图形，选择屏幕菜单中的"立面"→"雨水管线"命令，命令行显示如下。

> 请指定雨水管的起点[参考点(R)/管径(D)]<退出>:D
> 请指定雨水管直径<100>:100
> 请指定雨水管的起点[参考点(R)/管径(D)]<退出>:立面左上侧
> 请指定雨水管的终点[管径(D)/回退(U)]<退出>:立面左下侧

此时生成左侧的立面雨水管，如图 12-40 所示。

2. 选择屏幕菜单中的"立面"→"雨水管线"命令，命令行显示如下。

> 请指定雨水管的起点[参考点(R)/管径(D)]<退出>:D
> 请指定雨水管直径<100>:150
> 请指定雨水管的起点[参考点(R)/管径(D)]<退出>:立面中上侧
> 请指定雨水管的终点[管径(D)/回退(U)]<退出>:立面中下侧

此时生成中间的立面雨水管，如图 12-41 所示。最终生成的立面雨水管线如图 12-39 所示。

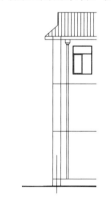

图 12-40 生成左侧的雨水管

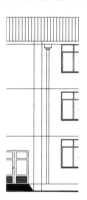

图 12-41 生成中间的雨水管

3. 保存图形。

> 命令：SAVEAS✓ （将绘制完成的图形以"雨水管线.dwg"为文件名保存在指定的路径中）

12.2.13 柱立面线

使用"柱立面线"命令可以绘制圆柱的立面过渡线。执行方式如下。

☑ 命令行：ZLMX
☑ 屏幕菜单："立面"→"柱立面线"

选择"柱立面线"命令，命令行显示如下。

> 输入起始角<180>:输入平面圆柱的投影角度

视频讲解

输入包含角<180>:输入平面圆柱的包角
输入立面线数目<12>:输入立面投影的数量
输入矩形边界的第一个角点<选择边界>:给出柱的边界角点
输入矩形边界的第二个角点<退出>:给出柱的边界对应角点

12.2.14 上机练习——柱立面线

↳ 练习目标

生成的柱立面线如图 12-42 所示。

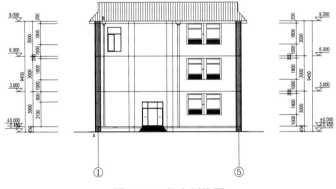

图 12-42 柱立面线图

↳ 设计思路

打开"源文件"中的"柱立面线原图"图形,选择"柱立面线"命令,设置相关的参数,为图形添加柱立面线。

↳ 操作步骤

1. 打开"源文件"中的"柱立面线原图"图形,选择屏幕菜单中的"立面"→"柱立面线"命令,命令行显示如下。

输入起始角<180>:180
输入包含角<180>:180
输入立面线数目<12>:12
输入矩形边界的第一个角点<选择边界>:A
输入矩形边界的第二个角点<退出>:B

此时生成柱立面线,如图 12-42 所示。

2. 保存图形。

命令:SAVEAS✓ （将绘制完成的图形以"柱立面线.dwg"为文件名保存在指定的路径中）

12.2.15 图形裁剪

使用"图形裁剪"命令可以对立面图形进行裁剪,实现立面遮挡。执行方式如下。

☑ 命令行:TXCJ
☑ 屏幕菜单:"立面"→"图形裁剪"

选择屏幕菜单中的"立面"→"图形裁剪"命令，命令行显示如下。

> 请选择被裁剪的对象:指定对角点：框选被裁剪图形
> 请选择被裁剪的对象:按 Enter 键退出
> 矩形的第一个角点或 [多边形裁剪(P)/多段线定边界(L)/图块定边界(B)]<退出>:指定框选的左下角点
> 另一个角点<退出>:指定框选的右上角点。

此时框选部分的图形被裁剪，余下没有裁剪部分。

12.2.16 上机练习——图形裁剪

视频讲解

✍ 练习目标

图形裁剪效果如图 12-43 所示。

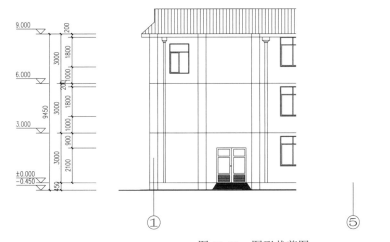

图 12-43 图形裁剪图

✍ 设计思路

打开"源文件"中的"图形裁剪原图"图形，利用"图形裁剪"命令，对图形进行裁剪操作。

✍ 操作步骤

1. 打开"源文件"中的"图形裁剪原图"图形，选择屏幕菜单中的"立面"→"图形裁剪"命令，命令行显示如下。

> 请选择被裁剪的对象:指定对角点：框选建筑立面
> 请选择被裁剪的对象:按 Enter 键退出
> 矩形的第一个角点或 [多边形裁剪(P)/多段线定边界(L)/图块定边界(B)]<退出>:指定框选的左下角点
> 另一个角点<退出>:指定框选的右上角点

框选的范围如图 12-44 所示。此时生成的图形裁剪如图 12-43 所示。

2. 保存图形。

> 命令：SAVEAS✓ （将绘制完成的图形以"图形裁剪.dwg"为文件名保存在指定的路径中）

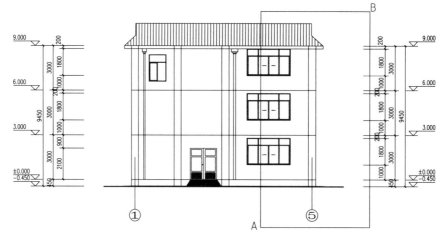

图 12-44　图形裁剪的范围

12.2.17　立面轮廓

使用"立面轮廓"命令可以对立面图搜索轮廓，生成轮廓粗线。执行方式如下。

☑　命令行：LMLK

☑　屏幕菜单："立面"→"立面轮廓"

选择屏幕菜单中的"立面"→"立面轮廓"命令，命令行显示如下。

> 选择二维对象：指定对角点：框选二维图形
> 选择二维对象：按 Enter 键退出
> 请输入轮廓线宽度 (按模型空间的尺寸) <0>：输入宽度
> 成功地生成了轮廓线

12.2.18　上机练习——立面轮廓

☞ 练习目标

生成的立面轮廓如图 12-45 所示。

视频讲解

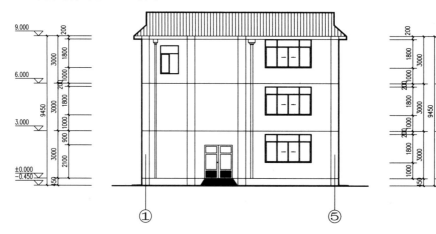

图 12-45　立面轮廓图

Note

⅌ 设计思路

打开"源文件"中的"立面轮廓原图"图形，利用"立面轮廓"命令，为图形添加立面轮廓。

⅌ 操作步骤

1．打开"源文件"中的"立面轮廓原图"图形，选择屏幕菜单中的"立面"→"立面轮廓"命令，命令行显示如下。

> 选择二维对象:指定对角点：框选立面图形
> 选择二维对象:按 Enter 键退出
> 请输入轮廓线宽度(按模型空间的尺寸)<0>：50
> 成功地生成了轮廓线

此时生成立面轮廓，如图 12-45 所示。

2．保存图形。

> 命令：SAVEAS✓　（将绘制完成的图形以"立面轮廓.dwg"为文件名保存在指定的路径中）

第**13**章

剖面

本章导读

建筑剖面图是指用一个假想的剖切面将房屋垂直剖开所得到的投影图。建筑剖面图是与平面图和立面图相互配合表达建筑物的重要图样，它主要反映建筑物的结构形式、垂直空间利用、各层构造做法和门窗洞口高度等情况。

本章介绍建筑剖面和构件剖面的创建；剖面中墙、楼板、梁、门窗、檐口、门窗过梁的绘制；楼梯与栏杆的操作方法；以及剖面的填充和墙线加粗方式。

学习要点

☑ 剖面的创建　　　　　　　　　　☑ 剖面楼梯与栏杆

☑ 剖面的绘制　　　　　　　　　　☑ 剖面填充与加粗

13.1　剖面的创建

与建筑立面相似，绘制建筑的剖面也可以形象地表达出建筑物的三维信息，同样受建筑物的细节和视线方向建筑物遮挡的影响，建筑剖面在天正系统中为二维信息。剖面的创建可以通过天正命令实现。

13.1.1　建筑剖面

使用"建筑剖面"命令可以生成建筑物剖面，需事先确定当前层为首层平面，其余各层已确定内外墙。在当前工程为空时执行本命令，会出现对话框，提示：请打开或新建一个工程管理项目，并在工程数据库中建立楼层表。此时应建立好工程文件。

"建筑剖面"命令执行方式如下。

☑ 命令行：JZPM

☑ 屏幕菜单："剖面"→"建筑剖面"

选择"建筑剖面"命令，命令行显示如下。

> 请选择一剖切线:选择首层中生成的剖切线
> 请选择要出现在剖面图上的轴线:选择需要显示的轴线
> 请选择要出现在剖面图上的轴线:按 Enter 键退出

此时弹出"剖面生成设置"对话框，如图 13-1 所示。

在对话框中输入标注的数值，然后选择屏幕菜单中的"剖面"→"建筑剖面"命令，弹出"输入要生成的文件"对话框，在此对话框中设置要生成的剖面文件的名称和保存位置，如图 13-2 所示。单击"保存"按钮，即可在指定位置生成剖面图。

图 13-1 "剖面生成设置"对话框

图 13-2 "输入要生成的文件"对话框

13.1.2 上机练习——建筑剖面

↳ 练习目标

生成的建筑剖面如图 13-3 所示。

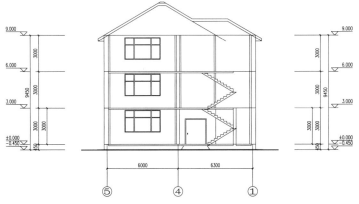

图 13-3 建筑剖面图

↳ 设计思路

打开"源文件"中的"标准图"图形，确定剖面剖切位置，利用"建筑剖面"命令，生成建筑剖面图。

❧ 操作步骤

1．打开"源文件"中的"标准图"图形，如图 13-4 所示。

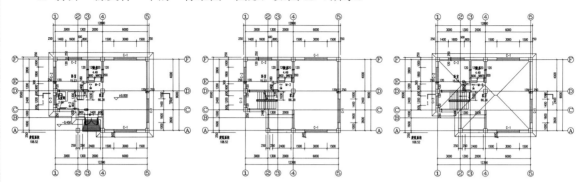

图 13-4　标准图

在首层确定剖面剖切位置，然后建立工程项目，完成工程项目建立后，选择屏幕菜单中的"剖面"→"建筑剖面"命令，命令行显示如下。

> 请选择一剖切线：选择剖切线
> 请选择要出现在剖面图上的轴线：选择 1 轴
> 请选择要出现在剖面图上的轴线：选择 4 轴
> 请选择要出现在剖面图上的轴线：选择 5 轴
> 请选择要出现在剖面图上的轴线：按 Enter 键退出

此时弹出"剖面生成设置"对话框，如图 13-5 所示。

2．在对话框中输入标注的数值，生成剖面。打开"输入要生成的文件"对话框，在此对话框中设置要生成的剖面文件的名称和保存位置，如图 13-6 所示。单击"保存"按钮，即可在指定位置生成剖面图。

图 13-5　"剖面生成设置"对话框

图 13-6　"输入要生成的文件"对话框

3．保存图形。

> 命令：SAVEAS✓　（将绘制完成的图形以"建筑剖面.dwg"为文件名保存在指定的路径中）

13.1.3　构件剖面

使用"构件剖面"命令可以对选定的三维对象生成剖面形状。执行方式如下。

☑ 命令行：GJPM
☑ 屏幕菜单："立面"→"构件剖面"
选择"构件剖面"命令后，命令行显示如下。

请选择一剖切线:选择预先定义好的剖切线
请选择需要剖切的建筑构件:选择构件
请选择需要剖切的建筑构件:按 Enter 键退出
请点取放置位置:将构件剖面放于合适位置

视 频 讲 解

13.1.4　上机练习——构件剖面

✎ 练习目标
生成的构件剖面如图 13-7 所示。

✎ 设计思路
打开"源文件"中的"构件剖面原图"图形，利用"构件剖面"命令，生成楼梯剖面图。

✎ 操作步骤
1．打开"源文件"中的"构件剖面原图"图形，选择屏幕菜单中的"剖面"→"构件剖面"命令，命令行显示如下。

图 13-7　构件剖面图

请选择一剖切线:选择剖切线 1
请选择需要剖切的建筑构件:选择楼梯
请选择需要剖切的建筑构件:按 Enter 键退出
请点取放置位置:将构件剖面放于原有图纸的下侧

此时楼梯剖面绘制结果如图 13-7 所示。
2．保存图形。

命令：SAVEAS✓　（将绘制完成的图形以"构件剖面.dwg"为文件名保存在指定的路径中）

13.2　剖面的绘制

本节主要介绍直接绘制剖面图形的命令，包括画剖面墙、双线楼板、预制楼板、加剖断梁、剖面门窗、剖面檐口和门窗过梁。

13.2.1　画剖面墙

使用"画剖面墙"命令可以绘制剖面双线墙。执行方式如下。
☑ 命令行：HPMQ
☑ 屏幕菜单："剖面"→"画剖面墙"
选择"画剖面墙"命令，命令行显示如下。

请点取墙的起点(圆弧墙宜逆时针绘制)[取参照点(F)单段(D)]<退出>:单击墙体的起点

视频讲解

墙厚当前值：左墙 120，右墙 120
请点取直墙的下一点[弧墙(A)/墙厚(W)/取参照点(F)/回退(U)] <结束>：确定墙体宽度 w
请输入左墙厚 <120>：输入左墙厚度
请输入右墙厚 <120>：输入右墙厚度 240
墙厚当前值：左墙 120，右墙 240
请点取直墙的下一点[弧墙(A)/墙厚(W)/取参照点(F)/回退(U)] <结束>：单击墙体终点
墙厚当前值：左墙 120，右墙 240
请点取直墙的下一点[弧墙(A)/墙厚(W)/取参照点(F)/回退(U)] <结束>：按 Enter 键退出

13.2.2　上机练习——画剖面墙

↳ 练习目标

绘制的剖面墙如图 13-8 所示。

↳ 设计思路

打开"源文件"中的"画剖面墙原图"图形，利用"画剖面墙"命令，添加剖面图。

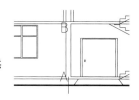

图 13-8　画剖面墙图

↳ 操作步骤

1. 打开"源文件"中的"画剖面墙原图"图形，选择屏幕菜单中的"剖面"→"画剖面墙"命令，命令行显示如下。

请点取墙的起点(圆弧墙宜逆时针绘制) [取参照点(F) 单段(D)]<退出>：单击墙体的起点 A
墙厚当前值：左墙 120，右墙 120
请点取直墙的下一点[弧墙(A)/墙厚(W)/取参照点(F)/回退(U)] <结束>：确定墙体宽度 w
请输入左墙厚 <120>：按 Enter 键
请输入右墙厚 <240>：输入 120，按 Enter 键
墙厚当前值：左墙 120，右墙 120
请点取直墙的下一点[弧墙(A)/墙厚(W)/取参照点(F)/回退(U)] <结束>：单击墙体终点 B
墙厚当前值：左墙 120，右墙 120
请点取直墙的下一点[弧墙(A)/墙厚(W)/取参照点(F)/回退(U)] <结束>：按 Enter 键退出

绘制的剖面墙体如图 13-8 所示。

2. 保存图形。

命令：SAVEAS✓　（将绘制完成的图形以"画剖面墙.dwg"为文件名保存在指定的路径中）

13.2.3　双线楼板

使用"双线楼板"命令可以绘制剖面双线楼板。执行方式如下。

☑　命令行：SXLB

☑　屏幕菜单：剖面→双线楼板

选择"双线楼板"命令，命令行显示如下。

请输入楼板的起始点 <退出>：选楼板的起点
结束点 <退出>：选楼板的终点
楼板顶面标高 <3000>：楼面标高

楼板的厚度(向上加厚输负值) <200>:输入楼板的厚度

13.2.4 上机练习——双线楼板

✎ **练习目标**

生成的双线楼板如图 13-9 所示。

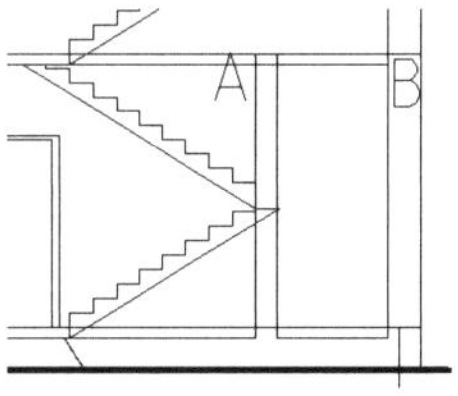

✎ **设计思路**

打开"源文件"中的"双线楼板原图"图形,利用"双线楼板"命令,添加双线楼板。

✎ **操作步骤**

1. 打开"源文件"中的"双线楼板原图"图形,选择屏幕菜单中的"剖面"→"双线楼板"命令,命令行显示如下。

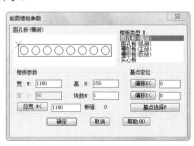

图 13-9 双线楼板图

视 频 讲 解

请输入楼板的起始点 <退出>:A
结束点 <退出>:B
楼板顶面标高 <3000>:按 Enter 键
楼板的厚度(向上加厚输负值) <200>:120

生成的双线楼板如图 13-9 所示。

2. 保存图形。

命令: SAVEAS✓ （将绘制完成的图形以"双线楼板.dwg"为文件名保存在指定的路径中）

13.2.5 预制楼板

使用"预制楼板"命令可以绘制剖面预制楼板。执行方式如下。

☑ 命令行:YZLB

☑ 屏幕菜单:"剖面"→"预制楼板"

选择"预制楼板"命令,弹出"剖面楼板参数"对话框,预制楼板分为圆孔板(横剖)、圆孔板(纵剖)、槽形板(正放)、槽形板(反放)、实心板 5 种形式,选择合适的楼板形式,并在模板参数中输入相应的数据,如图 13-10 所示。

图 13-10 "剖面楼板参数"对话框

命令行显示如下。

请给出楼板的插入点 <退出>:选楼板的插入点
再给出插入方向 <退出>:选点确定楼板的方向

13.2.6 上机练习——预制楼板

☙ **练习目标**

生成的预制楼板如图 13-11 所示。

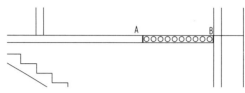

图 13-11　预制楼板图

☙ **设计思路**

打开"源文件"中的"预制楼板原图"图形，利用"预制楼板"命令，添加预制楼板。

☙ **操作步骤**

1. 打开"源文件"中的"预制楼板原图"图形，选择屏幕菜单中的"剖面"→"预制楼板"命令，弹出如图 13-10 所示对话框。

"剖面楼板参数"对话框中主要选项的说明如下。

☑ 楼板类型：选定预制板的形式，分为圆孔板（横剖）、圆孔板（纵剖）、槽形板（正放）、槽形板（反放）、实心板 5 种形式。

☑ 楼板参数：确定楼板的尺寸和布置情况。

☑ 基点定位：确定楼板的基点和相对位置。

具体数据参照对话框所示，然后单击"确定"按钮，命令行显示如下。

> 请给出楼板的插入点 <退出>:B
> 再给出插入方向 <退出>:A

生成的预制楼板如图 13-11 所示。

2. 保存图形。

> 命令：SAVEAS✓　（将绘制完成的图形以"预制楼板.dwg"为文件名保存在指定的路径中）

13.2.7 加剖断梁

使用"加剖断梁"命令可以绘制楼板、休息平台板下的梁截面。执行方式如下。

☑ 命令行：JPDL

☑ 屏幕菜单："剖面"→"加剖断梁"

选择屏幕菜单中的"剖面"→"加剖断梁"命令，命令行显示如下。

> 请输入剖面梁的参照点 <退出>:选择剖面梁顶定位点
> 梁左侧到参照点的距离 <150>:参照点到梁左侧的距离
> 梁右侧到参照点的距离 <150>:参照点到梁右侧的距离
> 梁底边到参照点的距离 <400>:参照点到梁底部的距离

结果如图 13-12 所示。

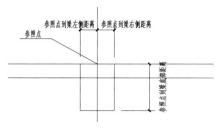

图 13-12 剖断梁示意图

13.2.8 上机练习——加剖断梁

↪ **练习目标**

生成的剖断梁如图 13-13 所示。

↪ **设计思路**

打开"源文件"中的"加剖断梁原图"图形，利用"加剖断梁"命令，添加剖断梁。

↪ **操作步骤**

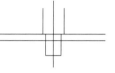

图 13-13 加剖断梁图

视频讲解

1. 打开"源文件"中的"加剖断梁原图"图形，选择屏幕菜单中的"剖面"→"加剖断梁"命令，命令行显示如下。

```
请输入剖断梁的参照点 <退出>:参照点
梁左侧到参照点的距离 <150>:150
梁右侧到参照点的距离 <150>:150
梁底边到参照点的距离 <400>:400
```

生成的剖断梁如图 13-13 所示。

2. 保存图形。

```
命令：SAVEAS↙ （将绘制完成的图形以"加剖断梁.dwg"为文件名保存在指定的路径中）
```

13.2.9 剖面门窗

使用"剖面门窗"命令可以直接在图中插入剖面门窗。执行方式如下。

☑ 命令行：PMMC

☑ 屏幕菜单："剖面"→"剖面门窗"

选择屏幕菜单中的"剖面"→"剖面门窗"命令，此时出现剖面门窗的默认形式，如图 13-14 所示。

如果所选的剖面门窗形式不为默认形式，单击图 13-14 中的图形，打开"天正图库管理系统"对话框，如图 13-15 所示，在其中选择合适的剖面门窗样式。

在选中的门窗形式中单击，所选的剖面门窗形式为当前需要的形式。命令行显示如下。

```
请点取剖面墙线下端或 [选择剖面门窗样式(S)/替换剖面门窗(R)/改窗台高(E)/改窗高(H)]<退出>:选择墙体
```

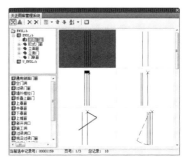

图 13-14　剖面门窗的默认形式　　　　图 13-15　"天正图库管理系统"对话框

本命令行有几个常用的选项操作：输入 S 选择剖面门窗，打开如图 13-15 所示对话框，在其中选择合适的剖面门窗形式；输入 R 替换剖面门窗；输入 E 修改窗台高；输入 H 修改窗高。

> 门窗下口到墙下端距离<900>:900
> 门窗的高度<1500>:1500

13.2.10　上机练习——剖面门窗

✎ 练习目标

生成的剖面门窗如图 13-16 所示。

✎ 设计思路

打开"源文件"中的"剖面门窗原图"图形，利用"剖面门窗"命令，添加剖面门窗。

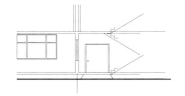

图 13-16　剖面门窗图

✎ 操作步骤

1. 打开"源文件"中的"剖面门窗原图"图形，选择屏幕菜单中的"剖面"→"剖面门窗"命令，打开如图 13-14 所示对话框。命令行显示如下。

> 请点取剖面墙线下端或 [选择剖面门窗样式(S)/替换剖面门窗(R)/改窗台高(E)/改窗高(H)]<退出>:选择墙体
> 门窗下口到墙下端距离<900>:900
> 门窗的高度<1500>:1500

生成的剖面门窗如图 13-16 所示。

2. 保存图形。

> 命令：SAVEAS✓　（将绘制完成的图形以"剖面门窗.dwg"为文件名保存在指定的路径中）

13.2.11　剖面檐口

使用"剖面檐口"命令可以直接在图中绘制剖面檐口。执行方式如下。

☑　命令行：PMYK

☑　屏幕菜单："剖面"→"剖面檐口"

选择"剖面檐口"命令，打开"剖面檐口参数"对话框，如图 13-17 所示，在"檐口参数"和"基点定位"栏中选择合适的参数，然后单击"确定"按钮完成选择。此时命令行显示如下。

图 13-17 "剖面檐口参数"对话框

13.2.12 上机练习——剖面檐口

视频讲解

✤ 练习目标

生成的剖面檐口如图 13-18 所示。

✤ 设计思路

打开"源文件"中的"剖面檐口原图"图形，利用
"剖面檐口"命令，添加剖面檐口。

图 13-18 剖面檐口图

✤ 操作步骤

1．打开"源文件"中的"剖面檐口原图"图形，选择屏幕菜单中的"剖面"→"剖面檐口"命令，弹出如图 13-17 所示对话框。

对话框中主要选项的说明如下。

☑ 檐口类型：选定檐口的形式，分为女儿墙、预制挑檐、现浇挑檐、现浇坡檐 4 种形式。

☑ 檐口参数：确定檐口的尺寸和布置情况。

☑ 基点定位：确定楼板的基点和相对位置。

在"檐口类型"中选择"女儿墙"，其余参数如图 13-19 所示。

单击"确定"按钮，在图中选择合适的插入点位置，命令行显示如下。

此时完成插入女儿墙的操作，如图 13-20 所示。

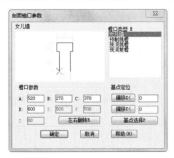

图 13-19 设置女儿墙参数

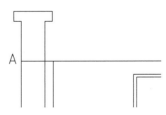

图 13-20 插入女儿墙

2．选择屏幕菜单中的"剖面"→"剖面檐口"命令，弹出"剖面檐口参数"对话框。在"檐口

类型"中选择"预制挑檐",其余参数如图 13-21 所示。

单击"确定"按钮,在图中选择合适的插入点位置,命令行显示如下。

请给出剖面檐口的插入点 <退出>:选择 B

此时完成插入预制挑檐的操作,如图 13-22 所示。

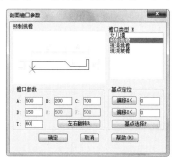

图 13-21 设置预制挑檐参数

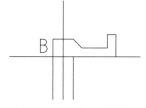

图 13-22 插入预制挑檐

3．选择屏幕菜单中的"剖面"→"剖面檐口"命令,弹出"剖面檐口参数"对话框。在"檐口类型"中选择"现浇挑檐",其余参数如图 13-23 所示。

单击"确定"按钮,在图中选择合适的插入点位置,命令行显示如下。

请给出剖面檐口的插入点 <退出>:选择 C

此时完成插入现浇挑檐的操作,如图 13-24 所示。

图 13-23 设置现浇挑檐参数

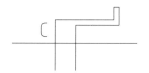

图 13-24 插入现浇挑檐

4．选择屏幕菜单中的"剖面"→"剖面檐口"命令,弹出"剖面檐口参数"对话框。在"檐口类型"中选择"现浇坡檐",其余参数如图 13-25 所示。

单击"确定"按钮,在图中选择合适的插入点位置,命令行显示如下。

请给出剖面檐口的插入点 <退出>:选择 D

此时完成插入现浇坡檐的操作,如图 13-26 所示。

最终效果如图 13-18 所示。

5．保存图形。

命令：SAVEAS✓ （将绘制完成的图形以"剖面檐口.dwg"为文件名保存在指定的路径中）

图 13-25 设置现浇坡檐参数

图 13-26 插入现浇坡檐

13.2.13 门窗过梁

使用"门窗过梁"命令可以在剖面门窗上加过梁。执行方式如下。

☑ 命令行：MCGL

☑ 屏幕菜单："剖面"→"门窗过梁"

选择屏幕菜单中的"剖面"→"门窗过梁"命令，命令行显示如下。

> 选择需加过梁的剖面门窗:选择剖面门窗
> 选择需加过梁的剖面门窗:
> 输入梁高<120>:输入梁高

13.2.14 上机练习——门窗过梁

⇨ 练习目标

生成的门窗过梁如图 13-27 所示。

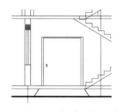

图 13-27 门窗过梁图

⇨ 设计思路

打开"源文件"中的"门窗过梁原图"图形，利用"门窗过梁"命令，添加门窗过梁。

⇨ 操作步骤

1. 打开"源文件"中的"门窗过梁原图"图形，选择屏幕菜单中的"剖面"→"门窗过梁"命令，命令行显示如下。

> 选择需加过梁的剖面门窗:选择图中剖面门窗
> 选择需加过梁的剖面门窗:
> 输入梁高<120>:240

生成的剖面门窗过梁如图 13-27 所示。

2. 保存图形。

> 命令：SAVEAS↙ （将绘制完成的图形以"门窗过梁.dwg"为文件名保存在指定的路径中）

13.3 剖面楼梯与栏杆

13.3.1 参数楼梯

使用"参数楼梯"命令可以按照参数交互方式生成剖面的或可见的楼梯。执行方式如下。

☑ 命令行：CSLT

☑ 屏幕菜单："剖面"→"参数楼梯"

选择"参数楼梯"命令，打开"参数楼梯"对话框，如图 13-28 所示。

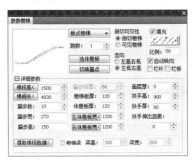

图 13-28 "参数楼梯"对话框

在相应的楼梯梯段中输入参数，然后在空白处单击，命令行显示如下。

请选择插入点 <退出>:选取插入点

此时即可在指定位置生成剖面梯段图。

13.3.2 上机练习——参数楼梯

视频讲解

✍ 练习目标

生成的参数楼梯如图 13-29 所示。

图 13-29 参数楼梯图

✍ 设计思路

利用"参数楼梯"命令，绘制剖面梯段。

✍ 操作步骤

1. 选择屏幕菜单中的"剖面"→"参数楼梯"命令，打开"参数楼梯"对话框，如图 13-30 所示。

单击图形空白处，命令行显示如下。

图 13-30　"参数楼梯"对话框

此时即可在指定位置生成剖面梯段，如图 13-29 所示。

2．保存图形。

命令：SAVEAS↙　（将绘制完成的图形以"参数楼梯.dwg"为文件名保存在指定的路径中）

13.3.3　参数栏杆

使用"参数栏杆"命令可以按参数交互方式生成楼梯栏杆。执行方式如下。

☑　命令行：CSLG

☑　屏幕菜单："剖面"→"参数栏杆"

选择"参数栏杆"命令，打开"剖面楼梯栏杆参数"对话框，如图 13-31 所示。

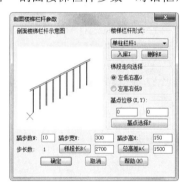

图 13-31　"剖面楼梯栏杆参数"对话框

在相应的楼梯栏杆中输入参数，然后单击"确定"按钮，命令行显示如下。

请给出剖面楼梯栏杆的插入点 <退出>:选择插入点

此时即可在指定位置生成剖面楼梯栏杆。

13.3.4　上机练习——参数栏杆

✍ 练习目标

生成的参数栏杆如图 13-32 所示。

视频讲解

↳ 设计思路

选择"参数栏杆"命令，设置相关的参数，添加楼梯栏杆。

↳ 操作步骤

1. 选择屏幕菜单中的"剖面"→"参数栏杆"命令，打开"剖面楼梯栏杆参数"对话框，如图 13-31 所示，其中主要选项的说明如下。

☑ 楼梯栏杆形式：可在其中的下拉列表中选择栏杆形式。

☑ 楼梯走向选择：分成左低右高和左高右低两种形式。

单击"确定"按钮，命令行显示如下。

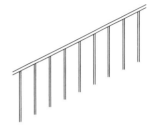

图 13-32　参数栏杆图

> 请给出剖面楼梯的插入点 <退出>:选取插入点

此时即可在指定位置生成剖面楼梯栏杆，如图 13-32 所示。

2. 保存图形。

> 命令：SAVEAS✓　（将绘制完成的图形以"参数栏杆.dwg"为文件名保存在指定的路径中）

13.3.5　楼梯栏杆

使用"楼梯栏杆"命令可以自动识别剖面楼梯与可见楼梯，绘制楼梯栏杆和扶手。执行方式如下。

☑ 命令行：LTLG

☑ 屏幕菜单："剖面"→"楼梯栏杆"

选择"楼梯栏杆"命令，命令行显示如下。

> 请输入楼梯扶手的高度 <1000>:输入扶手的高度
> 是否要打断遮挡线(Yes/No)？<Yes>:默认为打断
> 再输入楼梯扶手的起始点 <退出>:输入楼梯扶手的起始点
> 结束点 <退出>:输入楼梯扶手的结束点
> 再输入楼梯扶手的起始点 <退出>:按 Enter 键退出

此时即可在指定位置生成楼梯栏杆。

13.3.6　上机练习——楼梯栏杆

↳ 练习目标

生成的楼梯栏杆如图 13-33 所示。

↳ 设计思路

打开"源文件"中的"楼梯栏杆原图"图形，选择"楼梯栏杆"命令，添加楼梯栏杆。

↳ 操作步骤

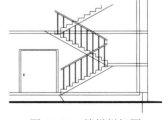

图 13-33　楼梯栏杆图

1. 打开"源文件"中的"楼梯栏杆原图"图形，选择屏幕菜单中的"剖面"→"楼梯栏杆"命令，命令行显示如下。

> 请输入楼梯扶手的高度 <1000>:1000
> 是否要打断遮挡线(Yes/No)？<Yes>:默认为打断

视频讲解

再输入楼梯扶手的起始点 <退出>:选择下层楼梯的起点
结束点 <退出>:选择下层楼梯的终点
再输入楼梯扶手的起始点 <退出>:选择上层楼梯的起点
结束点 <退出>:选择上层楼梯的终点
再输入楼梯扶手的起始点 <退出>:按 Enter 键退出

此时即可在指定位置生成剖面楼梯栏杆，如图 13-33 所示。

2．保存图形。

命令：SAVEAS✓　（将绘制完成的图形以"楼梯栏杆.dwg"为文件名保存在指定的路径中）

13.3.7　楼梯栏板

使用"楼梯栏板"命令可以自动识别剖面楼梯与可见楼梯，绘制实心楼梯栏板。执行方式如下。

☑　命令行：LTLB

☑　屏幕菜单："剖面"→"楼梯栏板"

选择"楼梯栏板"命令，命令行显示如下。

请输入楼梯扶手的高度 <1000>:输入楼梯扶手高度
是否要将遮挡线变虚(Y/N)？<Yes>:默认为打断
再输入楼梯扶手的起始点 <退出>:输入楼梯扶手的起始点
结束点 <退出>:输入楼梯扶手的结束点
再输入楼梯扶手的起始点 <退出>:按 Enter 键退出

此时即可在指定位置生成楼梯栏板。

13.3.8　上机练习——楼梯栏板

↳ 练习目标

生成的楼梯栏板如图 13-34 所示。

↳ 设计思路

打开"源文件"中的"楼梯栏板原图"图形，利用"楼梯栏板"命令，添加楼梯栏板。

↳ 操作步骤

1．打开"源文件"中的"楼梯栏板原图"图形，选择屏幕菜单中的"剖面"→"楼梯栏板"命令，命令行显示如下。

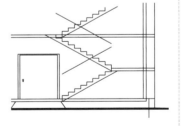

图 13-34　楼梯栏板图

请输入楼梯扶手的高度 <1000>:1000
是否要打断遮挡线(Yes/No)？<Yes>:默认为打断
再输入楼梯扶手的起始点 <退出>:选择下层楼梯的起点
结束点 <退出>:选择下层楼梯的终点
再输入楼梯扶手的起始点 <退出>:选择上层楼梯的起点
结束点 <退出>:选择上层楼梯的终点
再输入楼梯扶手的起始点 <退出>:按 Enter 键退出

此时即可在指定位置生成剖面楼梯栏板，如图 13-34 所示。

视频讲解

2. 保存图形。

> 命令：SAVEAS↙　（将绘制完成的图形以"楼梯栏板.dwg"为文件名保存在指定的路径中）

13.3.9　扶手接头

使用"扶手接头"命令可以对楼梯扶手的接头位置做细部处理。执行方式如下。

- ☑　命令行：FSJT
- ☑　屏幕菜单："剖面"→"扶手接头"

选择"扶手接头"命令，命令行显示如下。

> 请输入扶手伸出距离<0>:100
> 请选择是否增加栏杆[增加栏杆(Y)/不增加栏杆(N)]<增加栏杆(Y)>:
> 请指定两点来确定需要连接的一对扶手！选择第一个角点：

此时即可在指定位置生成楼梯扶手接头。

13.3.10　上机练习——扶手接头

✎ 练习目标

生成的扶手接头如图 13-35 所示。

✎ 设计思路

打开"源文件"中的"扶手接头原图"图形，利用"扶手接头"命令，添加扶手接头。

✎ 操作步骤

1. 打开"源文件"中的"扶手接头原图"图形，选择屏幕菜单中的"剖面"→"扶手接头"命令，命令行显示如下。

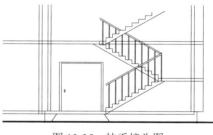

图 13-35　扶手接头图

> 请输入扶手伸出距离 <150>:150
> 请选择是否增加栏杆[增加栏杆(Y)/不增加栏杆(N)]<增加栏杆(Y)>:
> 请指定两点来确定需要连接的一对扶手！选择第一个角点<取消>:

此时即可在指定位置生成楼梯扶手接头，如图 13-35 所示。

2. 保存图形。

> 命令：SAVEAS↙　（将绘制完成的图形以"扶手接头.dwg"为文件名保存在指定的路径中）

13.4　剖面填充与加粗

13.4.1　剖面填充

使用"剖面填充"命令可以识别天正软件生成的剖面构件，进行图案填充。执行方式如下。

☑ 命令行：PMTC

☑ 屏幕菜单："剖面"→"剖面填充"

选择"剖面填充"命令，命令行显示如下。

> 请选取要填充的剖面墙线梁板楼梯<全选>：选择要填充材料图例的成对墙线

此时弹出"请点取所需的填充图案"对话框，如图 13-36 所示。选中填充图案，然后单击"确定"按钮，此时即可在指定位置生成剖面填充图。

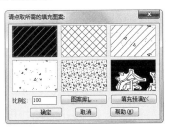

图 13-36 "请点取所需的填充图案"对话框

13.4.2 上机练习——剖面填充

✍ 练习目标

生成的剖面填充图如图 13-37 所示。

✍ 设计思路

打开"源文件"中的"剖面填充原图"图形，利用"剖面填充"命令，进行剖面的填充。

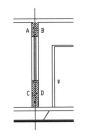

图 13-37 剖面填充图

✍ 操作步骤

1. 打开"源文件"中的"剖面填充原图"图形，选择屏幕菜单中的"剖面"→"剖面填充"命令，命令行显示如下。

> 请选取要填充的剖面墙线梁板楼梯<全选>：选择要填充的墙线 A
>
> 选择对象：选择要填充的墙线 B
>
> 选择对象：选择要填充的墙线 C
>
> 选择对象：选择要填充的墙线 D
>
> 选择对象：按 Enter 键退出

2. 此时弹出"请点取所需的填充图案"对话框，如图 13-36 所示。选中填充图案，单击"确定"按钮，此时即可在指定位置进行剖面填充，如图 13-37 所示。

3. 保存图形。

> 命令：SAVEAS↙ （将绘制完成的图形以"剖面填充.dwg"为文件名保存在指定的路径中）

13.4.3 居中加粗

使用"居中加粗"命令可以将剖面图中的剖切线向两侧加粗。执行方式如下。

☑ 命令行：JZJC

☑ 屏幕菜单："剖面"→"居中加粗"

选择"居中加粗"命令，命令行显示如下。

请选取要变粗的剖面墙线梁板楼梯线(向两侧加粗) <全选>:选择墙线

此时即可将指定墙线向两侧加粗。

13.4.4 上机练习——居中加粗

✍ **练习目标**

居中加粗效果如图 13-38 所示。

图 13-38 居中加粗图

✍ **设计思路**

打开"源文件"中的"居中加粗原图"图形，利用"居中加粗"命令，在指定位置将剖切线向两侧加粗。

✍ **操作步骤**

1. 打开"源文件"中的"居中加粗原图"图形，选择屏幕菜单中的"剖面"→"居中加粗"命令，命令行显示如下。

请选取要变粗的剖面墙线梁板楼梯线(向两侧加粗) <全选>:选择墙线 A
选择对象:选择墙线 B
选择对象:按 Enter 键退出

此时即可在指定位置将剖切线向两侧加粗，如图 13-38 所示。

2. 保存图形。

命令: SAVEAS✓ （将绘制完成的图形以"居中加粗图.dwg"为文件名保存在指定的路径中）

13.4.5 向内加粗

使用"向内加粗"命令可以将剖面图中的剖切线向内侧加粗。执行方式如下。

☑ 命令行: XNJC
☑ 屏幕菜单:"剖面"→"向内加粗"

选择"向内加粗"命令，命令行显示如下。

请选取要变粗的剖面墙线梁板楼梯线(向内侧加粗) <全选>:选择墙线

此时即可将指定墙线向内加粗。

13.4.6 上机练习——向内加粗

✍ **练习目标**

向内加粗效果如图 13-39 所示。

图 13-39 向内加粗图

✍ **设计思路**

打开"源文件"中的"向内加粗原图"图形，利用"向内加粗"命令，在指定位置将剖切线向内加粗。

操作步骤

1. 打开"源文件"中的"向内加粗原图"图形，选择屏幕菜单中的"剖面"→"向内加粗"命令，命令行显示如下。

> 请选取要变粗的剖面墙线梁板楼梯线(向内侧加粗) <全选>:选择墙线 A
> 选择对象: 选择墙线 B
> 选择对象: 按 Enter 键退出

此时即可在指定位置将剖切线向内加粗，如图 13-39 所示。

2. 保存图形。

> 命令: SAVEAS✓　（将绘制完成的图形以"向内加粗.dwg"为文件名保存在指定的路径中）

13.4.7　取消加粗

使用"取消加粗"命令可以将已经加粗的剖切线恢复原状。执行方式如下。

- ☑　命令行：QXJC
- ☑　屏幕菜单："剖面"→"取消加粗"

选择"取消加粗"命令，命令行显示如下。

> 请选取要恢复细线的剖切线 <全选>:选择加粗的墙线

此时即可将指定墙线恢复原状。

13.4.8　上机练习——取消加粗

练习目标

取消加粗效果如图 13-40 所示。

设计思路

打开"源文件"中的"取消加粗原图"图形，利用"取消加粗"命令，在指定位置取消剖切线加粗。

图 13-40　取消加粗图

视频讲解

操作步骤

1. 打开"源文件"中的"取消加粗原图"图形，选择屏幕菜单中的"剖面"→"取消加粗"命令，命令行显示如下。

> 请选取要恢复细线的剖切线 <全选>:选择墙线 A
> 选择对象: 选择墙线 B
> 选择对象: 按 Enter 键退出

此时即可在指定位置取消剖切线加粗，如图 13-40 所示。

2. 保存图形。

> 命令: SAVEAS✓　（将绘制完成的图形以"取消加粗.dwg"为文件名保存在指定的路径中）

第14章

绘制立面图

本章导读

本章以绘制别墅和办公楼立面图为例详细讲述运用天正软件和 CAD 软件绘制立面图的过程。通过本章的学习，读者能掌握立面图的绘制方法和技巧。

学习要点

☑ 绘制别墅立面图
☑ 绘制办公楼立面图

14.1 别墅立面图绘制

本节通过一个简单实例，综合运用立面的命令，详细介绍别墅立面图的绘制方法。别墅立面图如图 14-1 所示。

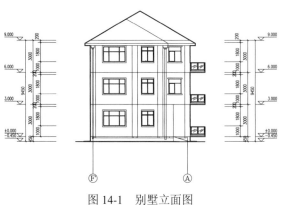

图 14-1 别墅立面图

14.1.1 别墅建筑立面

待所有平面图绘制完毕后，建立一个工程管理项目（具体见第 12 章），然后用"建筑立面"命令直接生成建筑立面，如图 14-2 所示。

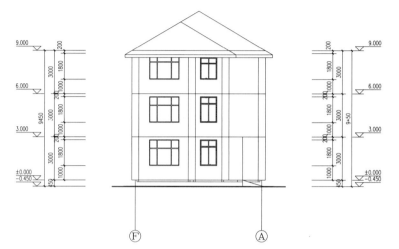

图 14-2 立面图

打开需要进行生成建筑立面的各层平面图，如图 14-3 所示。

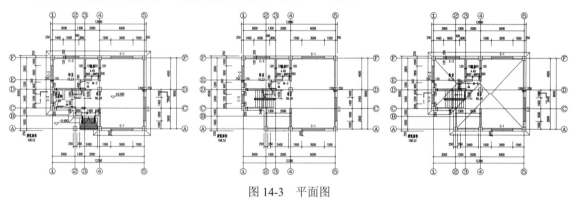

图 14-3 平面图

✎ 操作步骤

1. 建立一个工程管理项目，然后选择"立面"→"建筑立面"命令，命令行显示如下。

> 请输入立面方向或 [正立面(F)/背立面(B)/左立面(L)/右立面(R)]<退出>:选择左立面 L
> 请选择要出现在立面图上的轴线:选择轴线 A
> 请选择要出现在立面图上的轴线:选择轴线 F
> 请选择要出现在立面图上的轴线:按 Enter 键

此时弹出"立面生成设置"对话框，如图 14-4 所示。

2. 在对话框中输入标注的数值，然后单击"生成立面"按钮，弹出"输入要生成的文件"对话框，在此对话框中设置要生成的立面文件的名称和保存位置，如图 14-5 所示。

图 14-4 "立面生成设置"对话框　　　　图 14-5 "输入要生成的文件"对话框

3．单击"保存"按钮，即可在指定位置生成立面图，如图 14-2 所示。

14.1.2 别墅立面门窗

使用"立面门窗"命令可以插入、替换立面图上的门窗，同时对立面门窗库进行维护。生成的门窗立面如图 14-6 所示。

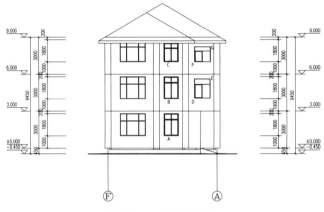

图 14-6 立面门窗图

☞ 操作步骤

1．替换窗。打开需要进行编辑的立面门窗图，如图 14-7 所示。选择屏幕菜单中的"立面"→"立面门窗"命令，打开"天正图库管理系统"对话框，在对话框中选择替换成的窗样式，如图 14-8 所示。

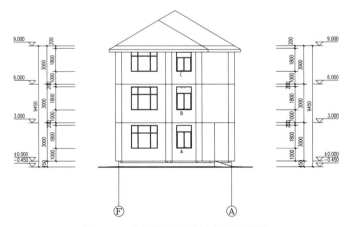

图 14-7 需要进行编辑的立面门窗图

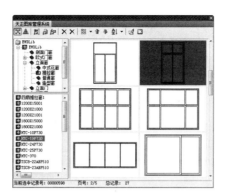

图 14-8　选择需要替换成的窗

单击上方的"替换"按钮，命令行显示如下。

> 选择图中将要被替换的图块！
> 选择对象：选择已有的窗图块 A
> 选择对象：选择已有的窗图块 B
> 选择对象：选择已有的窗图块 C
> 选择对象：按 Enter 键退出

天正软件自动使用新选的窗替换原有的窗，结果如图 14-9 所示。

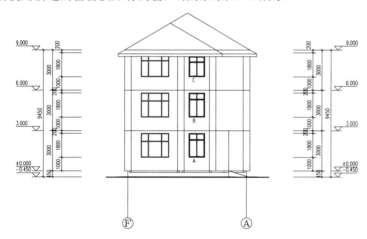

图 14-9　替换成的窗

2．生成窗。选择屏幕菜单中的"立面"→"立面门窗"命令，打开"天正图库管理系统"对话框，在对话框中选择生成的窗样式，如图 14-10 所示。

命令行显示如下。

> 点取插入点或 [转 90 (A) /左右 (S) /上下 (D) /对齐 (F) /外框 (E) /转角 (R) /基点 (T) /更换 (C)]<退出>:E
> 第一个角点或 [参考点 (R)]<退出>:D
> 另一个角点:E
> 点取插入点或 [转 90 (A) /左右 (S) /上下 (D) /对齐 (F) /外框 (E) /转角 (R) /基点 (T) /更换 (C)]<退出>:E
> 第一个角点或 [参考点 (R)]<退出>:F
> 另一个角点:G

Note

点取插入点或 [转 90 (A) /左右 (S) /上下 (D) /对齐 (F) /外框 (E) /转角 (R) /基点 (T) /更换 (C)]<退出>:按 Enter 键退出

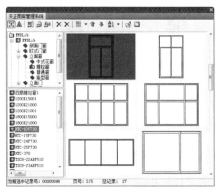

图 14-10　选择需要生成的窗

天正软件自动按照选取图框的左下角和右上角所对应的范围，以左下角为插入点来生成窗图块，效果如图 14-6 所示。

14.1.3　别墅门窗参数

使用 "门窗参数" 命令可以修改立面门窗的尺寸和位置。修改后效果如图 14-11 所示。

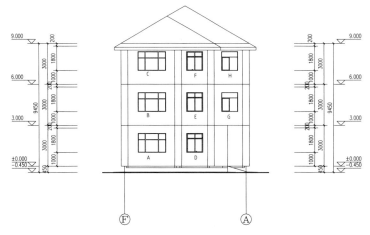

图 14-11　修改门窗参数后效果图

↳ **操作步骤**

选择屏幕菜单中的 "立面" → "门窗参数" 命令，命令行显示如下。

```
选择立面门窗:选 G
选择立面门窗:选 H
选择立面门窗:按 Enter 键退出
底标高从 4000 到 7000 不等;
底标高<不变>:按 Enter 键确定
高度<不变>:1400
宽度<不变>:1200
```

天正软件自动按照尺寸更新所选立面窗，结果如图 14-11 所示。

14.1.4 别墅立面窗套

使用"立面窗套"命令可以生成全包的窗套或者窗上沿线和下沿线。生成立面窗套后的效果如图 14-12 所示。

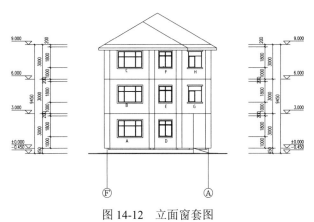

图 14-12 立面窗套图

↳ **操作步骤**

1. 选择屏幕菜单中的"立面"→"立面窗套"命令，命令行显示如下。

> 请指定窗套的左下角点 <退出>:选择窗 A 的左下角
> 请指定窗套的右上角点 <推出>:选择窗 A 的右上角

此时弹出"窗套参数"对话框，选择全包模式，设置"窗套宽 W"
为 100，如图 14-13 所示。

2. 单击"确定"按钮，A 窗即加上全套。同理，为 B 窗和 C 窗也
加上全套，结果如图 14-14 所示。

3. 选择"立面"→"立面窗套"命令，命令行显示如下。

图 14-13 "窗套参数"对话框

> 请指定窗套的左下角点 <退出>:选择窗 D 的左下角
> 请指定窗套的右上角点 <推出>:选择窗 D 的右上角

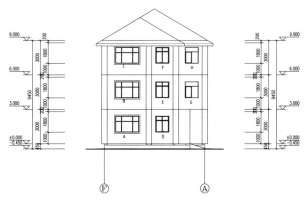

图 14-14 左侧窗加窗套

此时弹出"窗套参数"对话框，选择上下模式，设置"上沿宽 E"为 100，"下沿宽 F"为 100，"两侧伸出 T"为 0，如图 14-15 所示。

4. 单击"确定"按钮，D 窗即加上上下沿。同理，为 E 窗和 F 窗也加上上下沿，结果如图 14-16 所示。

图 14-15　"窗套参数"对话框

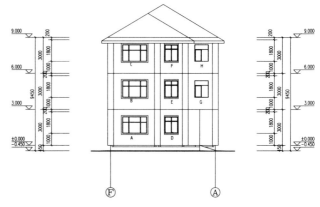

图 14-16　中间窗加上下沿

5. 选择屏幕菜单中的"立面"→"立面窗套"命令，命令行显示如下。

请指定窗套的左下角点 <退出>：选择窗 G 的左下角
请指定窗套的右上角点 <推出>：选择窗 G 的右上角

此时弹出"窗套参数"对话框，选择上下模式，设置"上沿宽 E"为 100，"下沿宽 F"为 100，"两侧伸出 T"为 100，如图 14-17 所示。

6. 单击"确定"按钮，G 窗即加上上下沿并延长。同理，为 H 窗也加上上下沿并延长，结果如图 14-18 所示。

图 14-17　"窗套参数"对话框

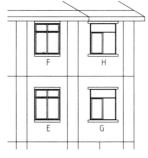

图 14-18　右侧窗加上下沿

最终结果如图 14-13 所示。

14.1.5　别墅立面阳台

使用"立面阳台"命令可以插入、替换立面阳台或对立面阳台库进行维护。生成的阳台立面如图 14-19 所示。

↳ 操作步骤

1. 选择屏幕菜单中的"立面"→"立面阳台"命令，打开"天正图库管理系统"对话框，在对话框中选择所需生成的阳台图块，如图 14-20 所示。

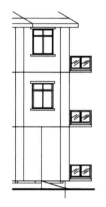

图 14-19 阳台立面图

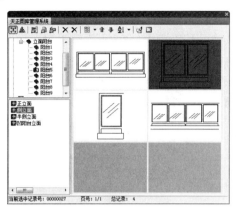

图 14-20 "天正图库管理系统"对话框

命令行显示如下。

> 选取插入点或 [转 90 (A) /左右 (S) /上下 (D) /对齐 (F) /外框 (E) /转角 (R) /基点 (T) /更换 (C)]<退出>:E
> 第一个角点或 [参考点 (R)]<退出>:选取阳台的左下角 A
> 另一个角点：选取阳台的右上角 B

天正软件自动按照选取图框的左下角和右上角所对应的范围，以左下角为插入点来生成阳台图块。

2. 同上面操作，完成三层阳台的生成。最终结果如图 14-19 所示。

14.1.6 别墅立面雨水管线

使用"雨水管线"命令可以按给定的位置生成竖直向下的雨水管线。生成的雨水管线的立面如图 14-21 所示。

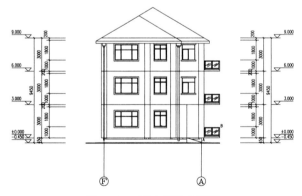

图 14-21 雨水管线立面图

✎ 操作步骤

1. 选择屏幕菜单中的"立面"→"雨水管线"命令，命令行显示如下。

> 当前管径为 100
> 请指定雨水管的起点 [参考点 (R) /管径 (D)]<退出>:立面左上侧

请指定雨水管的终点[管径(D)/回退(U)]<退出>:立面左下侧

此时生成左侧的立面雨水管，如图14-22所示。

2. 选择屏幕菜单中的"立面"→"雨水管线"命令，命令行显示如下。

当前管径为100
请指定雨水管的起点[参考点(R)/管径(D)]<退出>:D
请指定雨水管直径<100>:150
当前管径为150
请指定雨水管的起点[参考点(R)/管径(D)]<退出>:立面右上侧
请指定雨水管的终点[管径(D)/回退(U)]<退出>:立面右下侧

此时生成右侧的立面雨水管，如图14-23所示。最终结果如图14-22所示。

图14-22　生成左侧的雨水管

图14-23　生成右侧的雨水管

14.1.7　别墅立面轮廓

使用"立面轮廓"命令可以对立面图搜索轮廓，生成轮廓粗线。生成的立面轮廓如图14-24所示。

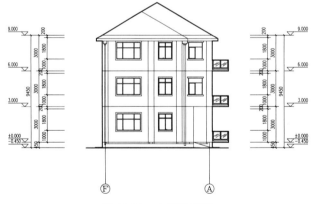

图14-24　立面轮廓图

❖ **操作步骤**

选择屏幕菜单中的"立面"→"立面轮廓"命令，命令行显示如下。

选择二维对象:指定对角点：框选立面图形
选择二维对象:按Enter键退出
请输入轮廓线宽度(按模型空间的尺寸)<0>：50
成功地生成了轮廓线

视频讲解

此时生成立面轮廓。

至此，完成别墅中一个立面的绘制。

14.2 办公楼立面图绘制

本节通过一个实例，运用立面命令，详细介绍办公楼立面图的绘制方法。办公楼立面图如图 14-25 所示。

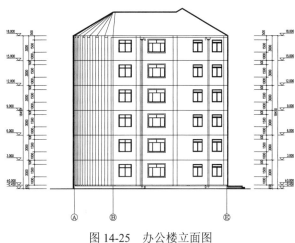

图 14-25　办公楼立面图

14.2.1 办公楼建筑立面

待所有平面图绘制完毕后，建立一个工程管理项目，然后用"建筑立面"命令直接生成建筑立面。生成的建筑立面如图 14-26 所示。

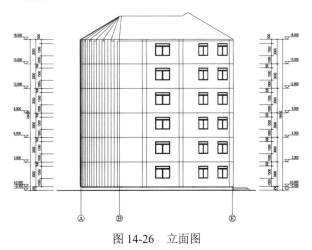

图 14-26　立面图

↳ 操作步骤

1. 打开需要生成建筑立面的各层平面图，如图 14-27 所示。建立工程管理项目，选择屏幕菜单中的"立面"→"建筑立面"命令，命令行显示如下。

Note

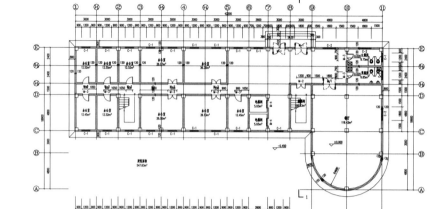

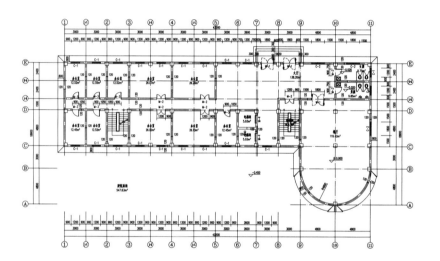

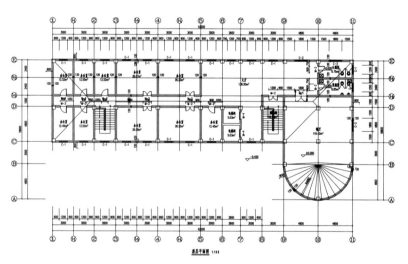

图 14-27 平面图

```
请输入立面方向或 [正立面(F)/背立面(B)/左立面(L)/右立面(R)]<退出>:选择右立面 R
请选择要出现在立面图上的轴线:选择轴线 A
请选择要出现在立面图上的轴线:选择轴线 B
请选择要出现在立面图上的轴线:选择轴线 E
请选择要出现在立面图上的轴线:按 Enter 键
```

此时弹出"立面生成设置"对话框,如图 14-28 所示。

2. 在对话框中输入标注的数值,然后单击"生成立面"按钮,弹出"输入要生成的文件"对话框,在此对话框中设置要生成的立面文件的名称和保存位置,如图 14-29 所示。

图 14-28 "立面生成设置"对话框   图 14-29 "输入要生成的文件"对话框

3. 单击"保存"按钮,即可在指定位置生成立面图,如图 14-26 所示。

14.2.2 办公楼立面门窗

使用"立面门窗"命令可以插入、替换立面图上的门窗,同时对立面门窗库进行维护。生成的门窗立面如图 14-30 所示。

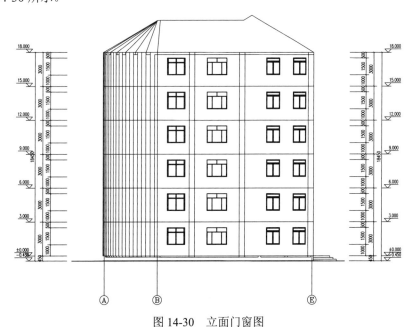

图 14-30 立面门窗图

✑ 操作步骤

1. 替换窗。打开需要编辑立面门窗的立面图,如图 14-31 所示。

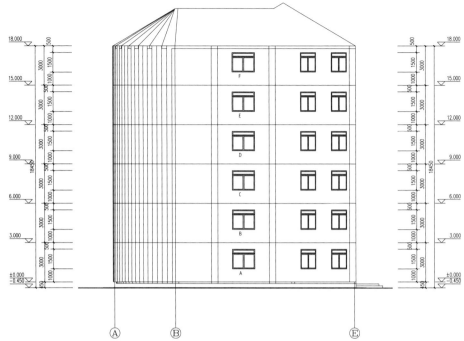

图 14-31　需要进行编辑的立面门窗图

选择屏幕菜单中的"立面"→"立面门窗"命令，打开"天正图库管理系统"对话框，在对话框中选择替换成的窗样式，如图 14-32 所示。

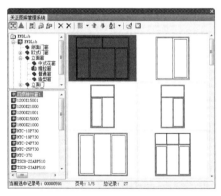

图 14-32　选择替换成的窗样式

单击上方的"替换"按钮，命令行显示如下。

选择图中将要被替换的图块！
选择对象：选择已有的窗图块 A
选择对象：选择已有的窗图块 B
选择对象：选择已有的窗图块 C
选择对象：选择已有的窗图块 D
选择对象：选择已有的窗图块 E
选择对象：选择已有的窗图块 F
选择对象：按 Enter 键退出

天正软件自动使用新选的窗替换原有的窗，结果如图 14-33 所示。

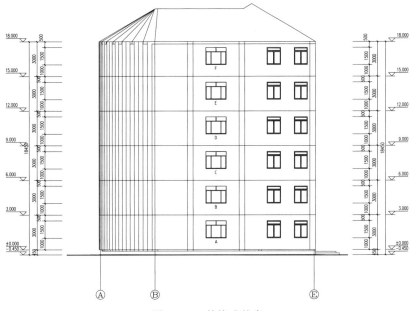

图 14-33 替换成的窗

2．生成窗。选择屏幕菜单中的"立面"→"立面门窗"命令，打开"天正图库管理系统"对话框，在对话框中选择要生成的窗样式，如图 14-34 所示。

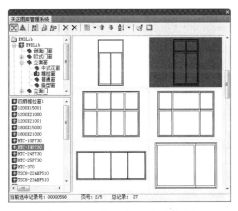

图 14-34 选择需要生成的窗

命令行显示如下。

```
    点取插入点或 [转 90(A)/左右(S)/上下(D)/对齐(F)/外框(E)/转角(R)/基点(T)/更换(C)]<退
出>:E
    第一个角点或 [参考点(R)]<退出>:G
    另一个角点:H
    点取插入点或 [转 90(A)/左右(S)/上下(D)/对齐(F)/外框(E)/转角(R)/基点(T)/更换(C)]<退
出>:按 Enter 键退出
```

天正软件自动按照选取图框的左下角和右上角所对应的范围，以左下角为插入点来生成窗图块，如图 14-35 所示。

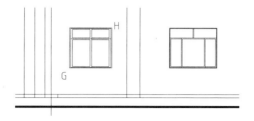

图 14-35　生成的窗

3. 重复操作，生成其他立面门窗。最终效果如图 14-30 所示。

14.2.3　办公楼门窗参数

使用"门窗参数"命令可以修改立面门窗的尺寸和位置。修改后的立面门窗图如图 14-36 所示。

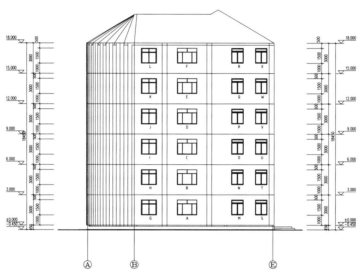

图 14-36　修改后的立面门窗图

✏ 操作步骤

1. 选择"立面"→"门窗参数"命令，命令行显示如下。

```
选择立面门窗:选 G
选择立面门窗:选 H
选择立面门窗:选 I
选择立面门窗:选 J
选择立面门窗:选 K
选择立面门窗:选 L
选择立面门窗:按 Enter 键退出
底标高从 1000 到 16000 不等;
底标高<不变>:按 Enter 键确定
高度<1500>:1500
宽度<1800>:2000
```

天正软件自动按照尺寸更新所选立面窗，结果如图 14-37 所示。

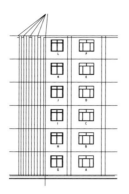

图 14-37　门窗参数图结果

2．对其余门窗也进行门窗参数操作，更改门窗的尺寸和标高。具体内容不再详述。天正软件自动按照尺寸更新所选立面窗，结果如图 14-36 所示。

14.2.4　办公楼立面窗套

使用"立面窗套"命令可以生成全包的窗套或者窗上沿线和下沿线。生成的立面窗套如图 14-38 所示。

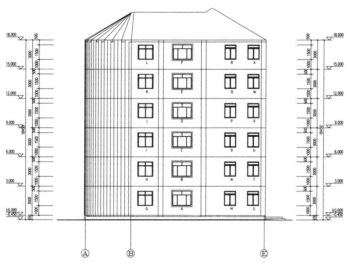

图 14-38　立面窗套图

操作步骤

1．选择屏幕菜单中的"立面"→"立面窗套"命令，命令行显示如下。

> 请指定窗套的左下角点 <退出>：选择窗 A 的左下角
> 请指定窗套的右上角点 <推出>：选择窗 A 的右上角

此时弹出"窗套参数"对话框，选择全包模式，设置"窗套宽 W"为 100，如图 14-39 所示。

2．单击"确定"按钮，A 窗即加上全套。同理，为 B、C、D、E、F 窗加上全套，结果如图 14-40 所示。

Note

图 14-39　"窗套参数"对话框

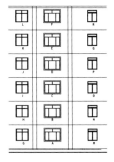

图 14-40　中间窗加窗套

3．同理也可以对其他窗户进行加窗套操作，本例其他窗户不加窗套，最终结果如图 14-38 所示。

14.2.5　办公楼立面雨水管线

使用"雨水管线"命令可以按给定的位置生成竖直向下的雨水管线。生成的雨水管线的立面如图 14-41 所示。

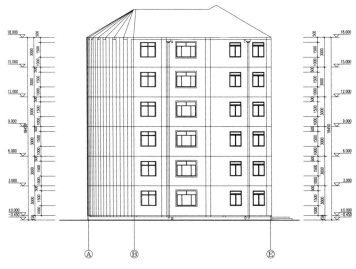

图 14-41　雨水管线立面图

操作步骤

1．选择屏幕菜单中的"立面"→"雨水管线"命令，命令行显示如下。

```
当前管径为 150
请指定雨水管的起点 [参考点 (R) /管径 (D) ] <退出>:D
请指定雨水管直径 <150>:150
当前管径为 150
当前管径为 150
请指定雨水管的起点 [参考点 (R) /管径 (D) ] <退出>:立面 A 点
请指定雨水管的下一点 [管径 (D) /回退 (U) ] <退出>:立面 B 点
```

此时生成左侧的立面雨水管，如图 14-42 所示。

2. 选择屏幕菜单中的"立面"→"雨水管线"命令，命令行显示如下。

> 当前管径为 150
> 请指定雨水管的起点[参考点(R)/管径(D)]<退出>:立面 C 点
> 请指定雨水管的下一点[管径(D)/回退(U)]<退出>:立面 D 点

此时生成右侧的立面雨水管，如图 14-43 所示。最终结果如图 14-41 所示。

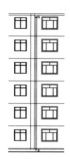

图 14-42　生成左侧的雨水管

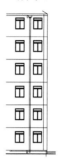

图 14-43　生成右侧的雨水管

14.2.6　办公楼立面轮廓

使用"立面轮廓"命令可以对立面图搜索轮廓，生成轮廓粗线。生成的立面轮廓如图 14-44 所示。

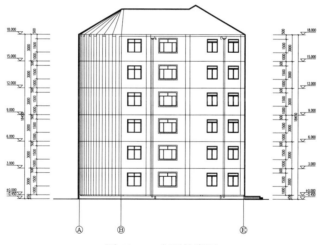

图 14-44　立面轮廓图

✎ **操作方式**

选择屏幕菜单中的"立面"→"立面轮廓"命令，命令行显示如下。

> 选择二维对象:指定对角点: 框选立面图形
> 选择二维对象:按 Enter 键退出
> 请输入轮廓线宽度(按模型空间的尺寸)<0>: 100
> 成功地生成了轮廓线

此时生成立面轮廓，如图 14-44 所示。

至此，完成办公楼中一个立面的绘制。

第15章

绘制剖面图

本章导读

本章以绘制别墅剖面图和办公楼剖面图为例，详细论述建筑剖面图的天正软件和 CAD 软件绘制方法与相关技巧，包括建筑剖面图中的剖面、剖面墙、楼板、门窗、楼梯和扶手接头等的绘制方法，以及剖面填充和剖切线加粗的方法。

学习要点

☑ 绘制别墅剖面图
☑ 绘制办公楼剖面图

15.1 别墅剖面图绘制

本节通过一个简单实例，综合运用剖面绘制的命令，详细介绍别墅剖面图的绘制方法。别墅剖面图如图 15-1 所示。

视 频

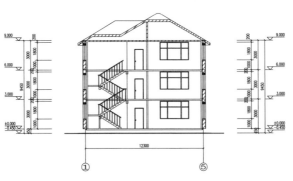

图 15-1 别墅剖面图

15.1.1 别墅建筑剖面

使用"建筑剖面"命令生成建筑物剖面时，应先建立一个工程管理项目（具体见第 12 章），在其中建立好剖切线，然后用"建筑剖面"命令直接生成建筑剖面。生成的建筑剖面如图 15-2 所示。

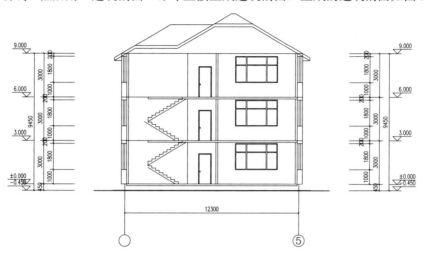

图 15-2　建筑剖面图

✎ **操作步骤**

1. 打开需要生成建筑剖面的各层平面图，如图 15-3 所示。在首层确定剖面剖切位置，选择屏幕菜单中的"剖面"→"建筑剖面"命令，命令行显示如下。

> 请选择一剖切线:选择剖切线
> 请选择要出现在剖面图上的轴线:选择 1 轴
> 请选择要出现在剖面图上的轴线:选择 5 轴
> 请选择要出现在剖面图上的轴线:按 Enter 键退出

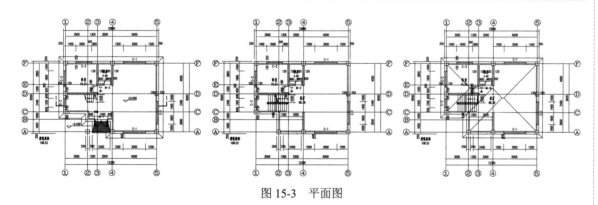

图 15-3　平面图

此时弹出"剖面生成设置"对话框，如图 15-4 所示。

2. 在对话框中输入标注的数值，然后单击"生成剖面"按钮，弹出"输入要生成的文件"对话框，在此对话框中设置要生成的剖面文件的名称和保存位置，如图 15-5 所示。

图 15-4 "剖面生成设置"对话框　　　　图 15-5 "输入要生成的文件"对话框

3．单击"保存"按钮，即可在指定位置生成立面图。由天正软件生成的剖面图一般不可以直接应用，应进行适当的修整，最终结果如图 15-2 所示。

15.1.2　画剖面墙

使用"画剖面墙"命令可以绘制剖面双线墙。绘制剖面墙后的剖面图如图 15-6 所示。

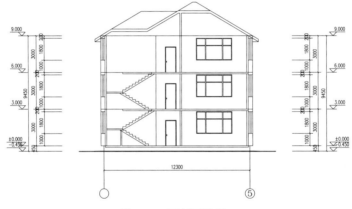

图 15-6　画剖面墙图 1

↳ 操作步骤

1．选择屏幕菜单中的"剖面"→"画剖面墙"命令，命令行显示如下。

```
请点取墙的起点(圆弧墙宜逆时针绘制)[取参照点(F)单段(D)]<退出>:选 A
墙厚当前值：左墙 120，右墙 240
请点取直墙的下一点[弧墙(A)/墙厚(W)/取参照点(F)/回退(U)] <结束>：W
请输入左墙厚 <120>：50
请输入右墙厚 <240>：50
墙厚当前值：左墙 50，右墙 50
请点取直墙的下一点[弧墙(A)/墙厚(W)/取参照点(F)/回退(U)] <结束>:选 B
墙厚当前值：左墙 50，右墙 50
请单击直墙的下一点[弧墙(A)/墙厚(W)/取参照点(F)/回退(U)] <结束>:按 Enter 键退出
```

绘制的剖面墙图如图 15-7 所示。

2．选择屏幕菜单中的"剖面"→"画剖面墙"命令，命令行显示如下。

```
请点取墙的起点(圆弧墙宜逆时针绘制)[取参照点(F)单段(D)]<退出>:选 C
```

> 墙厚当前值：左墙 50，右墙 50
> 请点取直墙的下一点[弧墙(A)/墙厚(W)/取参照点(F)/回退(U)] <结束>：W
> 请输入左墙厚 <50>：65
> 请输入右墙厚 <50>：65
> 墙厚当前值：左墙 65，右墙 65
> 请点取直墙的下一点[弧墙(A)/墙厚(W)/取参照点(F)/回退(U)] <结束>：选 D
> 墙厚当前值：左墙 65，右墙 65
> 请点取直墙的下一点[弧墙(A)/墙厚(W)/取参照点(F)/回退(U)] <结束>：按 Enter 键退出

绘制的剖面墙图如图 15-8 所示。

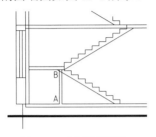

图 15-7　画剖面墙图 2

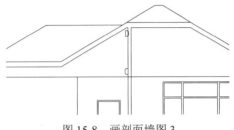

图 15-8　画剖面墙图 3

最终效果如图 15-6 所示。

15.1.3　别墅双线楼板

使用"双线楼板"命令可以绘制剖面双线楼板。生成的双线楼板如图 15-9 所示。

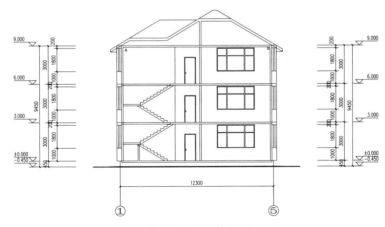

图 15-9　双线楼板图

⤵ 操作步骤

选择屏幕菜单中的"剖面"→"双线楼板"命令，命令行显示如下。

> 请输入楼板的起始点 <退出>：A
> 结束点 <退出>：B
> 楼板顶面标高 <9000>：按 Enter 键
> 楼板的厚度(向上加厚输负值) <200>：120

生成的双线楼板如图 15-10 所示。

图 15-10　生成双线楼板

使用"双线楼板"命令绘制其他楼板。最终结果如图 15-9 所示。

15.1.4　为别墅楼板加剖断梁

使用"加剖断梁"命令可以绘制楼板、休息平台板下的梁截面。生成的剖断梁如图 15-11 所示。

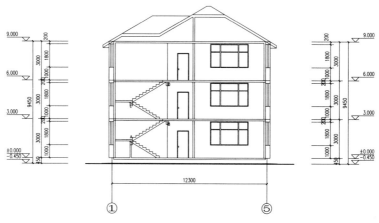

图 15-11　剖断梁图

操作步骤

1. 选择屏幕菜单中的"剖面"→"加剖断梁"命令，命令行显示如下。

请输入剖面梁的参照点 <退出>:选 A
梁左侧到参照点的距离 <100>:100
梁右侧到参照点的距离 <100>:100
梁底边到参照点的距离 <300>:300

生成的预制楼板如图 15-12 所示。

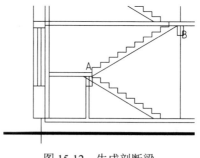

图 15-12　生成剖断梁

2. 同理，选择屏幕菜单中的"剖面"→"加剖断梁"命令，完成为 B、C、D 点加剖断梁。最终结果如图 15-11 所示。

15.1.5　别墅剖面门窗

使用"剖面门窗"命令可以直接在图中插入剖面门窗，也可对剖面门窗进行编辑。本例更改剖面门窗的高度，如图 15-13 所示。

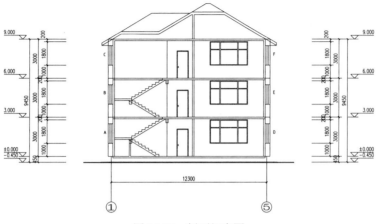

图 15-13　剖面门窗图

✎ **操作步骤**

1. 选择屏幕菜单中的"剖面"→"剖面门窗"命令，打开"剖面门窗样式"对话框，如图 15-14 所示。

图 15-14　"剖面门窗样式"对话框

命令行显示如下。

```
        请点取剖面墙线下端或［选择剖面门窗样式(S)/替换剖面门窗(R)/改窗台高(E)/改窗高(H)]<退
出>:选择改窗高 H
        请选择剖面门窗<退出>:选 A
        请选择剖面门窗<退出>:选 B
        请选择剖面门窗<退出>:选 C
        请选择剖面门窗<退出>:选 D
        请选择剖面门窗<退出>:选 E
        请选择剖面门窗<退出>:选 F
        请选择剖面门窗<退出>:按 Enter 键
        请指定门窗高度<退出>:1500
        请点取剖面墙线下端或［选择剖面门窗样式(S)/替换剖面门窗(R)/改窗台高(E)/改窗高(H)]<退
出>:按 Enter 键退出
```

2. 同理，可以完成修改窗台高的操作，此处不再详述。生成的剖面门窗如图 15-13 所示。

15.1.6 添加别墅门窗过梁

使用"门窗过梁"命令可以在剖面门窗上加过梁。生成的门窗过梁如图 15-15 所示。

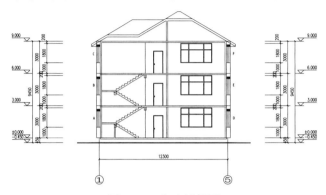

图 15-15 门窗过梁图

操作步骤

选择屏幕菜单中的"剖面"→"门窗过梁"命令，命令行显示如下。

```
选择需加过梁的剖面门窗：选 A
选择需加过梁的剖面门窗：选 B
选择需加过梁的剖面门窗：选 C
选择需加过梁的剖面门窗：选 D
选择需加过梁的剖面门窗：选 E
选择需加过梁的剖面门窗：选 F
选择需加过梁的剖面门窗：按 Enter 键退出
输入梁高<120>:180
```

生成的剖面门窗过梁如图 15-15 所示。

15.1.7 别墅楼梯栏杆

使用"楼梯栏杆"命令可以自动识别剖面楼梯与可见楼梯，绘制楼梯栏杆和扶手。本例生成的楼梯栏杆如图 15-16 所示。

图 15-16 楼梯栏杆图

☞ 操作步骤

1. 选择屏幕菜单中的"剖面"→"楼梯栏杆"命令，命令行显示如下。

> 请输入楼梯扶手的高度 <1000>:1000
> 是否要打断遮挡线(Yes/No)？<Yes>:默认为打断
> 再输入楼梯扶手的起始点 <退出>:选 A
> 结束点 <退出>:选 B
> 再输入楼梯扶手的起始点 <退出>:按 Enter 键退出

此时即完成一层的第一梯段的栏杆布置，如图 15-17 所示。

2. 选择屏幕菜单中的"剖面"→"楼梯栏杆"命令，命令行显示如下。

> 请输入楼梯扶手的高度 <1000>:1000
> 是否要打断遮挡线(Yes/No)？<Yes>:默认为打断
> 再输入楼梯扶手的起始点 <退出>:选 C
> 结束点 <退出>:选 D
> 再输入楼梯扶手的起始点 <退出>:选 E
> 结束点 <退出>:选 F
> 再输入楼梯扶手的起始点 <退出>:选 G
> 结束点 <退出>:选 H
> 再输入楼梯扶手的起始点 <退出>:按 Enter 键退出

可在指定位置生成剖面楼梯栏杆，如图 15-18 所示。

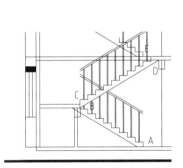

图 15-17　首层楼梯栏杆图　　　　　　图 15-18　生成楼梯栏杆

别墅剖面栏杆的整体如图 15-16 所示。

15.1.8　别墅楼梯扶手接头

使用"扶手接头"命令可以对楼梯扶手的接头位置做细部处理。本例生成的扶手接头如图 15-19 所示。

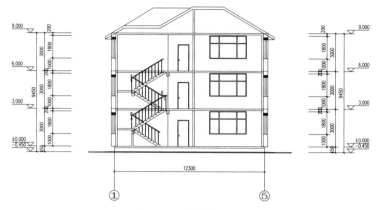

图 15-19 扶手接头图

✍ 操作步骤

1. 选择屏幕菜单中的"剖面"→"扶手接头"命令，命令行显示如下。

> 请输入扶手伸出距离<150>:250
> 请选择是否增加栏杆[增加栏杆(Y)/不增加栏杆(N)]<增加栏杆(Y)>: Y
> 请指定两点来确定需要连接的一对扶手！选择第一个角点<取消>:框选 A 点
> 另一个角点<取消>:框选 B 点
> 请指定两点来确定需要连接的一对扶手！选择第一个角点<取消>:按 Enter 键退出

此时即可在一层平台指定位置生成楼梯扶手接头，如图 15-20 所示。

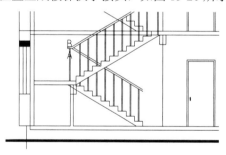

图 15-20 一层平台扶手接头图

2. 选择屏幕菜单中的"剖面"→"扶手接头"命令，命令行显示如下。

> 请输入扶手伸出距离<150>:250
> 请选择是否增加栏杆[增加栏杆(Y)/不增加栏杆(N)]<增加栏杆(Y)>: Y
> 请指定两点来确定需要连接的一对扶手！选择第一个角点<取消>:框选 C 点
> 另一个角点<取消>:框选 D 点
> 请指定两点来确定需要连接的一对扶手！选择第一个角点<取消>:按 Enter 键退出

生成二层楼梯的扶手接头。

3. 选择屏幕菜单中的"剖面"→"扶手接头"命令，命令行显示如下。

> 请输入扶手伸出距离<150>:250
> 请选择是否增加栏杆[增加栏杆(Y)/不增加栏杆(N)]<增加栏杆(Y)>: Y
> 请指定两点来确定需要连接的一对扶手！选择第一个角点<取消>:框选 E 点

> 另一个角点<取消>:框选 F 点
> 请指定两点来确定需要连接的一对扶手！选择第一个角点<取消>:按 Enter 键退出

生成二层平台的扶手接头。最终结果如图 15-19 所示。

15.1.9 别墅剖面填充

使用"剖面填充"命令可以识别天正软件生成的剖面构件，进行图案填充。剖面填充效果如图 15-21 所示。

图 15-21 剖面填充图

🖑 操作步骤

1. 选择屏幕菜单中的"剖面"→"剖面填充"命令，命令行显示如下。

> 请选取要填充的剖面墙线梁板楼梯<全选>:框选 1 轴墙
> 选择对象：框选 5 轴墙
> 选择对象：框选屋面
> 选择对象：按 Enter 键退出

此时弹出"请点取所需的填充图案"对话框，如图 15-22 所示。

2. 选择填充图案，单击"确定"按钮，即可在指定位置生成剖面填充，如图 15-21 所示。

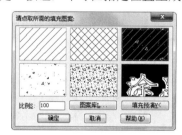

图 15-22 "请点取所需的填充图案"对话框

15.1.10 别墅剖切线向内加粗

使用"向内加粗"命令可以将剖面图中的剖切线向内侧加粗。向内加粗效果如图 15-23 所示。

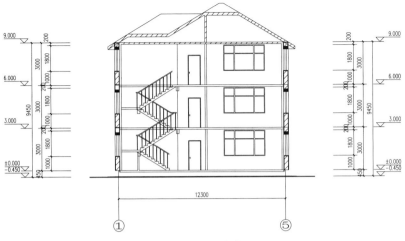

图 15-23　向内加粗图

操作步骤

选择屏幕菜单中的"剖面"→"向内加粗"命令，命令行显示如下。

请选取要变粗的剖面墙线梁板楼梯线(向内侧加粗) <全选>:框选 1 轴墙线
选择对象：框选 5 轴墙线
选择对象：按 Enter 键退出，完成操作

此时即可在指定位置使剖切线向内加粗，如图 15-23 所示。

15.2　办公楼剖面图绘制

本节通过一个简单实例，综合运用剖面绘制的命令，详细介绍办公楼剖面图的绘制方法。办公楼剖面图如图 15-24 所示。

视频讲解

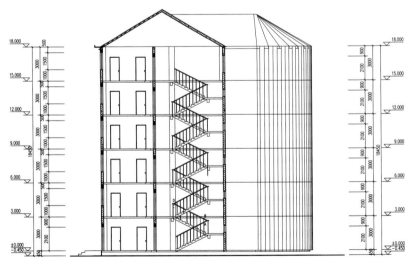

图 15-24　办公楼剖面图

Note

15.2.1 办公楼建筑剖面

使用"建筑剖面"命令生成建筑物剖面时，应先建立一个工程管理项目（具体见第 12 章），在其中建立好剖切线，然后用"建筑剖面"命令直接生成建筑剖面。本例生成的建筑剖面如图 15-25 所示。

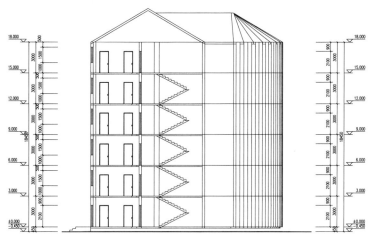

图 15-25　剖面图

操作步骤

1．打开需要生成建筑剖面的各层平面图，如图 15-26 所示。在首层确定剖面剖切位置，选择屏幕菜单中的"剖面"→"建筑剖面"命令，命令行显示如下。

> 请选择一剖切线:选择剖切线
> 请选择要出现在剖面图上的轴线: 按 Enter 键退出

此时弹出"剖面生成设置"对话框，如图 15-27 所示。

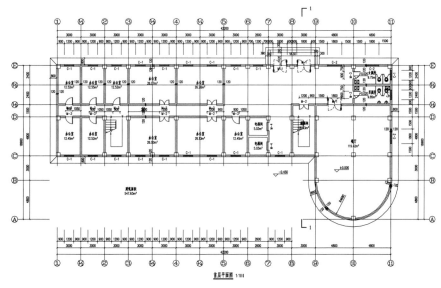

图 15-26　平面图

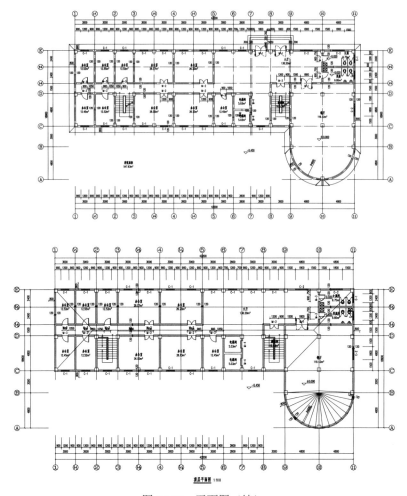

图 15-26　平面图（续）

2．在对话框中输入标注的数值，单击"生成剖面"按钮，弹出"输入要生成的文件"对话框，在此对话框中设置要生成的剖面文件的名称和保存位置，如图 15-28 所示。

图 15-27　"剖面生成设置"对话框

图 15-28　"输入要生成的文件"对话框

3．单击"保存"按钮，即可在指定位置生成剖面图。由天正软件生成的剖面图一般不可以直接应用，应进行适当的修整。

15.2.2 办公楼双线楼板

使用"双线楼板"命令可以绘制剖面双线楼板。生成的双线楼板如图 15-29 所示。

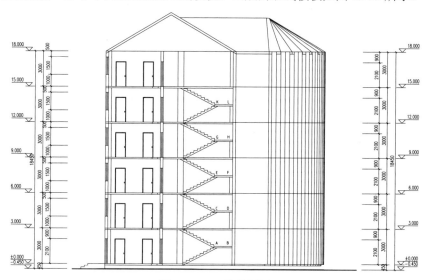

图 15-29 双线楼板图

✎ 操作步骤

1. 选择屏幕菜单中的"剖面"→"双线楼板"命令，命令行显示如下。

> 请输入楼板的起始点 <退出>:A
> 结束点 <退出>:B
> 楼板顶面标高 <1493>:按 Enter 键
> 楼板的厚度(向上加厚输负值) <200>:-120

生成首层的双线楼板，如图 15-30 所示。

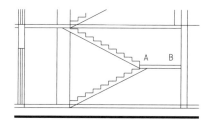

图 15-30 生成首层的双线楼板

2. 选择屏幕菜单中的"剖面"→"双线楼板"命令，命令行显示如下。

> 请输入楼板的起始点 <退出>:C
> 结束点 <退出>:D
> 楼板顶面标高 <4493>:按 Enter 键
> 楼板的厚度(向上加厚输负值) <200>:-120

生成二层的双线楼板。

3．同理，完成其他几层的双线楼板的绘制。绘制结果如图 15-29 所示。

15.2.3　为办公楼楼板加剖断梁

使用"加剖断梁"命令可以绘制楼板、休息平台板下的梁截面。生成的剖断梁如图 15-31 所示。

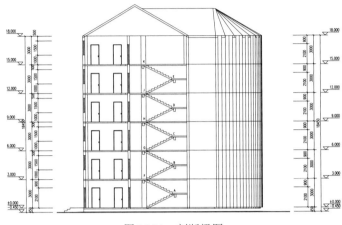

图 15-31　剖断梁图

♺ 操作步骤

1．选择屏幕菜单中的"剖面"→"加剖断梁"命令，命令行显示如下。

> 请输入剖断梁的参照点 <退出>:选 A
> 梁左侧到参照点的距离 <100>:100
> 梁右侧到参照点的距离 <100>:100
> 梁底边到参照点的距离 <300>:300

生成的剖断梁如图 15-32 所示。

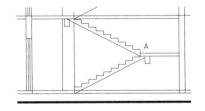

图 15-32　生成剖断梁

2．同理，选择屏幕菜单中的"剖面"→"加剖断梁"命令，完成在 B、C、D、E、F、G、H、J、K 点加剖断梁，结果如图 15-31 所示。

15.2.4　办公楼剖面门窗

使用"剖面门窗"命令可以直接在图中插入剖面门窗，也可对剖面门窗进行编辑。本例生成的剖面门窗如图 15-33 所示。

♺ 操作步骤

选择屏幕菜单中的"剖面"→"剖面门窗"命令，打开"剖面门窗样式"对话框，如图 15-34 所示。

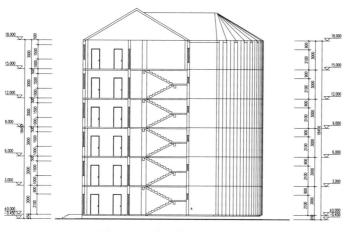

图 15-33 生成的剖面门窗图

图 15-34 "剖面门窗样式"对话框

命令行显示如下。

> 请点取剖面墙线下端或 [选择剖面门窗样式(S)/替换剖面门窗(R)/改窗台高(E)/改窗高(H)]<退出>:选择墙线 A
> 门窗下口到墙下端距离<3000>:1600
> 门窗的高度<500>:600
> 门窗下口到墙下端距离<1600>:2400
> 门窗的高度<600>:600
> 门窗下口到墙下端距离<2400>:2400
> 门窗的高度<600>:600
> 门窗下口到墙下端距离<2400>:2400
> 门窗的高度<600>:600
> 门窗下口到墙下端距离<2400>:2400
> 门窗的高度<600>:600
> 门窗下口到墙下端距离<2400>:1500
> 门窗的高度<600>:1500
> 门窗下口到墙下端距离<1500>:退出

生成的剖面门窗如图 15-33 所示。

15.2.5 剖面檐口

使用"剖面檐口"命令可以直接在图中绘制剖面檐口。生成的剖面檐口如图 15-35 所示。

⮕ 操作步骤

1. 选择屏幕菜单中的"剖面"→"剖面檐口"命令,弹出"剖面檐口参数"对话框,如图 15-36 所示,在"檐口类型 E"中选择"现浇挑檐",在"檐口参数"中输入数据,单击"左右翻转 K"按钮,在"基点定位"中输入基点向下偏移的数值。

2. 单击"确定"按钮,在图中选择合适的插入点,命令行显示如下。

> 请给出剖面檐口的插入点 <退出>:选择 A

此时完成插入现浇挑檐的操作,效果如图 15-35 所示。

图 15-35　剖面檐口图　　　　　　　图 15-36　"剖面檐口参数"对话框

15.2.6　添加办公楼门窗过梁

使用"门窗过梁"命令可以在剖面门窗上加过梁。生成的门窗过梁如图 15-37 所示。

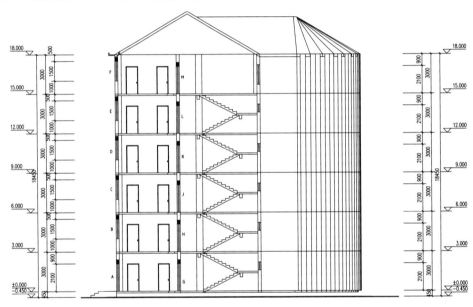

图 15-37　门窗过梁图

☞ **操作步骤**

1. 生成窗上过梁。选择屏幕菜单中的"剖面"→"门窗过梁"命令，命令行显示如下。

```
选择需加过梁的剖面门窗：选 B
选择需加过梁的剖面门窗：选 C
选择需加过梁的剖面门窗：选 D
选择需加过梁的剖面门窗：选 E
选择需加过梁的剖面门窗：选 F
选择需加过梁的剖面门窗：按 Enter 键退出
输入梁高<120>:300
```

生成的剖面窗过梁如图 15-38 所示。

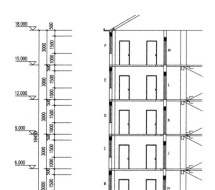

图 15-38 生成剖面窗过梁

2. 生成门上过梁。选择屏幕菜单中的"剖面"→"门窗过梁"命令,命令行显示如下。

> 选择需加过梁的剖面门窗:选 A
> 选择需加过梁的剖面门窗:选 G
> 选择需加过梁的剖面门窗:选 H
> 选择需加过梁的剖面门窗:选 J
> 选择需加过梁的剖面门窗:选 K
> 选择需加过梁的剖面门窗:选 L
> 选择需加过梁的剖面门窗:选 M
> 选择需加过梁的剖面门窗:按 Enter 键退出
> 输入梁高<120>:300

生成的剖面门窗过梁如图 15-37 所示。

15.2.7 办公楼楼梯栏杆

使用"楼梯栏杆"命令可以自动识别剖面楼梯与可见楼梯,绘制楼梯栏杆和扶手。本例生成的楼梯栏杆如图 15-39 所示。

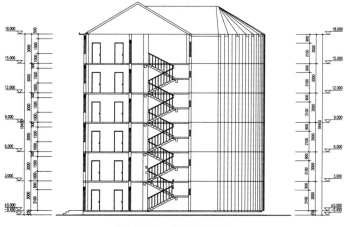

图 15-39 楼梯栏杆图

Note

☞ 操作步骤

1. 选择屏幕菜单中的"剖面"→"楼梯栏杆"命令，命令行显示如下。

请输入楼梯扶手的高度 <1000>:1100
是否要打断遮挡线(Yes/No)？<Yes>:默认为打断
再输入楼梯扶手的起始点 <退出>:选 A
结束点 <退出>:选 B
再输入楼梯扶手的起始点 <退出>：按 Enter 键退出

此时即完成一层的第一梯段的栏杆布置，如图 15-40 所示。

2. 选择屏幕菜单中的"剖面"→"楼梯栏杆"命令，命令行显示如下。

请输入楼梯扶手的高度 <1000>:1000
是否要打断遮挡线(Yes/No)？<Yes>:默认为打断
再输入楼梯扶手的起始点 <退出>:选 C
结束点 <退出>:选 D
再输入楼梯扶手的起始点 <退出>:选 E
结束点 <退出>:选 F
再输入楼梯扶手的起始点 <退出>:选 G
结束点 <退出>:选 H
......
再输入楼梯扶手的起始点 <退出>：按 Enter 键退出

可在指定位置生成剖面楼梯栏杆，如图 15-41 所示。

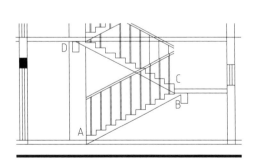

图 15-40 一层楼梯栏杆图

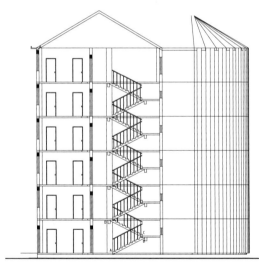

图 15-41 其他楼梯栏杆

办公楼剖面楼梯栏杆的整体如图 15-39 所示。

15.2.8 办公楼楼梯扶手接头

使用"扶手接头"命令可以对楼梯扶手的接头位置做细部处理，生成的扶手接头如图 15-42 所示。

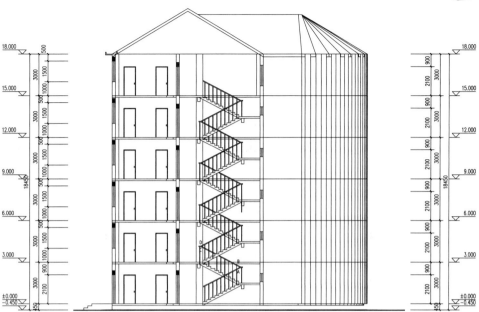

图 15-42 扶手接头图

✍ 操作步骤

1. 选择屏幕菜单中的"剖面"→"扶手接头"命令,命令行显示如下。

```
请输入扶手伸出距离<150>:250
请选择是否增加栏杆[增加栏杆(Y)/不增加栏杆(N)]<增加栏杆(Y)>: Y
请指定两点来确定需要连接的一对扶手!选择第一个角点<取消>:框选 A 点
另一个角点<取消>:框选 B 点
请指定两点来确定需要连接的一对扶手!选择第一个角点<取消>:按 Enter 键退出
```

此时即可在一层平台指定位置生成楼梯扶手接头,如图 15-43 所示。

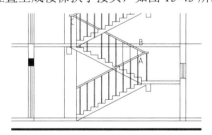

图 15-43 一层平台扶手接头图

2. 同理,选择屏幕菜单中的"剖面"→"扶手接头"命令,绘制其余楼梯栏杆扶手接头。最终结果如图 15-42 所示。

15.2.9 办公楼剖面填充

使用"剖面填充"命令可以识别天正软件生成的剖面构件,进行图案填充。剖面填充效果如图 15-44 所示。

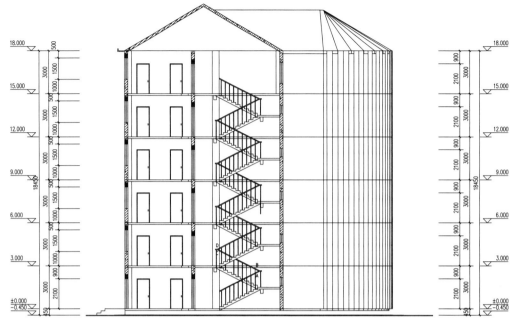

图 15-44　剖面填充图

⬡ 操作步骤

1. 选择屏幕菜单中的"剖面"→"剖面填充"命令，命令行显示如下。

> 请选取要填充的剖面墙线梁板楼梯<全选>:框选左侧剖面墙
> 选择对象: 框选中间剖面墙
> 选择对象: 框选右侧剖面墙
> 选择对象: 框选屋面剖面
> 选择对象: 按 Enter 键退出

此时弹出"请点取所需的填充图案"对话框，将其中的"比例"改为 50，如图 15-45 所示。

图 15-45　"请点取所需的填充图案"对话框

2. 选择填充图案，然后单击"确定"按钮，即可在指定位置生成剖面填充，如图 15-44 所示。

15.2.10　办公楼剖切线向内加粗

使用"向内加粗"命令可以将剖面图中的剖切线向内侧加粗，向内加粗效果如图 15-46 所示。

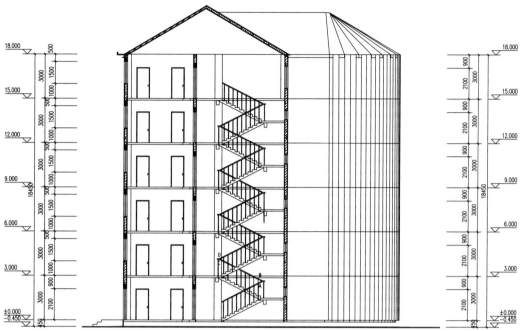

图 15-46 向内加粗图

↳ 操作步骤

选择屏幕菜单中的"剖面"→"向内加粗"命令，命令行显示如下。

> 请选取要变粗的剖面墙线梁板楼梯线(向内侧加粗) <全选>:框选左侧剖面墙
> 选择对象：框选中间剖面墙
> 选择对象：框选右侧剖面墙
> 选择对象：框选屋面剖面
> 选择对象：按 Enter 键退出，完成操作

此时即可在指定位置将剖切线向内加粗，如图 15-46 所示。

第16章

商住楼设计综合实例

本章导读

本章以商住楼设计作为综合实例，依次介绍如何利用天正软件绘制商住楼一层平面图、商住楼二层平面图、商住楼标准层平面图、商住楼屋顶平面图、商住楼南立面图和商住楼剖面图。

学习要点

- ☑ 绘制商住楼一层平面图
- ☑ 绘制商住楼二层平面图
- ☑ 绘制商住楼标准层平面图
- ☑ 绘制商住楼屋顶平面图
- ☑ 绘制商住楼南立面图
- ☑ 绘制商住楼剖面图

本综合实例为绘制某城市商住楼设计图，该商住楼共六层，一、二层为大开间商场，一层层高为3.6m，二层层高为3.9m，三层以上为住宅，层高为2.8m。

16.1 商住楼一层平面图绘制

本层层高为3.6m，室外地坪标高为-0.1m。本节主要讲述如何利用天正软件绘制如图16-1所示的某商住楼一层平面图。

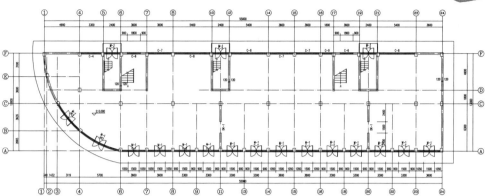

一层平面图 1:100

图 16-1 某商住楼一层平面图

16.1.1 绘制定位轴网

利用屏幕菜单中的"绘制轴网"和"轴改线型"命令绘制定位的轴网，结果如图 16-2 所示。

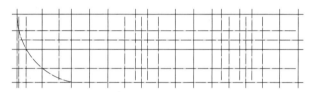

图 16-2 绘制轴网

✎ 操作步骤

1．选择屏幕菜单中的"轴网柱子"→"绘制轴网"命令，打开"绘制轴网"对话框，选择"直线轴网"选项卡，选中"下开"单选按钮，在"间距"下输入 349、1432、3119、5700、3600（个数为 2）、3300（个数为 4）、3600（个数为 2）、3300（个数为 4）和 3600，如图 16-3 所示；选中"上开"单选按钮，在"间距"下输入 4900、3300、2400、3600（个数为 2）、5400、2400、5400、3600（个数为 2）、1800、3600、2400、5400 和 3600，如图 16-4 所示。

图 16-3 "下开"轴网

图 16-4 "上开"轴网

2．选中"左进"，在"间距"下输入 2665、3635、3600 和 3100，如图 16-5 所示；选中"右进"，在"间距"下输入 6300、1800 和 4900，如图 16-6 所示。

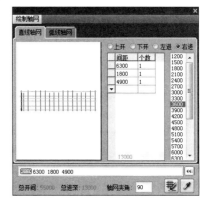

图 16-5　"左进"轴网　　　　　　　　图 16-6　"右进"轴网

3．选择"弧线轴网"选项卡，设置起始角度为 180，在"夹角"下输入 79，进深设置为 13165，内弧半径设置为 0，选择逆时针方向，如图 16-7 所示，在屏幕空白处单击。

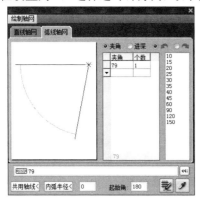
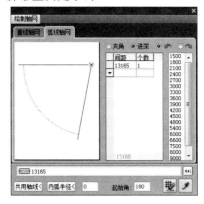

（a）弧线轴网 1　　　　　　　　　　（b）弧线轴网 2

图 16-7　弧线轴网

4．选择屏幕菜单中的"轴网柱子"→"轴改线型"命令，修改轴线的线型，结果如图 16-2 所示。

16.1.2　编辑轴网

对轴网的编辑包括添加、删除、修剪等。本图需要修剪和删除轴线，可以用天正软件提供的菜单命令实现。

选择屏幕菜单中的"轴网柱子"→"轴网裁剪"命令，修剪后的轴网如图 16-8 所示。

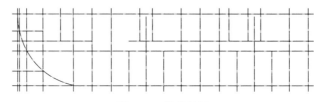

图 16-8　修剪轴网

16.1.3 标注轴网

本图的轴号可以用"轴网标注"命令添加。"轴网标注"命令可以自动将纵向轴线以数字作轴号，横向轴网以字母作轴号。标注轴网效果如图 16-9 所示。

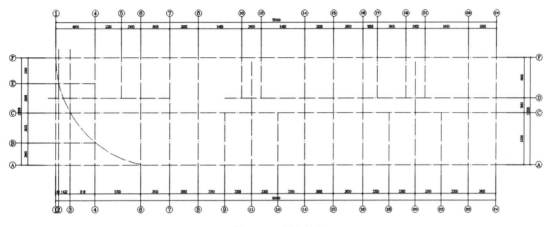

图 16-9 标注轴网

⇔ 操作步骤

1．选择屏幕菜单中的"轴网柱子"→"轴网标注"命令，打开"轴网标注"对话框，如图 16-10 所示。设置"输入起始轴号"为 1，选中"双侧标注"单选按钮，在图中从左至右选择轴线，如图 16-11 所示。

2．选择屏幕菜单中的"轴网柱子"→"轴网标注"命令，在"轴网标注"对话框中设置"输入起始轴号"为 A，选中"双侧标注"单选按钮，在图中从下至上选择纵向轴线两侧的轴线，结果如图 16-12 所示。

图 16-10 "轴网标注"对话框

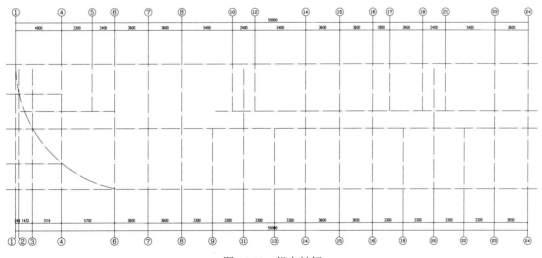

图 16-11 纵向轴标

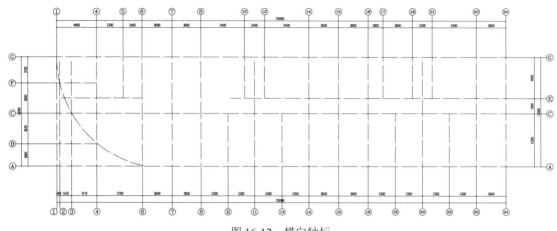

图 16-12　横向轴标

3．将横向轴标的编号进行调整，结果如图 16-13 所示。

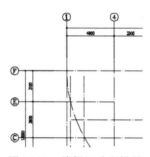

图 16-13　编辑尺寸和轴号

4．同理，对右进深的尺寸轴号进行调整，最终结果如图 16-9 所示。

16.1.4　绘制一层中的墙体

使用"绘制墙体"命令可以在轴线的基础上生成墙体。生成的墙体如图 16-14 所示。

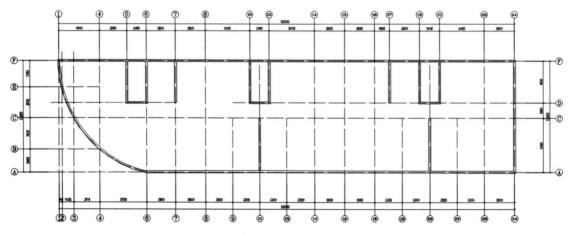

图 16-14　绘制墙体

操作步骤

1. 选择屏幕菜单中的"墙体"→"绘制墙体"命令，在"墙体"对话框中输入相应的外墙数据，如图 16-15 所示。

2. 选择建筑物外墙的角点顺序连接，形成如图 16-16 所示的外墙形状。

3. 选择屏幕菜单中的"墙体"→"绘制墙体"命令，在"墙体"对话框中输入相应的内墙数据，如图 16-17 所示。选择建筑物内墙的角点顺序连接，形成内墙形状。

4. 最终结果如图 16-14 所示。

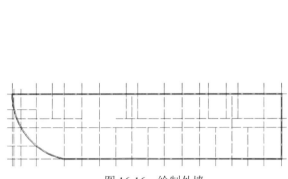

图 16-15　确定外墙数据　　　　图 16-16　绘制外墙　　　　图 16-17　确定内墙数据

16.1.5　插入一层中的柱子

插入的柱子的尺寸分别为 240×240、400×400 和 400×500，柱子的最外侧与墙线平齐。插入柱子的效果如图 16-18 所示。

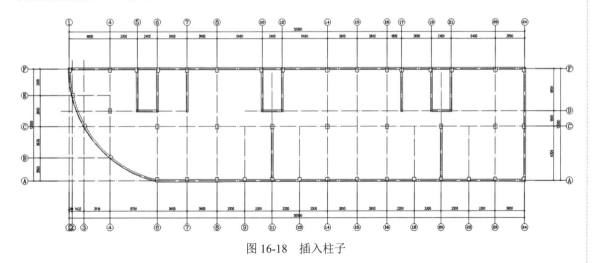

图 16-18　插入柱子

操作步骤

1. 选择屏幕菜单中的"轴网柱子"→"标准柱"命令，在"标准柱"对话框中输入相应的柱子数据，绘制 400×500 的柱子，柱高设置为 3600，柱与墙平齐，如图 16-19 所示。

2. 在绘图区域单击，选择建筑物需要设置柱子的插入点，绘制柱子如图 16-20 所示。

图 16-19　确定柱子数据

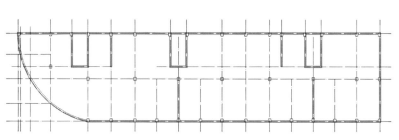

图 16-20　绘制 400×500 的柱子

3. 选择屏幕菜单中的"轴网柱子"→"标准柱"命令，在"标准柱"对话框中输入相应的柱子数据，绘制 240×240 和 400×400 的柱子，柱高设置为 3600，如图 16-21 所示。在绘图区域单击，选择建筑物需要设置柱子的插入点，绘制剩余的柱子，并选择屏幕菜单中的"轴网柱子"→"柱齐墙边"命令，将 400×400 的柱子外侧边与墙体对齐，最终结果如图 16-18 所示。

图 16-21　绘制柱子

16.1.6　插入一层中的门窗和洞口

门窗和洞口可以分为很多种，本实例均是在墙体上绘制门窗。绘制的 C-1～C-9 为弧窗和矩形窗两种，洞口为 DK-1，效果如图 16-22 所示。

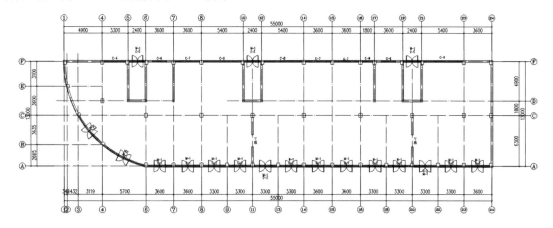

图 16-22　插入门窗和洞口

操作步骤

1. 选择屏幕菜单中的"门窗"→"门窗"命令，在"窗"对话框中输入相应的 C-1 数据，设置"窗宽"为 3200、"窗高"为 3000、"窗台高"为 0、方式为"轴线等分插入"，如图 16-23 所示。

在绘图区域单击，选择建筑物需要设置 C-1 的位置，绘制 C-1，如图 16-24 所示。

图 16-23　确定 C-1 数据

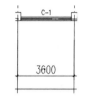

图 16-24　绘制 C-1

2. 选择屏幕菜单中的"门窗"→"门窗"命令，在"窗"对话框中输入相应的 C-2 数据，设置"窗宽"为 2900、"窗高"为 3000、"窗台高"为 0、方式为"轴线等分插入"，如图 16-25 所示。

3. 在绘图区域单击，选择建筑物需要设置 C-2 的位置，绘制 C-2，如图 16-26 所示。

图 16-25　确定 C-2 数据

图 16-26　绘制 C-2

4. 选择屏幕菜单中的"门窗"→"门窗"命令，在"弧窗"对话框中输入相应的 HC1 和 HC2 数据，设置"窗高"为 3000、"窗台高"为 0、方式为"充满整个墙段"，如图 16-27 所示。

图 16-27　确定 HC1 和 HC2 数据

5. 在绘图区域单击，选择建筑物需要设置 HC1 和 HC2 的位置，绘制 HC1 和 HC2，如图 16-28 所示。

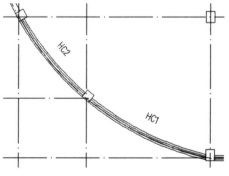

图 16-28　绘制 HC1 和 HC2

6. 选中上侧的墙体，如图 16-29 所示，选中墙体外边缘，将上侧墙体的外侧边缘与柱子外边缘重合。在绘图区域单击，将其他墙体的外侧边缘与柱子外边缘重合。

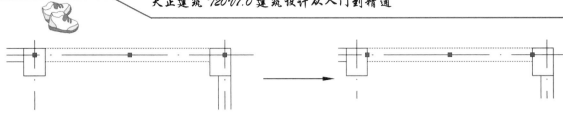

图 16-29　调整墙体外边缘

7. 选择屏幕菜单中的"门窗"→"门窗"命令，在"窗"对话框中输入相应的 C-3～C-9 数据，如图 16-30 所示。选择建筑物需要设置 C-3～C-9 的位置，绘制 C-3～C-9，如图 16-31 所示。

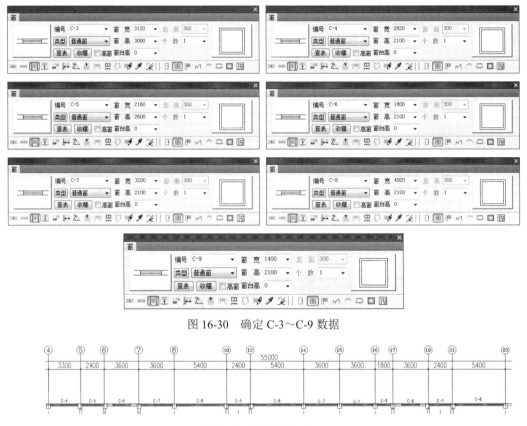

图 16-30　确定 C-3～C-9 数据

图 16-31　绘制 C-3～C-9

8. 选择屏幕菜单中的"门窗"→"门窗"命令，在"门"对话框中输入相应的 M-1 数据，设置"门宽"为 1500、"门高"为 2100、"门槛高"为 0、方式为"沿轴线等分插入"，如图 16-32 所示。

图 16-32　确定 M-1 数据

9. 在绘图区域单击，选择建筑物需要设置 M-1 的位置，绘制 M-1，如图 16-33 所示。

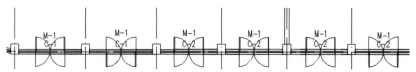

图 16-33　绘制 M-1

10．选择屏幕菜单中的"门窗"→"门窗"命令，在"洞口"对话框中输入相应的 DK-1 的数据，设置"洞宽"为 1500、"洞高"为 2400、"底高"为 0、方式为"沿轴线等分插入"，如图 16-34 所示。

图 16-34　确定 DK-1 数据

11．在绘图区域单击，选择建筑物需要设置 DK-1 的位置，绘制 DK-1，如图 16-35 所示。最终结果如图 16-22 所示。

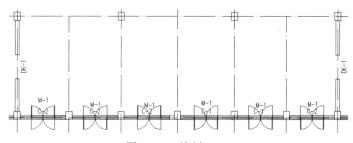

图 16-35　绘制 DK-1

16.1.7　插入一层中的楼梯

一层楼梯分为商场用楼梯和住宅用楼梯，楼梯设计为双跑（等跑）楼梯，商场用楼梯高度为 3.6m，梯间宽度为 3.36m，踏步总数为 22 级，踏步高为 163.64mm、宽为 300mm；住宅用楼梯高度为 3.6m，梯间宽度为 2.16m，踏步总数为 26 级，踏步高为 138.46mm、宽为 260mm。插入的楼梯可由天正软件自动计算生成，效果如图 16-36 所示。

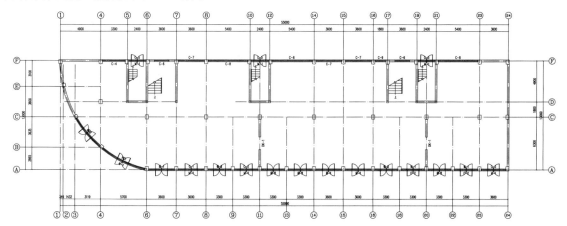

图 16-36　插入楼梯

Note

☝ 操作步骤

1. 选择屏幕菜单中的"楼梯其他"→"双跑楼梯"命令，绘制商场用楼梯，在对话框中输入相应的楼梯数据，如图 16-37 所示。

2. 在绘图区域单击，根据命令行提示选择楼梯的插入点，绘制楼梯。

3. 选择屏幕菜单中的"楼梯其他"→"双跑楼梯"命令，绘制住宅用楼梯，在对话框中输入相应的楼梯数据，如图 16-38 所示。

图 16-37 商场用楼梯参数

图 16-38 住宅用楼梯参数

4. 在绘图区域单击，根据命令行提示选择楼梯的插入点，绘制楼梯。最终结果如图 16-36 所示。

16.1.8 绘制散水

利用天正软件中的"散水"命令，设置偏移的距离为 1500，绕墙体绘制散水，结果如图 16-39 所示。

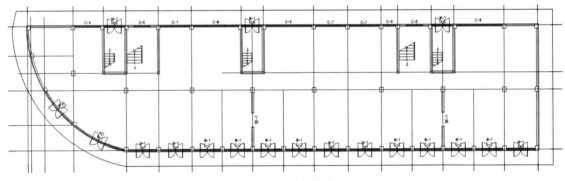

图 16-39 绘制散水

☝ 操作步骤

1. 选择屏幕菜单中的"楼梯其他"→"散水"命令，在"散水"对话框中输入相应的散水数据，如图 16-40 所示。

2. 在绘图区域单击，根据命令行提示选择插入位置，绘制散水。

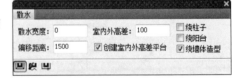

16.1.9 绘制雨篷

由于天正软件中没有专门的雨篷命令，可以用"阳台"命令绘制雨篷，效果如图 16-41 所示。

图 16-40 确定散水数据

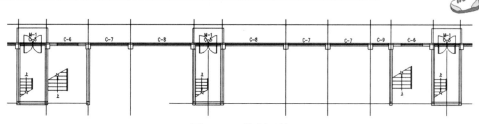

图 16-41 绘制雨篷

操作步骤

1. 选择屏幕菜单中的"楼梯其他"→"阳台"命令,在"绘制阳台"对话框中设置"伸出距离"为 1200,"阳台板厚"为 200,如图 16-42 所示。

图 16-42 确定数据

2. 在绘图区域单击,根据命令行提示选择雨篷的插入点,绘制雨篷,如图 16-41 所示。

16.1.10 一层建筑构件尺寸标注

尺寸标注在本图中主要是明确具体的建筑构件的平面尺寸。生成的尺寸标注如图 16-43 所示。

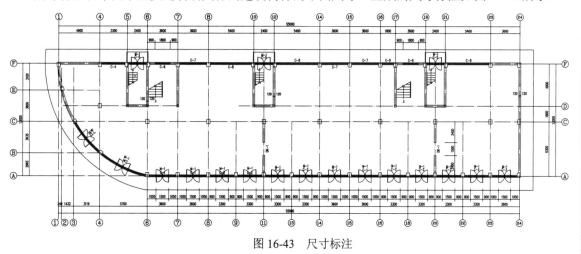

图 16-43 尺寸标注

操作步骤

1. 选择屏幕菜单中的"房间屋顶"→"门窗标注"命令,根据命令行提示选择尺寸标注的门窗所在的墙线,自动生成门窗标注。自动生成的尺寸标注比较乱,可以通过 AutoCAD 命令进行移动,如图 16-44 所示。

2. 选择屏幕菜单中的"房间屋顶"→"墙厚标注"命令,根据命令行提示选择标注的墙线,自动生成墙厚标注,如图 16-45 所示。

3. 其他部位可以使用"逐点标注"命令直接标注尺寸,具体方式不再详述。最终形成如图 16-43 所示的尺寸标注信息。

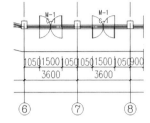

图 16-44　门窗标注

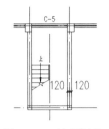

图 16-45　墙厚标注

16.1.11　一层平面图标高标注

选择屏幕菜单中的"符号标注"→"标高标注"命令，在"标高标注"对话框中输入标高±0.000，同时选中"手工输入"复选框，如图 16-46 所示。在绘图区单击，选择标高位置，结果如图 16-47 所示。

图 16-46　"标高标注"对话框

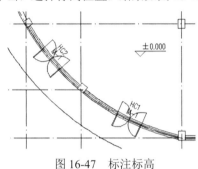

图 16-47　标注标高

16.1.12　一层平面图图名标注

选择屏幕菜单中的"符号标注"→"图名标注"命令，在打开的"图名标注"对话框中输入图名"一层平面图"，并设置文字高度，如图 16-48 所示。在平面图下方中间位置添加图名，标注的最终结果如图 16-1 所示。

图 16-48　"图名标注"对话框

通过以上基本的绘图步骤，完成商住楼一层平面图的绘制。

16.2　商住楼二层平面图绘制

本节主要讲述商住楼二层平面图的绘制。二层层高为 3.9m，在之前绘制的一层平面图的基础上，综合运用天正命令和 AutoCAD 命令完善图样的生成过程，绘制的窗分为弧窗和矩形窗两种，窗高绝大多数为 2.5m，宽度与一层相同，楼梯也是分为商场用楼梯和住宅用楼梯，最后还进行了尺寸标注和图名标注等。商住楼二层平面图如图 16-49 所示。

视频讲解

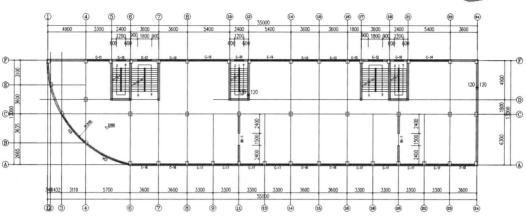

二层平面图 1:100

图 16-49　商住楼二层平面图

16.2.1　二层平面图绘制前的准备工作

绘制本图的准备工作是在"商住楼一层平面图"的基础上进行的。

打开"商住楼一层平面图"并将其另存为"商住楼二层平面图"，对图形进行整理，删除不需要的部分细节尺寸、楼梯和门窗等图形，整理后的图形如图 16-50 所示。

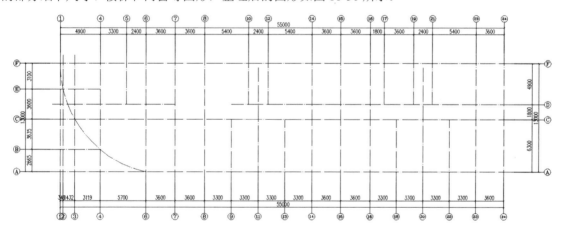

图 16-50　整理图形

16.2.2　绘制二层中的墙体

选择屏幕菜单中的"墙体"→"绘制墙体"命令，将所有墙体的高度设置为 3900mm，宽度设置为 240mm，绘制外墙和内墙，结果如图 16-51 所示。

图 16-51　绘制墙体

16.2.3 插入二层中的柱子

插入的柱子的尺寸分别为 240×240、400×400 和 400×500，柱子的最外侧与墙线平齐，结果如图 16-52 所示。

▷ **操作步骤**

1．选择屏幕菜单中的"轴网柱子"→"标准柱"命令，在"标准柱"对话框中输入相应的柱子数据，绘制 240×240 的柱子，柱高设置为 3900，柱与墙平齐，如图 16-53 所示。

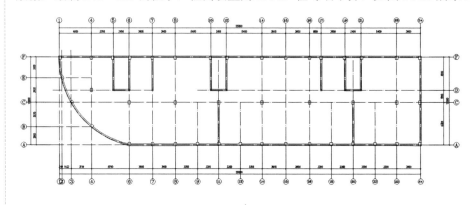

图 16-52　绘制柱子　　　　　　　　　　　　图 16-53　确定柱子数据

2．在绘图区域单击，选择建筑物需要设置柱子的插入点，绘制柱子。

3．使用相同的方法绘制剩余的柱子，结果如图 16-52 所示。

16.2.4 插入二层中的门窗

本层绘制的均为窗户，分为弧窗和矩形窗两种，其中 C-10 的尺寸为 1200×1500，C-11～C-18 的高度均为 2500，长度与一层窗相同；绘制的弧窗的高度也为 2500，长度与①～⑥段南侧弧形墙的长度相同，结果如图 16-54 所示。

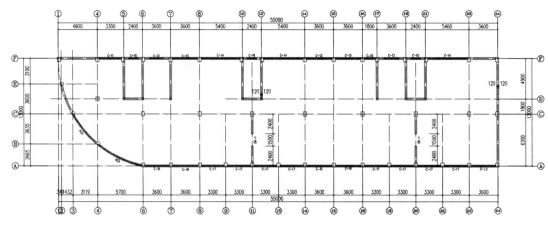

图 16-54　插入门窗

↳ 操作步骤

1．选择屏幕菜单中的"门窗"→"编号设置"命令，打开"编号设置"对话框，将"窗"的"编号规则"设置为"按顺序"，如图 16-55 所示。

2．选择屏幕菜单中的"门窗"→"门窗"命令，打开"窗"对话框，设置"窗宽"为 1200、"窗高"为 1500，如图 16-56 所示。

图 16-55 "编号设置"对话框

图 16-56 "窗"对话框

3．在绘图区域单击，根据命令行提示选择矩形窗的插入点，结果如图 16-57 所示。

4．选择屏幕菜单中的"门窗"→"门窗"命令，打开"窗"对话框，设置"窗宽"为 2820、"窗高"为 2500、编号为"自动编号"，绘制 C-11，结果如图 16-58 所示。

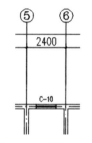

图 16-57 绘制 C-10

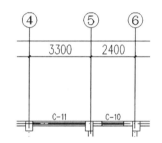

图 16-58 绘制 C-11

5．使用相同的方法绘制 C-12～C-18、HC3、HC4，剩余窗宽均与一层窗宽相同，高度均为 2500；绘制 DK-1，尺寸为 1500×2400。最终结果如图 16-54 所示。

16.2.5 插入二层中的楼梯

本节绘制了两个楼梯，分为商场用楼梯和住宅用楼梯，高度均为 3900，还设置了矩形的休息平台。最终结果如图 16-59 所示。

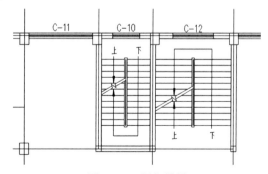

图 16-59 插入楼梯

操作步骤

1. 选择屏幕菜单中的"楼梯其他"→"双跑楼梯"命令，在"双跑楼梯"对话框中输入相应的楼梯数据，绘制住宅用楼梯。设置"楼梯高度"为3900，"梯段宽"为图中楼梯间的内部净尺寸，"踏步总数"为24，"踏步高度"为162.5，"踏步宽度"为270，"休息平台"为"矩形"平台，"平台宽度"为900，"踏步取齐"为"齐平台"方式，"上楼位置"为"右边"，"层类型"为"中层"，其余数据设置如图16-60所示。

2. 在绘图区域单击，根据命令行提示选择楼梯的插入点，绘制住宅用楼梯。

3. 选择屏幕菜单中的"楼梯其他"→"双跑楼梯"命令，在"双跑楼梯"对话框中输入相应的楼梯数据，绘制商场用楼梯。设置"楼梯高度"为3900，"梯段宽"为图中楼梯间的内部净尺寸，"踏步总数"为24，"踏步高度"为162.5，"踏步宽度"为260，"休息平台"为"矩形"平台，"平台宽度"为900，"踏步取齐"为"齐平台"方式，"上楼位置"为"左边"，"层类型"为"中层"，其余数据设置如图16-61所示。

图16-60　住宅用楼梯参数　　　　　　　　　　图16-61　商场用楼梯参数

4. 在绘图区域单击，根据命令行提示选择楼梯的插入点，绘制商场用楼梯。最终结果如图16-59所示。

16.2.6　二层建筑构件尺寸标注

尺寸标注在本例中主要是明确具体的建筑构件的平面尺寸，主要运用了"门窗标注"和"半径标注"命令。生成的尺寸标注如图16-62所示。

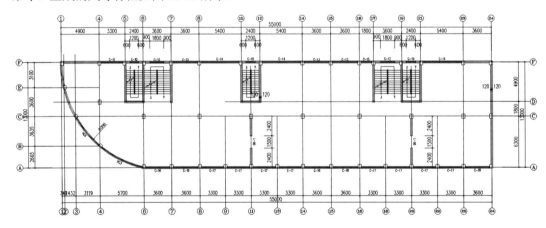

图16-62　尺寸标注

操作步骤

1. 选择屏幕菜单中的"尺寸标注"→"门窗标注"命令，生成的标注如图16-63所示。

2．选择屏幕菜单中的"尺寸标注"→"半径标注"命令，生成的标注如图 16-64 所示。

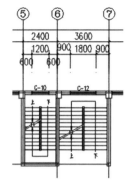

图 16-63　外侧的门窗标注

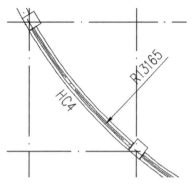

图 16-64　标注圆弧半径

3．使用相同方法标注剩余的门窗尺寸，结果如图 16-62 所示。

16.2.7　二层平面图标高标注

选择屏幕菜单中的"符号标注"→"标高标注"命令，在"标注标高"对话框中输入标高 3.600，同时选中"手工输入"复选框，如图 16-65 所示。在绘图区单击，选择标高位置，结果如图 16-66 所示。

图 16-65　"标高标注"对话框

图 16-66　标注标高

16.2.8　二层平面图图名标注

选择屏幕菜单中的"符号标注"→"图名标注"命令，在打开的"图名标注"对话框中输入图名"二层平面图"，并设置文字高度，如图 16-67 所示。在平面图下方中间位置单击添加图名，标注的最终结果如图 16-49 所示。

通过以上基本的绘图步骤，完成商住楼二层平面图的绘制。

图 16-67　"图名标注"面板

16.3　商住楼标准层平面图绘制

本实例的标准层是 3～6 层，层高均为 2.8m，布置相同。本节以绘制标准层的平面图为例，讲述如何利用二层平面图和天正命令绘制平面图，结果如图 16-68 所示。

视频讲解

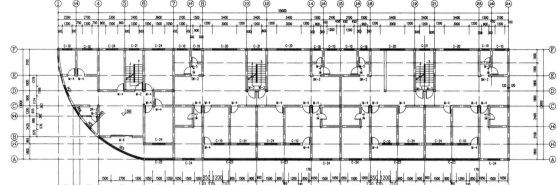

标准层平面图 1:100

图 16-68　某商住楼标准层平面图

16.3.1　标准层平面图绘制前的准备工作

打开"商住楼二层平面图"，利用天正和 AutoCAD 的相关命令，删除多余的轴线、门窗和洞口等图形，添加附加轴线，插入截面尺寸为 240×240、高度为 2800 的矩形柱，并对墙体的尺寸和矩形柱的位置进行细部调整，整理后的图形如图 16-69 所示。

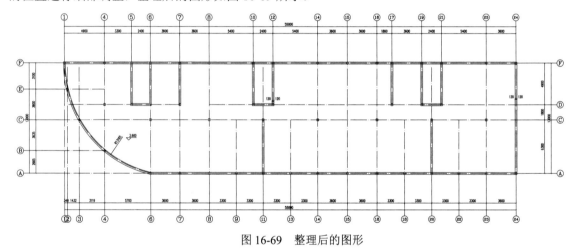

图 16-69　整理后的图形

操作步骤

1．选择屏幕菜单中的"工具"→"局部可见"命令，选择所有的轴线、标注尺寸和轴号，隐藏剩余图形并删除不需要的图形，结果如图 16-70 所示。

2．选择屏幕菜单中的"轴网柱子"→"轴号隐现"命令，将下侧的轴号②隐藏，然后选择屏幕菜单中的"尺寸标注"→"尺寸编辑"→"合并区间"命令，选择①～③的尺寸进行合并，如图 16-71 所示。

3．选择屏幕菜单中的"轴网柱子"→"添加轴线"命令，在③号轴线的右侧添加附加轴线，与③号轴线距离为 832，如图 16-72 所示。

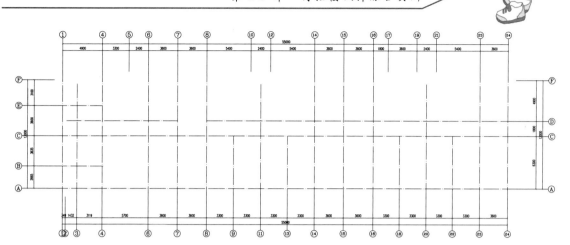

图 16-70　局部可见

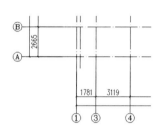

图 16-71　合并尺寸和隐藏轴号

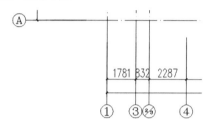

图 16-72　添加附加轴线

4．利用相同的方法对剩余的轴线和轴号进行编辑，结果如图 16-73 所示。

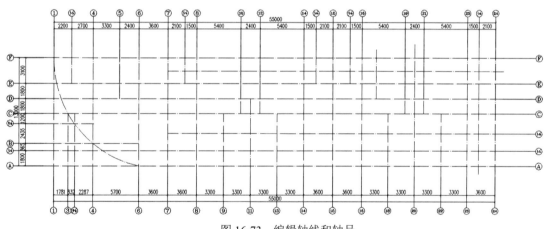

图 16-73　编辑轴线和轴号

5．选择屏幕菜单中的"工具"→"恢复可见"命令，将隐藏的图形全部显示。

6．选择屏幕菜单中的"工具"→"对象选择"命令，打开"匹配选项"对话框，进行如图 16-74 所示的设置，选择其中一个窗户，根据命令行中的提示按空格键，选择平面图中的所有窗户，删除所有的窗户。

7．选择屏幕菜单中的"工具"→"对象选择"命令，打开"匹配选项"对话框，进行如图 16-74 所示的设置，选择平面图中的所有柱子，单击鼠标右键，选择"通用编辑"→"对象特性"命令，设置"截面宽"和"截面深"均为 240，"柱子高度"为 2800，如图 16-75 所示。

图 16-74　"匹配选项"对话框　　　　　　　　图 16-75　"特性"对话框

8．选择屏幕菜单中的"轴网柱子"→"柱齐墙边"命令，将下侧矩形柱与墙体外边缘平齐，如图 16-76 所示。

9．选择屏幕菜单中的"轴网柱子"→"柱齐墙边"命令，将剩余矩形柱与墙体外边缘平齐，然后利用"夹点"编辑功能，调整柱子的位置和墙体的长度，结果如图 16-77 所示。

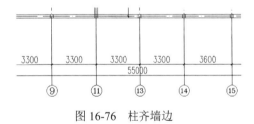

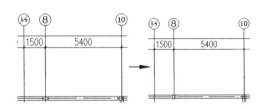

图 16-76　柱齐墙边　　　　　　　　　　　　图 16-77　编辑柱子和墙体

10．利用相同的方法调整剩余柱子的位置和墙体的长度，结果如图 16-69 所示。

16.3.2　绘制标准层中的墙体

使用"绘制墙体"命令可以在轴线的基础上生成墙体。本节利用了之前绘制的墙体并在此基础上绘制了两种墙体，分别是宽度为 240 和 120 的内墙，高度均为 2800，生成的墙体如图 16-78 所示。

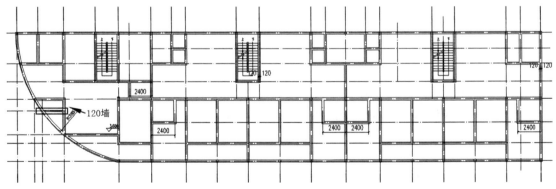

图 16-78　绘制墙体

↳ 操作步骤

　　1．选择屏幕菜单中的"墙体"→"墙体工具"→"改高度"命令，将所有墙体的高度设置为 2800。

　　2．选择屏幕菜单中的"墙体"→"绘制墙体"命令，在"墙体"对话框中设置左、右宽度为 120，墙高为 2800，绘制宽度为 240 的内墙，如图 16-79 所示。

　　3．选择建筑物的角点顺序连接，形成墙体。

　　4．选择屏幕菜单中的"墙体"→"绘制墙体"命令，在"墙体"对话框中设置左、右宽度为 60，墙高为 2800，绘制宽度为 120 的内墙，如图 16-80 所示。最终形成如图 16-78 所示的墙体。

图 16-79　确定墙体数据 1　　　　图 16-80　确定墙体数据 2

16.3.3　插入标准层中的柱子

　　插入的柱子的尺寸为 240×240，高度为 2800，柱子的外边缘均与墙体边缘对齐，插入柱子的效果如图 16-81 所示。

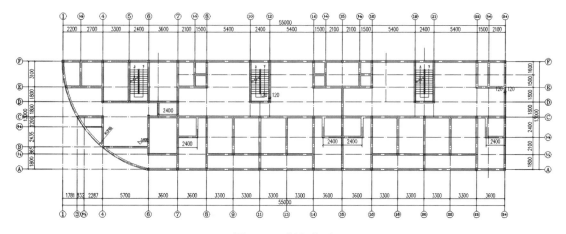

图 16-81　插入柱子

↳ 操作步骤

　　1．选择屏幕菜单中的"轴网柱子"→"标准柱"命令，在"标准柱"对话框中输入相应的柱子数据，绘制 240×240 的柱子，柱高设置为 2800，柱与墙平齐，如图 16-82 所示。

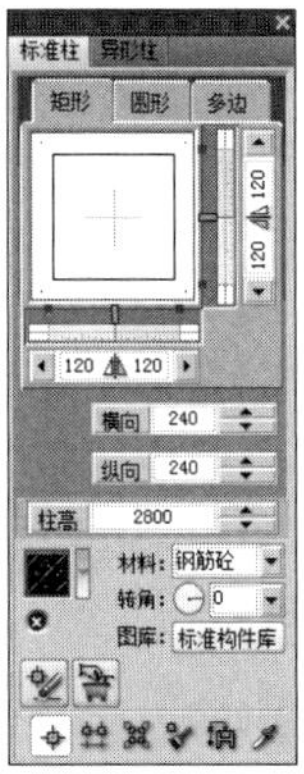

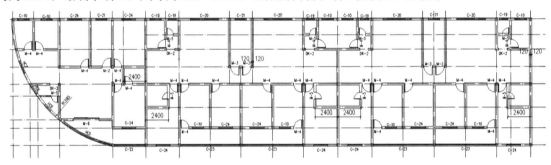

图 16-82　确定柱子数据

2. 在绘图区域单击，选择建筑物需要设置柱子的插入点，绘制柱子，效果如图 16-81 所示。

16.3.4　插入标准层中的门窗和洞口

标准层绘制了多个门图形，分为平开门和推拉门两种，高度分别为 1500 和 2100；绘制了多个窗户图形，分为矩形窗和弧窗两种，矩形窗大多数的高度为 1500，只有 C-21 的高度为 900，弧窗的高度均为 1500；绘制了洞口，尺寸为 600×2100。生成的门窗和洞口如图 16-83 所示。

图 16-83　插入门窗和洞口

❦ 操作步骤

1. 选择屏幕菜单中的"门窗"→"门窗"命令，在"门"对话框中输入相应的 M-2 数据，设置"门宽"为 950、"门高"为 2100、"门槛高"为 0、方式为"轴线定距插入"、"距离"为 170，如图 16-84 所示。

2. 在绘图区域单击，选择建筑物需要设置 M-2 的位置，插入 M-2，如图 16-85 所示。

图 16-84　确定 M-2 数据

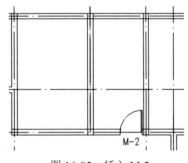

图 16-85　插入 M-2

3．选择屏幕菜单中的"门窗"→"门窗"命令，在"门"对话框中输入相应的 M-3 数据，设置"门宽"为 900、"门高"为 2100、"门槛高"为 0、方式为"轴线定距插入"、"距离"为 170，如图 16-86 所示。

4．在绘图区域单击，选择建筑物需要设置 M-3 的位置，插入 M-3，如图 16-87 所示。

图 16-86　确定 M-3 数据

图 16-87　插入 M-3

5．利用相同的方法插入 M-4 和 M-5，门宽分别为 850 和 700，其余设置相同，结果如图 16-88 所示。

6．选择屏幕菜单中的"门窗"→"门窗"命令，在"门"对话框中输入相应的 M-6 数据，设置"门宽"为 2700、"门高"为 2100、"门槛高"为 0、方式为"墙体上等分插入"，如图 16-89 所示。

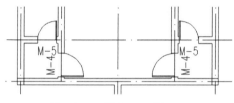

图 16-88　插入 M-4 和 M-5

图 16-89　确定 M-6 数据

7．在绘图区域单击，选择建筑物需要设置 M-6 的位置，插入 M-6，如图 16-90 所示。

8．选择屏幕菜单中的"门窗"→"门窗"命令，在"洞口"对话框中输入相应的 DK-2 数据，设置"洞宽"为 900、"洞高"为 2100、方式为"轴线定距插入"、"距离"为 120，如图 16-91 所示。

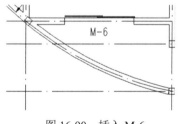

图 16-90　插入 M-6

图 16-91　确定 DK-2 数据

9．在绘图区域单击，选择建筑物需要设置 DK-2 的位置，插入 DK-2，如图 16-92 所示。

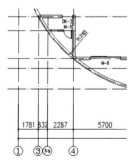

图 16-92　插入 DK-2

10. 选择屏幕菜单中的"门窗"→"门窗"命令，在"窗"对话框中输入相应的 C-10 数据，设置"窗宽"为1200、"窗高"为1500、"窗台高"为0，方式为"沿墙体等分插入"，如图 16-93 所示。

11. 在绘图区域单击，选择建筑物需要设置 C-10 的位置，插入 C-10，如图 16-94 所示。

图 16-93　确定 C-10 数据

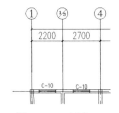

图 16-94　插入 C-10

12. 利用相同的方法插入 C-19～C-24，尺寸分别为900×1500、3000×1500、1200×900、3360×1500、6360×1500 和 1500×1500，结果如图 16-95 所示。

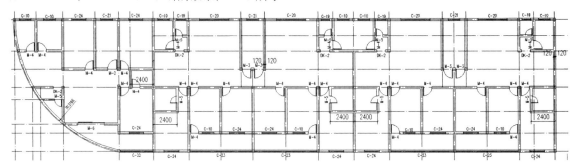

图 16-95　插入 C-19～C-24

13. 选择屏幕菜单中的"门窗"→"门窗"命令，在"弧窗"对话框中输入相应的 HC5 数据，设置"窗高"为1500、"窗台高"为0、方式为"充满整个墙段"，如图 16-96 所示。

14. 在绘图区域单击，选择建筑物需要设置 HC5 的位置，插入 HC5，如图 16-97 所示。

图 16-96　确定 HC5 数据

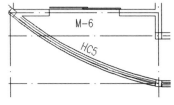

图 16-97　插入 HC5

15. 采用相同的方法，插入 HC6 和 HC7，如图 16-98 所示。

图 16-98　插入 HC6 和 HU7

16.3.5　插入标准层中的楼梯

标准层楼梯为住宅用楼梯，楼梯设计为双跑（等跑）楼梯，高度为 2.8m，梯间宽度为 2.16m，踏步总数为 17 级，踏步高为 164.71mm、宽为 260mm。生成的楼梯如图 16-99 所示。

操作步骤

1. 选择屏幕菜单中的"楼梯其他"→"双跑楼梯"命令，在"双跑楼梯"对话框中输入相应的楼梯数据，如图 16-100 所示。

2. 在绘图区域单击，根据命令行提示选择楼梯的插入点，结果如图 16-99 所示。

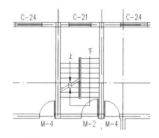

图 16-99　插入楼梯

图 16-100　住宅楼梯

16.3.6　标准层建筑构件尺寸标注

尺寸标注在本图中主要是明确具体的建筑构件的平面尺寸。生成的尺寸标注如图 16-101 所示。

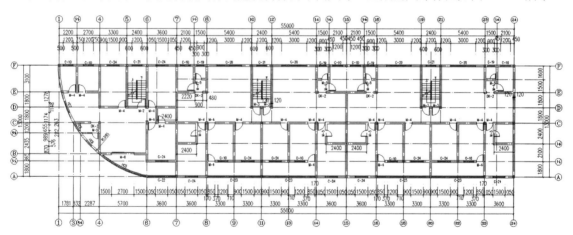

图 16-101　尺寸标注

操作步骤

1. 选择屏幕菜单中的"房间屋顶"→"门窗标注"命令，根据命令行提示选择尺寸标注的门窗所在的墙线，自动生成门窗标注。自动生成的尺寸标注比较乱，可以通过 AutoCAD 命令进行移动，如图 16-102 所示。

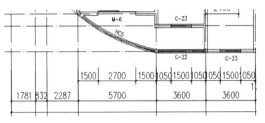

图 16-102 门窗标注

2. 其他部位可以采用"逐点标注"命令直接标注尺寸，具体方式不再详述。最终形成如图 16-101 所示的尺寸标注信息。

16.3.7 标准层平面图标高标注

选择屏幕菜单中的"符号标注"→"标高标注"命令，在"标注标高"对话框中输入标高 7.5，同时选中"手工输入"复选框，如图 16-103 所示。在绘图区单击，选择标高位置，结果如图 16-104 所示。

图 16-103 "标高标注"对话框

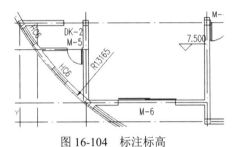

图 16-104 标注标高

16.3.8 标准层平面图图名标注

选择屏幕菜单中的"符号标注"→"图名标注"命令，在打开的"图名标注"对话框中输入图名"标准层平面图"，并设置文字高度，如图 16-105 所示。在平面图下方中间位置添加图名，标注的最终结果如图 16-68 所示。

图 16-105 "图名标注"对话框

通过以上基本的绘图步骤，完成商住楼标准层平面图的绘制。

16.4 商住楼屋顶平面图绘制

本图是在"商住楼二层平面图"的基础上做修改，并利用"房间屋顶"菜单中的相关命令来完成。屋顶平面图比较简单，如图 16-106 所示。

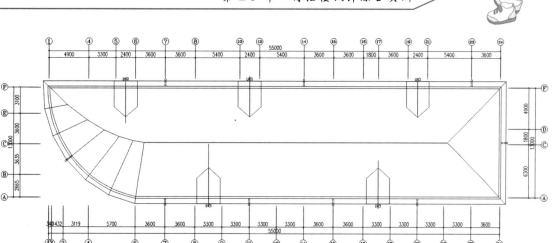

图 16-106　商住楼屋顶平面图

16.4.1　屋顶平面图绘制前的准备工作

首先打开"商住楼二层平面图"并将其另存为"商住楼屋顶平面图"，接下来对其进行整理，利用天正和 AutoCAD 中的相关命令，将不需要的门窗、洞口、楼梯、部分细节尺寸等删除。整理的结果如图 16-107 所示。

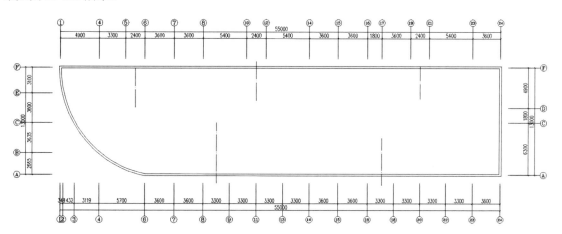

图 16-107　整理图形

16.4.2　绘制屋顶轮廓

选择屏幕菜单中的"房间屋顶"→"房间布置"→"搜屋顶线"命令，选择构成整栋建筑物的所有墙体，间距为 600，绘制外部轮廓线，如图 16-108 所示。

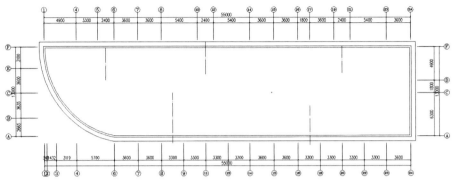

图 16-108　绘制外部轮廓线

16.4.3　绘制坡顶

选择屏幕菜单中的"房间屋顶"→"房间布置"→"任意坡顶"命令，选择构成整栋建筑物的屋顶轮廓线，绘制坡顶屋脊线，如图 16-109 所示。

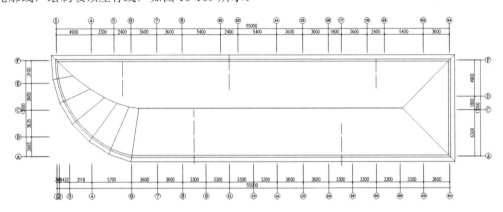

图 16-109　绘制屋脊线

16.4.4　绘制雨水管

选择屏幕菜单中的"房间屋顶"→"加雨水管"命令，绘制雨水管，如图 16-110 所示。

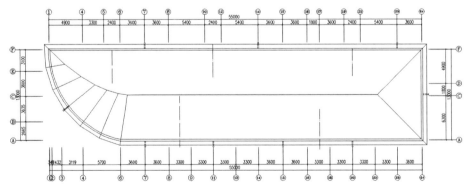

图 16-110　绘制雨水管

16.4.5 绘制老虎窗

选择屏幕菜单中的"房间屋顶"→"加老虎窗"命令，打开"加老虎窗"对话框，进行如图 16-111 所示的设置，然后绘制多个老虎窗，如图 16-112 所示。

图 16-111 "加老虎窗"对话框

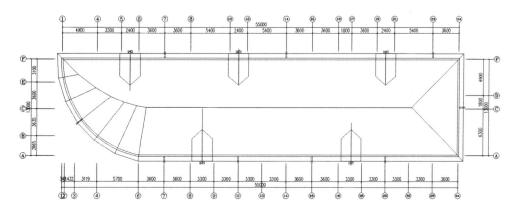

图 16-112 绘制老虎窗

16.4.6 屋顶平面图图名标注

选择屏幕菜单中的"符号标注"→"图名标注"命令，在打开的"图名标注"对话框中输入图名"屋顶平面图"并设置文字高度，如图 16-113 所示。在平面图下方中间位置单击添加图名，标注的最终结果如图 16-106 所示。

图 16-113 "图名标注"对话框

16.5 商住楼南立面图绘制

本节利用之前绘制的所有平面图建立"标准图",然后利用"建筑立面"命令,绘制南立面图。南侧二层窗户距离二层地面线 300,标准层窗户距离标准层地面 900,商住楼南立面图如图 16-114 所示。下面详细介绍商住楼南立面图的绘制方法。

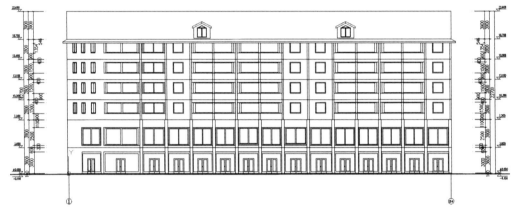

图 16-114 商住楼南立面图

16.5.1 立面图创建

待所有平面图都已经绘制完毕后,建立一个工程管理项目,然后用"建筑立面"命令直接生成建筑立面,生成的建筑立面如图 16-115 所示。

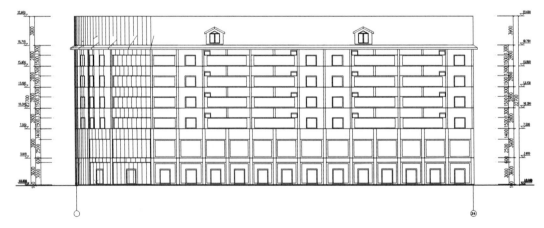

图 16-115 立面图

打开需要生成建筑立面的各层平面图,将其依次复制到新的文件下,并将其命名为"标准层",如图 16-116 所示。

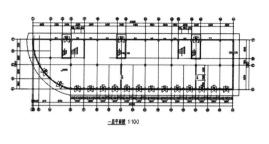
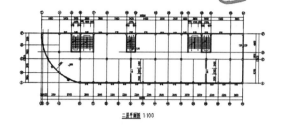
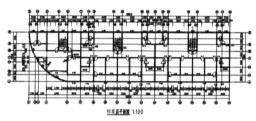
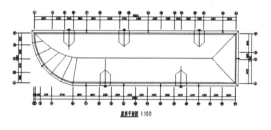

图 16-116　各层平面图

✎ **操作步骤**

　　1. 选择屏幕菜单中的"文件布图"→"工程管理"命令，打开"工程管理"对话框，如图 16-117 所示。新建工程，会打开"另存为"对话框，如图 16-118 所示，设置文件名为"平面图"，然后单击"保存"按钮，保存图形。

图 16-117　"工程管理"对话框　　　　　　　　图 16-118　"另存为"对话框

　　2. 将四个平面图放在一个图样文件中，然后在楼层栏的电子表格中分别选择图中的标准平面图，指定共同对齐点，完成组合楼层。同时也可以指定部分标准层平面图在其他图样文件中。

　　单击相应按钮，命令行提示如下。

```
选择第一个角点<取消>:选择所选标准层的左下角
另一个角点<取消>:选择所选标准层的右上角
对齐点<取消>:选择开间和进深的第一轴线交点
成功定义楼层！
```

　　此时将所选的楼层定义为第一层，如图 16-119 所示。

重复上面的操作完成楼层的定义，天正软件默认的层高为 3000，用户需要根据自己的需要对层高进行修改，这里将层高改为 3600，如图 16-120 所示。若所在标准层不在同一图样文件中，可以通过单击文件后面的"选择层文件"按钮选择需要装入的标准层。

选择屏幕菜单中的"立面"→"建筑立面"命令，命令行显示如下。

```
请输入立面方向或 [正立面(F)/背立面(B)/左立面(L)/右立面(R)]<退出>:选择正立面 F
请选择要出现在立面图上的轴线:选择轴线
请选择要出现在立面图上的轴线:选择轴线
请选择要出现在立面图上的轴线:按 Enter 键
```

此时出现"立面生成设置"对话框，如图 16-121 所示。

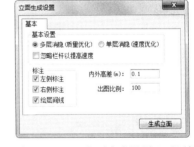

图 16-119　定义第一层　　　　图 16-120　定义楼层　　　　图 16-121　"立面生成设置"对话框

3．在对话框中输入标注的数值，然后单击"生成立面"按钮，出现"输入要生成的文件"对话框，在此对话框中设置要生成的立面文件的名称和保存位置，如图 16-122 所示。

图 16-122　"输入要生成的文件"对话框

4．单击"保存"按钮，即可在指定位置生成立面图，如图 16-115 所示。此时生成的立面图是不可以直接应用的，需要进行详细的编辑。

16.5.2　立面图编辑

本实例绘制的立面图中，南侧二层窗户距离二层地面线 300，标准层窗户距离标准层地面 900，利用天正和 AutoCAD 中的相关命令编辑图形，结果如图 16-123 所示。

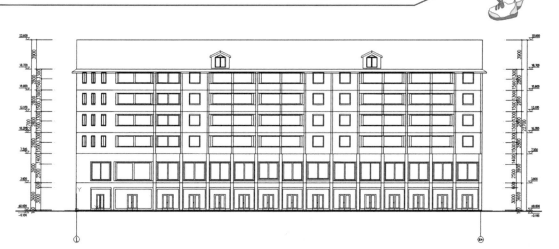

图 16-123　编辑南立面图

✎ **操作步骤**

1. 选择屏幕菜单中的"立面"→"立面门窗"命令，打开"天正图库管理系统"对话框，如图 16-124 所示。

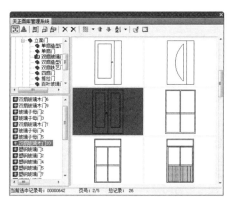

图 16-124　"天正图库管理系统"对话框

2. 选择所需替换成的门图块，然后单击上方的"替换"按钮🔲，结果如图 16-125 所示。命令行显示如下。

> 选择图中将要被替换的图块！
> 选择对象：选择已有的门图块
> 选择对象：按 Enter 键退出

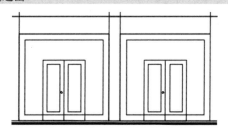

图 16-125　生成的门

3．选择屏幕菜单中的"立面"→"立面门窗"命令，打开"天正图库管理系统"对话框，选择所需替换成的门图块，如图 16-126 所示。

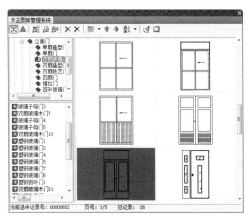

图 16-126 "天正图库管理系统"对话框"门"选择

4．单击上方的"替换"按钮，然后选择图中要替换的立面门，命令行显示如下。

选择图中将要被替换的图块！
选择对象：找到 1 个
选择对象：

天正软件自动使用新选的门窗替换原有的门窗，结果如图 16-123 所示。

16.5.3　立面轮廓

利用 AutoCAD 中的删除和修剪等命令对图形进行整理，结果如图 16-127 所示。

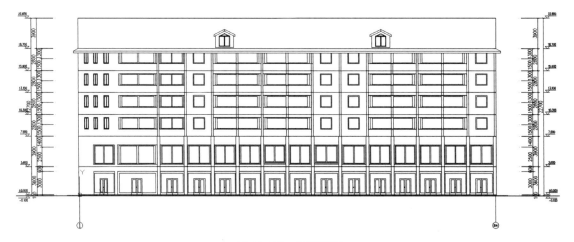

图 16-127　整理图形

16.5.4　编辑尺寸

选择屏幕菜单中的"尺寸标注"→"尺寸编辑"→"拆分区间"和"合并区间"命令，对立面图的尺寸进行整理，结果如图 16-128 所示。

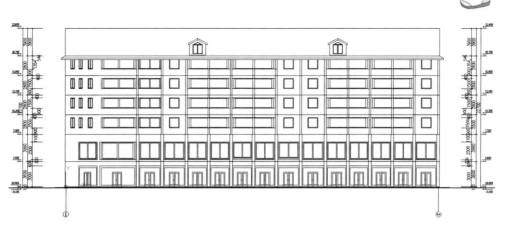

图 16-128　编辑尺寸

16.5.5　为立面图添加图名

选择屏幕菜单中的"符号标注"→"图名标注"命令，打开"图名标注"对话框，进行相关设置，如图 16-129 所示。将图名放置于图形的正下方，标注的最终结果如图 16-114 所示。

图 16-129　"图名标注"对话框

16.6　商住楼剖面图绘制

本节利用之前绘制好的平面图，在平面图的基础上确定剖切的位置，利用天正和 AutoCAD 中的相关命令，绘制商住楼 1-1 剖面图，结果如图 16-130 所示。

视频讲解

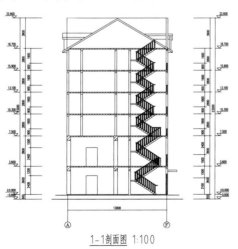

1-1剖面图 1:100

图 16-130　建筑剖面图

16.6.1 建筑剖面

首先打开已经创建的"标准层"图形，如图 16-131 所示，在建立好的标准层上建立工程管理项目，绘制剖切线，然后用"建筑剖面"命令直接生成建筑剖面。

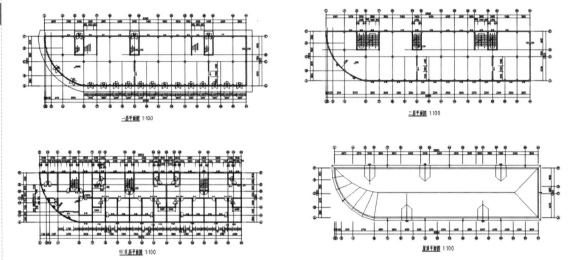

图 16-131 标准层

1.选择屏幕菜单中的"符号标注"→"剖切符号"命令，在标准层中绘制剖切符号，如图 16-132 所示。

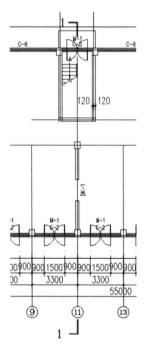

图 16-132 绘制剖切符号

2．在首层确定剖面剖切位置，选择屏幕菜单中的"剖面"→"建筑剖面"命令，命令行显示如下。

> 请选择一剖切线:选择剖切线
> 请选择要出现在剖面图上的轴线:选择 A 轴
> 请选择要出现在剖面图上的轴线:选择 F 轴
> 请选择要出现在剖面图上的轴线:按 Enter 键退出

3．此时出现"剖面生成设置"对话框，如图 16-133 所示。在对话框中输入标注的数值，然后单击"生成剖面"按钮，出现"输入要生成的文件"对话框，在此对话框中设置要生成的剖面文件的名称和保存位置，如图 16-134 所示。

图 16-133　"剖面生成设置"对话框

图 16-134　"输入要生成的文件"对话框

4．单击"保存"按钮，即可在指定位置生成剖面图，如图 16-135 所示。由天正软件生成的剖面图一般不可以直接应用，需对楼梯和门窗等部分进行适当的修整。

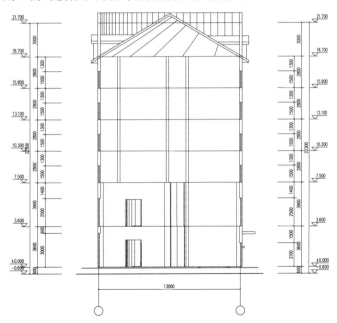

图 16-135　1-1 剖面图

16.6.2　参数楼梯

参数楼梯命令可以按照设置的参数创建楼梯，结果如图 16-136 所示。

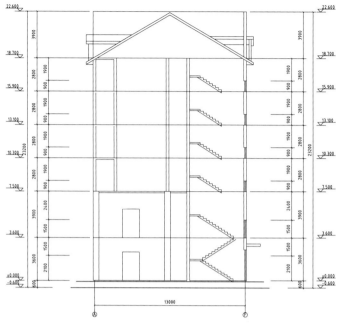

图 16-136 生成的参数楼梯图

选择屏幕菜单中的"剖面"→"参数楼板"命令，此时出现剖面直楼"参数梯段"对话框，具体数据如图 16-137 所示。

生成的楼梯如图 16-138 所示。

图 16-137 "参数楼梯"对话框

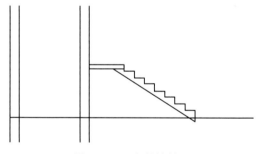

图 16-138 参数楼梯

使用相同的方法绘制剩余的楼梯，结果如图 16-136 所示。

16.6.3 双线楼板

本实例剖面图中绘制的楼板厚度为 120。生成的双线楼板如图 16-139 所示。

1. 选择屏幕菜单中的"剖面"→"双线楼板"命令，命令行显示如下。

请输入楼板的起始点 <退出>:A
结束点 <退出>:B
楼板顶面标高 <3600>:
楼板的厚度(向上加厚输负值) <200>:120

生成的双线楼板如图 16-140 所示。

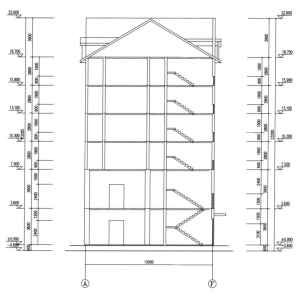

图 16-139　生成双线楼板

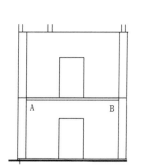

图 16-140　生成的双线楼板图

2. 画双线楼板后图形如图 16-139 所示。

16.6.4　加剖断梁

本实例绘制的剖断梁在一层中高度为 600，在二层中高度为 1000，在三层以上高度为 300，楼梯间剖断梁的高度为 300。利用"加剖断梁"命令绘制的剖断梁如图 16-141 所示。

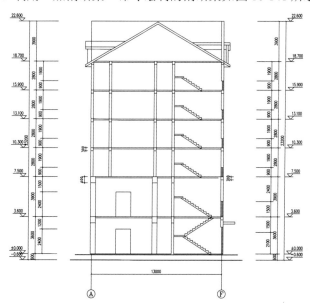

图 16-141　生成的剖断梁图

1. 选择屏幕菜单中的"剖面"→"加剖断梁"命令，命令行显示如下。

```
请输入剖面梁的参照点 <退出>:选 A
梁左侧到参照点的距离 <100>:0
```

梁右侧到参照点的距离 <100>:500
梁底边到参照点的距离 <300>:600

生成的预制楼板如图 16-142 所示。

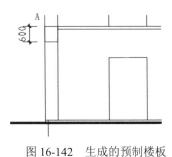

图 16-142　生成的预制楼板

2．同理，选择屏幕菜单中的"剖面"→"加剖断梁"命令，完成其他位置剖断梁的绘制，结果如图 16-139 所示。

16.6.5　楼梯栏杆

使用"参数栏杆"命令可以绘制楼梯栏杆和扶手，效果如图 16-143 所示。

操作步骤

1．选择屏幕菜单中的"剖面"→"参数栏杆"命令，打开"剖面楼梯栏杆参数"对话框，设置相关参数，如图 16-144 所示，选择合适的位置为插入点将楼梯插入，结果如图 16-145 所示。

2．选择屏幕菜单中的"剖面"→"参数栏杆"命令，打开"剖面楼梯栏杆参数"对话框，设置相关参数，如图 16-146 所示，选择合适的位置为插入点将楼梯插入，最终结果如图 16-143 所示。

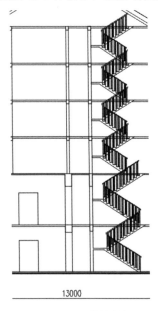

图 16-143　楼梯栏杆图

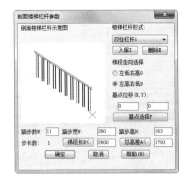

图 16-144　"剖面楼梯栏杆参数"对话框

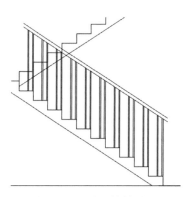

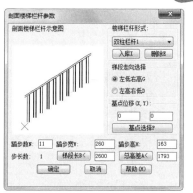

图 16-145 首层楼梯栏杆图 　 图 16-146 "剖面楼梯栏杆参数"对话框

16.6.6 扶手接头

使用"扶手接头"命令可以对楼梯扶手的接头位置做细部处理。生成的扶手接头如图 16-147 所示。

操作步骤：

1. 选择屏幕菜单中的"剖面"→"扶手接头"命令，命令行显示如下。

```
请输入扶手伸出距离<150>:250
请选择是否增加栏杆[增加栏杆(Y)/不增加栏杆(N)]<增加栏杆(Y)>: N
请指定两点来确定需要连接的一对扶手！选择第一个角点<取消>:
另一个角点<取消>:
请指定两点来确定需要连接的一对扶手！选择第一个角点<取消>:按 Enter 键退出
```

此时即可在一层平台指定位置生成楼梯扶手接头，如图 16-148 所示。

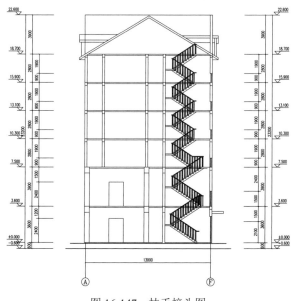

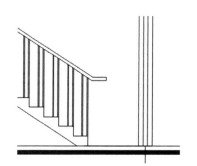

图 16-147 扶手接头图 　 图 16-148 一层平台扶手接头图

2. 选择屏幕菜单中的"剖面"→"扶手接头"命令，为上下两侧添加扶手接头，最终结果如图 16-147 所示。

Note

16.6.7 剖面填充

本实例利用天正或者 AutoCAD 的相关命令，设置填充的图案为钢筋混凝土，比例设置为 100，进行图案填充。生成的剖面填充图如图 16-149 所示。

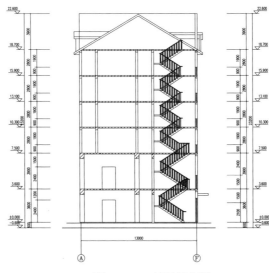

图 16-149　剖面填充图

↳ 操作步骤

1．选择屏幕菜单中的"剖面"→"剖面填充"命令，选择需要剖切到的墙体、梯梁以及楼板，然后按 Enter 键，此时出现"请点取所需的填充图案"对话框，如图 16-150 所示。

2．选择填充图案，单击"确定"按钮，此时即可在指定位置生成剖面填充，如图 16-151 所示。

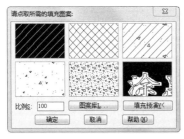

图 16-150　"请点取所需的填充图案"对话框

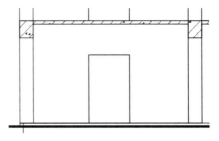

图 16-151　剖面填充图

3．对于图中未剖到的屋顶的瓦楞线，可以使用 AutoCAD 中的"图案填充"命令来完成绘制。填充后对图形做相应的修整，结果如图 16-149 所示。

16.6.8 添加图名

选择屏幕菜单中的"符号标注"→"图名标注"命令，打开"图名标注"对话框，进行相关设置，如图 16-152 所示。将图名放置于图形的正下方，标注的最终结果如图 16-130 所示。

图 16-152　"图名标注"对话框